Christine Busch

Susanne Roscher

Antje Ducki

Tanja Kalytta

Stressmanagement

für Teams in Service, Gewerbe und Produktion –
ein ressourcenorientiertes Trainingsmanual

Mit 59 Abbildungen und 8 Tabellen

Springer

Dr. Christine Busch
Arbeits- und Organisationspsychologie
Fachbereich Psychologie/Fakultät 4
Universität Hamburg
Von-Melle-Park 11
20146 Hamburg
cbusch@uni-hamburg.de

Dr. Susanne Roscher
Verwaltungs-Berufsgenossenschaft
Hauptverwaltung – Prävention
Deelbögenkamp 4
22297 Hamburg
susanne.roscher@vbg.de

Prof. Dr. Antje Ducki
Beuth Hochschule für Technik Berlin
Fachbreich I:
Wirtschafts- und Gesellschaftswissenschaften
Luxemburger Str. 10
13353 Berlin
ducki@beuth-hochschule.de

Dipl.-Psych. Tanja Kalytta
Beuth Hochschule für Technik Berlin
Fakultät I:
Wirtschafts- und Gesellschaftswissenschaften
Luxemburger Str. 10
13353 Berlin
kalytta@beuth-hochschule.de

ISBN 978-3-540-95952-6 Springer Medizin Verlag Heidelberg

Bibliografische Information der Deutschen Nationalbibliothek
Die Deutsche Nationalbibliothek verzeichnet diese Publikation in der Deutschen Nationalbibliografie;
detaillierte bibliografische Daten sind im Internet über http://dnb.d-nb.de abrufbar.

Springer Medizin Verlag
springer.de

© Springer Medizin Verlag Heidelberg 2009

Planung: Dipl.-Psych. Joachim Coch
Projektmanagement: Meike Seeker
Umschlaggestaltung: deblik Berlin
Umschlagabbildung: www.imagesource.de
Druckdaten von den Autoren

SPIN: 12514601

Gedruckt auf säurefreiem Papier   2126 – 5 4 3 2 1 0

Vorwort

Liebe Leserin, lieber Leser,

viele Betriebe erkennen mittlerweile, dass betriebliches Gesundheitsmanagement die gesamte Belegschaft einbeziehen sollte. Bislang fehlen aber spezifische Konzepte für gering qualifizierte Beschäftigte. Dieses Trainingsmanual bietet erstmals ein Programm für diese Zielgruppe an. Es umfasst ein Teamtraining für die Betroffenen und ein ergänzendes Führungskräftetraining. Das Konzept wurde in enger Kooperation mit Anbietern betrieblicher Gesundheitsförderung, wie Krankenkassen und Betriebsärzte, entwickelt und didaktisch auf die Zielgruppe Geringqualifizierter zugeschnitten. Das Programm ist in zahlreichen Betrieben verschiedener Branchen erprobt und evaluiert worden. Wir danken allen beteiligten Präventionsanbietern und Betrieben. Viele haben sich an diesem Buch mit einem Druckkostenbeitrag beteiligt und sind in der Titelei abgebildet.

Dieses Buch enthält die theoretischen Grundlagen zum Programm, Vorbereitungshinweise für die Trainer und das Trainingsmanual mit Ablaufbeschreibungen und Moderationsanleitungen sowie allen Arbeitsmaterialien auf der beiliegenden CD.

Das Programm sollte ausschließlich von erfahrenen Trainern durchgeführt werden, die sowohl Erfahrungen mit der Leitung von Gruppen als auch Erfahrungen mit der Durchführung von Gesundheits- und Teamentwicklungsmaßnahmen haben. Train-the-trainer Seminare werden wir ergänzend zu diesem Trainingsmanual regelmäßig anbieten. Informationen dazu finden Sie auf unserer Homepage www.resum.uni-hamburg.de.

Bei der Erstellung dieses Buches haben neben den Autoren weitere Personen mitgewirkt, denen wir hier ausdrücklich danken möchten. Wir danken ganz herzlich Claus Jahncke für die Rechtschreibkorrektur, Tillmann Krüger für die Mitarbeit an den Arbeitsmaterialien und Abbildungen und Jan Dettmers für die druckfertige Formatierung.

Christine Busch, Susanne Roscher, Antje Ducki und Tanja Kalytta
Hamburg und Berlin, im April 2009

Betriebe und Präventionsanbieter in alphabetischer Reihenfolge, die an der Entwicklung und Evaluation des Konzepts beteiligt waren und das Buch mit einem Druckkostenbeitrag unterstützen:

AOK Berlin - Die Gesundheitskasse	
AOK Schleswig-Holstein - Die Gesundheitskasse	
AOK Westfalen-Lippe - Die Gesundheitskasse	
Ärztekammer Berlin	
Berliner Stadtreinigungsbetriebe (BSR)	
Berliner Verkehrsbetriebe (BVG)	
BKK Verkehrsbau Union (BKK VBU)	
Bremische Evangelische Kirche (BEK) Kirchlicher Dienst in der Arbeitswelt	
CITYBKK	
Fachdienste für Arbeitsschutz der Freien Hansestadt Bremen	
IKK Baden-Württemberg und Hessen	
Moll Marzipan GmbH	
Stadt Dortmund	
Stadtreinigung Hamburg	
Studierendenwerk Hamburg	

Inhaltsverzeichnis

Vorwort..I

Inhaltsverzeichnis...III

Einführung..1

1 Theoretische Grundlagen...5

1.1 Die Zielgruppe: Geringqualifizierte in Service, Gewerbe und Produktion.....................6

1.1.1 Sozial ungleich verteilte Gesundheitschancen..6
1.1.2 Tätigkeiten von Geringqualifizierten und Vereinbarkeitsprobleme von Arbeit und Familie...7
1.1.3 Befristete Beschäftigung und Bedrohung durch Arbeitslosigkeit...........................9
1.1.4 Betriebliche Weiterbildungs- und Gesundheitsförderungsangebote......................10
1.1.5 Motivation zur Weiterbildung und zur Gesundheitsförderung.............................11
1.1.6 Lebensgestaltung und Stressmanagement in der Biografie Geringqualifizierter...12
1.1.7 Beschäftigte mit Migrationshintergrund..13
1.1.8 Implikationen für das Training..14

1.2 Stress– und Ressourcenmanagement..15

1.2.1 Stressdefinition 16
1.2.2 Der Stressprozess 16
1.2.3 Stressoren..16
1.2.4 Ressourcen...17
1.2.5 Theoretische Erklärungsmodelle...19
1.2.6 Stressbewältigung...21
1.2.7 Stressfolgen...22
1.2.8 Stressmanagementinterventionen 24
1.2.9 Ablauf und Methoden...25
1.2.10 Implikationen für das Training..26

1.3 Genderaspekte im Stress- und Ressourcenmanagement.......................................28

1.3.1 Arbeits- und Lebensbedingungen und Gender 28
1.3.2 Stress und Gender...31
1.3.3 Stresstrainings und Gender..36
1.3.4 Trainingsdidaktik und Gender...37
1.3.5 Bedeutung des Genderthemas für Geringqualifizierte 37
1.3.6 Implikationen für das Training..39

1.4 Teamarbeit und teambasiertes Stress- und Ressourcenmanagement.......................41

1.4.1 Teamarbeit und kollektive Problemlöseprozesse 43
1.4.2 Ressourcen und Stressoren der Teamarbeit..48
1.4.3 Teilnahmemotivation und Motivierung zur Verhaltensänderung..........................50
1.4.4 Lernprozesse und Transfer..51
1.4.5 Teamarbeit, Stress und Wohlbefinden...52
1.4.6 Teambasierte Stress- und Ressourcenmanagementinterventionen......................53
1.4.7 Implikationen für das Training..54

1.5 Bewegung und körperliche Aktivität..**54**

1.5.1 Wirkung von körperlicher Aktivität...54
1.5.2 Körperliche Aktivität ist nicht gleich Leistungssport.......................................56
1.5.3 Bedeutung von Bewegung für Stress- und Ressourcenmanagement................57
1.5.4 Zielgruppe der Geringqualifizierten..60
1.5.5 Körperliche Aktivität und Entspannungsverfahren..61
1.5.6 Implikationen für das Training..62

1.6 Ziele planen und verwirklichen..**63**

1.6.1 Ziele als Grundlage effizienten Handelns und psychischer Gesundheit.............63
1.6.2 Ziele als Einflussfaktor auf positive Emotionen und Selbstwirksamkeitserleben...66
1.6.3 Bedingungen für die salutogene Wirkung von Zielen..67
1.6.4 Ziele als Stressauslöser..68
1.6.5 Ziele setzen und verwirklichen bei Geringqualifizierten 72
1.6.6 Implikationen für das Training...73

1.7 Führung als Gesundheitsressource...**73**

1.7.1 Zusammenhang von Führung und Gesundheit..74
1.7.2 Stressoren, Ressourcen und Gesundheit von Führungskräften..........................74
1.7.3 Einfluss von Führung auf die Gesundheit der Mitarbeiter................................75
1.7.4 Instrumente wertschätzender Führung...78
1.7.5 Voraussetzungen wertschätzender Führung...81
1.7.6 Besonderheiten/Bedeutung des Themas Führung für die Zielgruppe.................83

1.8 Evidenzbasierung..**83**

1.8.1 Effektivität von Stress- und Ressourcenmanagementinterventionen...................84
1.8.2 Erprobung und Überarbeitung des Stress- und Ressourcenmanagementkonzepts
....88

2 Vorbereitung der Trainingsdurchführung...**93**

2.1 Leitlinien des Trainings..**93**

2.2 Aufbau des Trainings **96**

2.3 Hinweise zum Manual...**98**

2.3.1 Aufbau der Module im Manual...98
2.3.2 Symbole im Manual...98
2.3.3 Art der Präsentation von Inhalten 99
2.3.4 Informationsblätter zu jedem Modul..99

2.4 Organisation des Trainings **100**

2.4.1 Organisatorische Rahmenbedingungen...100
2.4.2 Exemplarischer organisatorischer Ablauf...100
2.4.3 Organisation der Trainingssitzungen..102
2.4.4 Checklisten für die Organisation des Trainings..102

2.5 Das Screening – ein Instrument zur Vorbereitung des Trainers auf das Training........**103**

3 Das Trainingsmanual **105**

3.1 Führungskräftemodul Teil 1: „WWW: WunderWaffeWertschätzung" - Wertschätzende Führung als Gesundheitsressource **107**

3.1.1 Ziele des Moduls...108
3.1.2 Der rote Faden des Trainings...109
3.1.3 Ablaufplan...110
3.1.4 CHECKLISTE Führungskräftemodul Teil 1 112
3.1.5 Praktische Durchführung...113

3.2 Teammodul 1: „Kopf und Körper gut in Form" - Stress und Bewegung **125**

3.2.1 Ziele des Moduls...126
3.2.2 Der rote Faden des Trainings...126
3.2.3 Ablaufplan...128
3.2.4 CHECKLISTE Teammodul 1..133
3.2.5 Praktische Durchführung 134

3.3 Teammodul 2: „Wir fühlen uns wohl!" - Soziale Unterstützung im Team **161**

3.3.1 Ziele des Moduls...162
3.3.2 Der rote Faden des Trainings...162
3.3.3 Ablaufplan..163
3.3.4 CHECKLISTE Teammodul 2..168
3.3.5 Praktische Durchführung 169

3.4 Teammodul 3: „Wir lösen Probleme!" - Gemeinsames Problemlösen im Team **193**

3.4.1 Ziele des Moduls...194
3.4.2 Der rote Faden..194
3.4.3 Ablaufplan...195
3.4.4 CHECKLISTE Teammodul 3 200
3.4.5 Praktische Durchführung 201

3.5 Führungskräftemodul Teil 2: „WWW:WunderWaffeWertschätzung" – Wertschätzende Führung als Gesundheitsressource..**229**

3.5.1 Ziele des Moduls...230
3.5.2 Der rote Faden des Trainings...230
3.5.3 Ablaufplan...232
3.5.4 CHECKLISTE Führungskräftemodul Teil 2 235
3.5.5 Praktische Durchführung...236

3.6 Teammodul 4: „Mein Leben im Griff"- Ziele planen und verwirklichen **251**

3.6.1 Ziele des Moduls...252
3.6.2 Der rote Faden des Trainings...252
3.6.3 Ablaufplan...253
3.6.4 CHECKLISTE Teammodul 4..256
3.6.5 Praktische Durchführung 257

4 Literatur...**279**

5 Stichwortverzeichnis..**299**

Einführung

In diesem Buch stellen wir Ihnen ein ressourcenorientiertes Stressmanagementtraining für Teams in Service, Gewerbe und Produktion vor. Das Training wurde im Rahmen des Projekts „Stress- und Ressourcenmanagement für un- und angelernte Beschäftigte: Entwicklung eines Multiplikationskonzeptes (ReSuM)"[1] entwickelt. Projektförderer ist das Bundesministerium für Bildung und Forschung (BMBF)[2]. Multiplikatoren sind Präventionsanbieter, wie Krankenkassen und Betriebsärzte.

Das Training ist gemeinsam mit verschiedenen Präventionsanbietern und Betrieben entwickelt worden, um die Bedarfe der Präventionsanbieter und der Betriebe bei der Trainingskonzeption zu integrieren. Die Erprobung fand mit den Präventionsanbietern in sechs Betrieben aus verschiedenen Branchen statt. Anschließend wurde das Konzept wiederum in Zusammenarbeit mit den Präventionsanbietern und den Betrieben überarbeitet. Dieses überarbeitete Trainingskonzept ist einer wissenschaftlichen Evaluation in weiteren acht Betrieben verschiedener Branchen unterzogen worden. Das Training wurde somit auf seine breite Anwendbarkeit getestet. Beteiligte Präventionsanbieter und Betriebe, die dieses Buch mit einem Druckkostenzuschuss unterstützen, sind in der Titelei vorne im Buch abgebildet.

Zielgruppe des Trainings sind Teams mit gering qualifizierten Beschäftigten in Service, Gewerbe und Produktion. Das können gemischt qualifizierte Teams sein, z.B. in der Großküche mit gelernten Köchen und ungelernten Kräften. Das können auch Teams, z.B. in der Produktion, mit ausschließlich gering qualifizierten Beschäftigten sein. Im Forschungsprojekt ReSuM wurde das Training mit Teams aus verschiedenen Stadtreinigungsbetrieben, aus einem Verkehrsbetrieb, mit Reinigungskräften verschiedener Kommunen, mit Beschäftigten im Entsorgungsgewerbe und mit Teams aus verschiedenen Produktionsfirmen durchgeführt.

Das Training ist so konzipiert, dass auch Teilteams trainiert werden können, wenn es in der betrieblichen Praxis sinnvoll erscheint. Das könnte der Fall sein, wenn nicht komplette Teams aus dem Tagesgeschäft gezogen werden können. Dann sollte jedoch jeweils eine Teamsitzung pro Team nach den Trainings erfolgen, um das Gelernte und Erfahrene auszutauschen. Das Training ist nicht nur für Teams mit Geringqualifizierten geeignet. Die Inhalte und die Didaktik wurden jedoch dahin gehend ausgewählt, dass gerade auch Geringqualifizierte von dem Training profitieren können. Dementsprechend ist das Training in hohem Maße strukturiert, um den roten Faden für die Beschäftigten immer sichtbar zu halten und Unsicherheiten zu nehmen. Gerade gering qualifizierte Beschäftigte sind es nicht gewohnt, an Trainings teilzunehmen, und haben berechtigterweise Ängste,

---

[1] Förderkennzeichen 01EL 0412, Laufzeit: 2006-2009; Verbundkoordinatorin und Projektleitung: C. Busch; Projektantragstellerinnen: C. Busch, E. Bamberg & A. Ducki, Förderkennzeichen 01EL 0417, Teilprojekt Berlin: Multiplikatorenkonzept für Betriebsärzte, Projektleitung: A. Ducki.

[2] BMBF-Förderschwerpunkt „Präventionsforschung", 1. Förderphase im Programm der Bundesregierung „Gesundheitsforschung: Forschung für den Menschen".

was in einem Training auf sie zukommt. Das Training sieht zudem einen hohen Grad an Visualisierung vor, um möglichst wenig Lesefähigkeit abzufordern. Die Trainingsinhalte und Übungen sind nahe am beruflichen Alltag der Beschäftigten, d.h. die Transferdistanz wird gering gehalten. Dies wird unter anderem durch eine vor dem Training durchzuführende Betriebsbegehung des Trainers anhand eines Screenings gewährleistet (siehe Abschnitt 2.5). Das Screening befindet sich auf der beiliegenden CD. Dabei lernt der Trainer die Arbeitsorganisation und Arbeitsaufgaben der Beschäftigten kennen und kann die Übungen im Training alltagsnah ausgestalten. Das Screening hilft, Belastungen, Ressourcen und Veränderungspotentiale am Arbeitsplatz zu erkennen. Der Trainer lernt zudem die Motivation der betrieblichen Entscheidungsträger kennen. Die Betriebsbegehung anhand des Screenings gehört somit zur wichtigsten Trainingsvorbereitung neben den organisatorischen Vorbereitungen und der Einbindung des Trainings in das betriebliche Gesundheitsmanagementsystem.

Das Training umfasst vier wöchentliche bzw. zweiwöchentliche Sitzungen für die Beschäftigten. Jede Sitzung dauert drei Stunden, um das Training zeitlich im Arbeitsalltag integrieren zu können. Zudem können verschiedene Inhalte mit zeitlichem Abstand getrennt voneinander behandelt werden. Ein ein- oder zweiwöchiger Rhythmus erlaubt Hausaufgaben zwischen den Sitzungen zu vergeben, um den Transfer zu sichern.

Der Teilnahmemotivation wurde besondere Aufmerksamkeit gewidmet, da Geringqualifizierte wenig Motivation zeigen, an Maßnahmen der Weiterbildung und Gesundheitsförderung teilzunehmen und ein problematisches Gesundheitsverhalten zu ändern. Aus diesem Grund wurde eine Teamintervention gewählt und gemeinsames Stressmanagement im Team zum Schwerpunkt des Trainings gemacht. Im Rahmen einer Teamintervention werden auch Beschäftigte erreicht, die sich alleine nicht für eine Teilnahme an einem Gesundheitsförderungsangebot entscheiden würden. Im geschützten Rahmen ihrer Teamkollegen können sie sich aber eine solche Teilnahme vorstellen, wie wir aus Interviews mit Beschäftigten im Forschungsprojekt ReSuM erfahren konnten.

Das Training ist ein ressourcenorientiertes Stressmanagementtraining, d.h. das Training setzt an den Faktoren an, die vor Stress schützen. Stressmanagement ist nach dem Verständnis der Autorinnen wesentlich geprägt von den zur Verfügung stehenden und genutzten Ressourcen. Ressourcen können in der Person oder in der Umwelt liegen. Für diese Zielgruppe ist Bewegung eine wichtige zu fördernde personale Ressource und Bewältigungsstrategie. Bewegung kann vor Stress schützen und eine sehr effektive Strategie sein, um Anspannung abzubauen. Bewegung wird daher im Training intensiv behandelt. Das Training behandelt neben personalen Ressourcen auch Ressourcen der Teamarbeit. Dazu gehört, sich im Team gut abzustimmen, sich gegenseitig wertzuschätzen und bei Stress gemeinsam nach konstruktiven Lösungen zu suchen, um Stressauslöser abzubauen. Ressourcen finden sich natürlich nicht nur in der Arbeitswelt, sondern auch in der Familie und Freizeit. Im Training werden die Balance der verschiedenen Lebensbereiche reflektiert, Entwicklungsperspektiven aufgegriffen und Entwicklungspläne erstellt. Die

Vorgesetzten spielen eine bedeutsame Rolle für das Stresserleben der Beschäftigten. Sie gewährleisten als wichtige Mitgestalter der Arbeitsbedingungen den Bedingungsbezug des Trainings, indem sie z.B. regelmäßige Teamsitzungen garantieren.

Weitere wichtige Ressourcen für die Beschäftigten sind die Anerkennung und Unterstützung durch den Vorgesetzten. Das Training umfasst daher zusätzlich zu den vier Modulen und Sitzungen für die Beschäftigten ein Modul für die direkten Vorgesetzten. Das Modul besteht aus zwei Sitzungen, die vor und begleitend zum Training der Teams durchgeführt werden. Ein Modul stellt eine thematisch abgeschlossene Einheit dar.

Das Training umfasst somit fünf Module. Vier Module über jeweils drei Stunden richten sich an die Beschäftigten und ein Modul, das in zwei Sitzungen von jeweils ca. drei Stunden unterteilt ist, an die direkten Vorgesetzten. Es empfiehlt sich, das Training durch einen Trainer und einen Co-Trainer durchführen zu lassen, insbesondere wenn mehrere (Teil-)Teams gleichzeitig trainiert werden.

1 Theoretische Grundlagen

Zu den Grundlagen des Trainings gehört zunächst ein Überblick über die Zielgruppe dieses ressourcenorientierten Trainings für Teams in Gewerbe, Service und Produktion. Beschäftigte dieser Zielgruppe sind gering qualifiziert. Wir gehen daher in Abschnitt 1.1 auf die Lebens- und Arbeitssituation von Geringqualifizierten, ihre Lebensgestaltung, ihre Gesundheit und ihre Möglichkeiten und Motivation zur Gesundheitsförderung ein (Christine Busch).

Die Grundlagen zu Stress- und Ressourcenmanagement werden in Abschnitt 1.2 erläutert. Bei der Darstellung geht es insbesondere um die Ressourcen und ihre Bedeutung im Stressprozess (Antje Ducki).

In den Betrieben trifft man auf genderspezifische, vertikale und horizontale berufliche Segregation, d.h. man trifft auf Teams mit ausschließlich weiblichen Beschäftigten, z.B. in der Innenraumreinigung, oder man hat es mit Teams mit ausschließlich männlichen Beschäftigten zu tun, z.B. in der Stadtreinigung. Es gibt selbstverständlich auch geschlechtsgemischte Teams, z.B. in Großküchen oder in der Produktion. Dort finden wir häufig die Situation vor, dass die qualifizierten Tätigkeiten von Männern ausgeübt werden. Genderaspekte bei der Zielgruppe der Geringqualifizierten und der Stand der Forschung zu genderspezifischem Stress- und Ressourcenmanagement werden in Abschnitt 1.3 behandelt (Antje Ducki und Tanja Kalytta).

Das Training zeichnet sich insbesondere dadurch aus, dass es ein Teamtraining ist. Die Ressourcen der Teamarbeit und die gemeinsame Stressbewältigung im Team bilden den Schwerpunkt des Trainings. Ein Teamtraining fördert die Teilnahmemotivation und erleichtert Lernprozesse und den Transfer des Gelernten in den Alltag. Zu den theoretischen Grundlagen des Trainings gehört daher die Darstellung von Teamarbeit insbesondere für die Zielgruppe der Geringqualifizierten, von Stressmanagement in Teamarbeit und von Teaminterventionen zur Stressbewältigung (Abschnitt 1.4) (Christine Busch).

Bewegung und körperliche Aktivität spielen für die Gesundheitsförderung eine besondere Rolle. Die Zielgruppe der Geringqualifizierten zeichnet sich hinsichtlich ihres Gesundheitsverhaltens leider durch sehr wenig Bewegung aus. Dabei ist es viel einfacher, Bewegung in den Alltag zu integrieren als z.B. Entspannungsverfahren, wie Progressive Muskelentspannung. Auf die Grundlagen von Bewegung und körperlicher Aktivität als wichtiges Gesundheitsverhalten, ihre Bedeutung für die Zielgruppe und Bewegung als Stressmanagementstrategie wird in Abschnitt 1.5 eingegangen (Susanne Roscher).

Im Training werden verschiedene Lebensbereiche und Entwicklungsmöglichkeiten der einzelnen Teilnehmer thematisiert. So wird die Bedeutung von Zielsetzung erläutert und eine individuelle Zielsetzung und Planung durchgeführt. Auf diese Thematik gehen wir daher in Abschnitt 1.6 ein (Antje Ducki und Tanja Kalytta).

Auf die Führungskräfte und ihre Rolle als wichtige Ressource im Stressgeschehen der Beschäftigten wird besonderes Gewicht im Training gelegt. Die Führungskräfte sollen nicht nur um ihren eigenen Stress und den Stress der Untergebenen wissen, sondern auch das Zusammenspiel beider reflektieren. Sie werden darin trainiert, soziale Unterstützung und Wertschätzung zu geben, insbesondere Verbesserungs- und Problemlösevorschläge aus den Teams zu unterstützen. Die Grundlagen hierfür werden in Abschnitt 1.7 dargestellt (Antje Ducki).

Abschließend werden dem Leser ein Überblick über den Stand der Forschung zur Evidenzbasierung von Stress- und Ressourcenmanagementtrainings gegeben und einige Ergebnisse aus der Erprobungsphase des Trainings im Rahmen des ReSuM-Projekts dargestellt (Abschnitt 1.8) (Susanne Roscher).

1.1 Die Zielgruppe: Geringqualifizierte in Service, Gewerbe und Produktion (Christine Busch)

Geringqualifizierte sind Beschäftigte ohne abgeschlossene Lehre und Beschäftigte mit einer Berufsausbildung, die aber eine einfache Tätigkeit fern ihrer Berufsausbildung ausüben. Die meisten Beschäftigten ohne Berufsausbildung verfügen jedoch über einen Hauptschulabschluss (Moser, 2004; Rheinberg, 2004). In der Erprobung dieses Trainings im Rahmen des ReSuM-Projekts gaben 60% der Teilnehmer an, eine Berufsausbildung abgeschlossen zu haben. Sie arbeiteten jedoch in einfachen Tätigkeiten fern ihrer Berufsausbildung, wie in der Innenraumreinigung, der Stadtreinigung, der Produktion, der (Groß-)Küche oder im Entsorgungsgewerbe. In der EU sind 20% der Erwerbstätigkeiten einfache Tätigkeiten für Geringqualifizierte, in Deutschland sind es ca. 15% (European Foundation for the Improvement of Living and Working Conditions, 2007).

1.1.1 Sozial ungleich verteilte Gesundheitschancen

Muskel- und Rückenschmerzen, Erschöpfung und Stress werden am häufigsten genannt, wenn man Beschäftigte nach ihren arbeitsbedingten Gesundheitsbeschwerden fragt. Zu den häufigsten Belastungen zählen Leistungs- und Termindruck (European Foundation for the Improvement of Living and Working Conditions, 2007). Stress stellt somit ein zentrales Gesundheitsproblem dar. Dabei sind Angehörige unterer sozialer Schichten einer erheblich höheren Mortalität und Morbidität ausgesetzt als Angehörige der oberen sozialen Schicht (Robert-Koch-Institut, 2006; Lim, et al., 2002; Mielck & Bloomfield, 2001). Personen mit niedrigem Bildungsniveau, d.h. ohne Hauptschulabschluss oder mit Hauptschulabschluss, aber ohne Berufsausbildung, weisen einen deutlich schlechteren Gesundheitszustand auf als Personen mit hohem Bildungsniveau.

So sind Schlaganfälle, Rückenschmerzen, chronische Bronchitis und Schwindel bei Männern mit niedrigem Bildungsniveau häufiger als bei Männern mit hohem Bildungsniveau. Bei Frauen lässt sich ein gehäuftes Auftreten von Herzinfarkten und Diabetes mellitus beobachten. Die Erkrankungswahrscheinlichkeiten sind um den Faktor 1,5 bis 2,5 erhöht. Auch das Gesundheitsverhalten ist kritisch. So treiben die Mehrheit der Personen mit niedrigem Bildungsniveau, insbesondere Frauen, keinen Sport. Bewegungsmangel ist der Hauptgrund für die Entstehung chronischer Erkrankungen. Muskel-Skelett-Erkrankungen finden sich vor allem bei Frauen in gering qualifizierten Produktionstätigkeiten. Männer der unteren sozialen Schicht verhalten sich gesundheitlich riskanter als alle anderen Gruppen. Sie sind mehrheitlich Raucher, treiben meist keinen Sport und nehmen nicht an Krebsfrüherkennungsmaßnahmen teil. Männer und Frauen mit sehr niedrigem Bildungsniveau sind dreimal so oft stark übergewichtig wie Personen mit sehr hohem Bildungsstatus. Starkes Übergewicht, Bluthochdruck und zu hohe Blutfettwerte sind die wichtigsten Risikofaktoren für Herz-Kreislauf-Erkrankungen.

Diese Risikofaktoren und Zigarettenrauchen steigen mit abnehmendem Bildungsniveau deutlich an. Dieser Zusammenhang ist bei Frauen stärker ausgeprägt als bei Männern. Gering qualifizierte Personen zeichnen sich auch durch ein geringes psychologisches Wohlbefinden aus (Statistisches Bundesamt Deutschland, 1998; Robert-Koch-Institut, 2006). Personale Ressourcen, wie allgemeine Problemlösekompetenzen, Selbstvertrauen, Bildungsmotivation, generelle Lebenszufriedenheit und optimistische Zukunftserwartungen, sind bei ihnen wenig ausgeprägt (Forjanic, 2002).

Bei den klassischen Indikatoren sozial ungleich verteilter Gesundheitschancen spielen neben (Aus-)Bildung und Einkommen die Arbeitstätigkeit, die Bedrohung durch Arbeitslosigkeit, ein Migrationshintergrund und das Geschlecht zentrale Rollen. Auf diese Faktoren wird im Folgenden näher eingegangen.

1.1.2 Tätigkeiten von Geringqualifizierten und Vereinbarkeitsprobleme von Arbeit und Familie

Belastungen, Ressourcen und insbesondere auch Entwicklungsmöglichkeiten in der Arbeitstätigkeit sind für die Gesundheit des Einzelnen bestimmend. So übt die Gruppe der Geringqualifizierten häufig Tätigkeiten aus, die durch eine Kombination aus geringer Autonomie bei gleichzeitig hohen körperlichen und psychosozialen Belastungen gekennzeichnet sind (Röttger, Friedel & Bödeker, 2003), z.B. in Schicht- und Nachtarbeit (Scrithongchai & Intaranont, 1996; Bosch & Kalina, 2005) oder in monotonen Tätigkeiten (Bjorksten & Talback, 2001). Die Beschäftigten, die im Rahmen des ReSuM-Projekts an dem Training teilnahmen, gaben ebenfalls sehr niedrige Handlungs- und Zeitspielräume in der Arbeit bei hohen körperlichen Belastungen im Vergleich zu Normierungsdaten (Zapf, Bechtholdt & Dormann, 2000) an. Die Kombination aus geringer Autonomie und hohen Belastungen ist bei Geringqualifizierten verbunden mit geringen Entwicklungschancen durch die Arbeitstätigkeit und mit einer erhöhten Gefährdung der Gesundheit (Sundquist, Östergren, Sundquist & Johansson, 2003). Weiter sind Geringqualifizierte arbeitsbedingten Gefahren und Risikopotentialen durch fehlende oder kurze Ausbildungszeiten länger ausgesetzt als Menschen höherer sozialer Schichten. Bewertet man die Tätigkeiten von gering qualifizierten Personen nach dem international bekanntesten Stressmodell, dem Job-Demand-Control-(Support)-Modell von Karasek (1979; Johnson & Hall, 1988), so sind es Tätigkeiten, die sich durch geringe Autonomie, geringe soziale Unterstützung und geringe Anforderungen kennzeichnen lassen. Es handelt sich nach diesem Modell um passive Tätigkeiten, die keine Entwicklungsmöglichkeiten enthalten, aber auch keine stressigen Jobs darstellen (European Foundation for the Improvement of Living and Working Conditions, 2007).

Die geringen kognitiven Anforderungen werden insbesondere von europaweiten Surveys unterstützt. EU-weit geben nur 32,6% der Ungelernten vs. 67,3% der gelernten Arbeiter an, komplexe Aufgaben zu erfüllen. Es gibt zudem einen starken Zusammenhang von Lernmöglichkeiten in der Tätigkeit und Weiterbildungsmotivation sowie Weiterbildungsaktivitäten. Beschäftigte mit komplexen Aufgaben wünschen Weiterbildungsangebote und erhalten sie auch eher als Beschäftigte, die lediglich einfache Aufgaben zu erledigen haben. Lediglich 16% der Ungelernten geben an, an einer Weiterbildung in den letzten zwölf Monaten teilgenommen zu haben. In der Erprobung des Trainings im Rahmen des Re-SuM-Projekts gaben 39% der Trainingsteilnehmer an, in den letzten Jahren an einer Weiterbildung teilgenommen zu haben, wobei die Angaben zwischen den Betrieben und Branchen sehr unterschiedlich waren (siehe Abschnitt 1.9).

Typische Arbeitsbereiche im Niedriglohnbereich finden sich in der Landwirtschaft, im Reinigungs-, Haushalts- und Küchenbereich sowie in der Produktion. Ungelernte Tätigkeiten üben beide Geschlechter ungefähr gleich viel aus. Dabei ist die berufliche, vertikale Segregation stark. Über 60% bis 80% der Tätigkeiten im Reinigungs-, Haushalts- und Küchenbereich sowie im Handel werden von Frauen ausgeübt. Tätigkeiten in der Produktion, im Fahrdienst und auf dem Bau werden zu über 60% von Männern ausgeübt. EU-weit arbeiten 29% der Geringqualifizierten in Teilzeit, dies sind fast ausschließlich Frauen (European Foundation for the Improvement of Living and Working Conditions, 2007). Die weiblichen Trainingsteilnehmer in der Erprobungsphase des ReSuM-Projekts arbeiteten in der Produktion und in der Innenraumreinigung. Sie arbeiteten alle in Teilzeit, wogegen die männlichen Trainingsteilnehmer in der Stadtreinigung und im Entsorgungsgewerbe in Vollzeittätigkeiten beschäftigt waren.

Un- und angelernte Beschäftigte beiderlei Geschlechts haben in Deutschland erhebliche Probleme, Arbeit und Familie zu vereinbaren. Es treten starke Konflikte auf. Dies zeigt eine interkulturelle Studie zwischen deutschen und schwedischen Beschäftigten, die im Rahmen des ReSuM-Projekts durchgeführt wurde (Staar, Busch & Aborg, i.V.). Für Frauen gilt das im Besonderen: Frauen unterliegen anderen und mehr Belastungen als Männer. Frauen in un- und angelernten Tätigkeiten üben oft monotone Tätigkeiten in geringfügigen Beschäftigungsverhältnissen aus. Sie sind durch die Anforderung, mehrere Erwerbstätigkeiten und Familienarbeit zu vereinbaren, besonderen Belastungen und Gesundheitsbeeinträchtigungen ausgesetzt. Konflikte zwischen Arbeit und Familie sind für un- und angelernte Frauen in Deutschland stärker ausgeprägt als für männliche Beschäftigte. Die Arbeitsstunden stehen ausschließlich bei den deutschen Frauen in Zusammenhang mit dem Konfliktniveau (Staar et al., i.V.). Konflikte zwischen Arbeit und Familie gehen mit einem schlechteren Gesundheitsverhalten einher. Auch Studien mit Geringqualifizierten zeigen diesen Zusammenhang, z.B. für das Ernährungsverhalten, auf (Devine et al., 2007). Trotz der besonderen Belastungskonstellation von Frauen in unteren sozialen Schichten (z.B. Griffin, Tucker & Liburd, 2006) werden sie bei stress- und gesundheitsbezogenen Maßnahmen selten gezielt berücksichtigt.

Es gibt jedoch positive Ausnahmen wie beispielsweise das Programm *Health Works for Women* (Campbell et al., 2002).

1.1.3 Befristete Beschäftigung und Bedrohung durch Arbeitslosigkeit

Geringqualifizierte sind oftmals vom Verlust des Arbeitsplatzes bedroht. Sie haben überdurchschnittlich häufig unsichere Beschäftigungsverhältnisse, wie befristete Arbeitsverträge, Leiharbeitsverhältnisse, 400-Euro-Jobs, Teilzeitjobs, ABM-Stellen und freie Mitarbeit (Brinkmann, Dörre & Röbenack, 2006). Befristet Beschäftigte berichten im Allgemeinen von geringer Autonomie, wenig Herausforderungen und wenig Möglichkeiten zur Partizipation. Sie sind 2,5-mal häufiger in Arbeitsunfälle verwickelt als unbefristet Beschäftigte und geben 1,7-mal häufiger an, mehr in die Arbeitsbeziehung zu investieren, als sie vom Arbeitgeber zurückbekommen. Wird Arbeitsengagement in der Wahrnehmung der Beschäftigten nicht ausreichend von der Organisation honoriert, kommt es zu einem Ungleichgewicht, welches eine erhebliche Belastung darstellen kann. Verminderte Bindung an den Betrieb, geringere Arbeitszufriedenheit, erhöhte Kündigungsbereitschaft sind die Folgen. Es gibt jedoch auch positive Befunde, wie geringere Arbeitsbelastung und weniger Rollenkonflikte (Rigotti, 2005).

14% der ungelernten Beschäftigten arbeiten EU-weit sogar ganz ohne Arbeitsvertrag (European Foundation for the Improvement of Living and Working Conditions, 2007). Geringqualifizierte finden sich somit häufig in unsicheren Erwerbsformen, d.h. in nicht auf Dauer angelegten Erwerbsformen, die kein langfristig existenzsicherndes Einkommen gewährleisten und sozialrechtlich wenig abgesichert sind.

Häufige Betriebswechsel und kürzere Betriebszugehörigkeiten verschlechtern wiederum die Chance auf Weiterbildungsteilnahme. Bildung ist jedoch der wichtigste Faktor, um Beschäftigung dauerhaft sicherzustellen. Bildung schützt auch im Alter und in Rezessionsphasen vor Arbeitslosigkeit (Reinberg & Hummel, 2003, 2005). Einfacharbeitsplätze werden generell in Deutschland abgebaut. Deutschland als Technologie- und Dienstleistungsstandort benötigt vermehrt qualifizierte Fachkräfte. Auch wenn die Einfacharbeitsplätze nicht völlig verschwinden, reicht das Stellenangebot bei weitem nicht aus, um eine Beschäftigung für die relativ große Zahl an Geringqualifizierten sicherzustellen (Bellmann & Stegmaier, 2006; Moser, 2004).

Es gibt zahlreiche Untersuchungen, die zeigen, dass instabile Beschäftigungsformen, die sich mit Angst vor Arbeitslosigkeit sowie niedrigem Einkommen, hohen Arbeitsbelastungen und geringem beruflichen Status verknüpfen, vermehrt Stress verursachen und ein selbstschädigendes Gesundheitsverhalten fördern, wie vermehrten Alkoholkonsum. Im Vergleich zu vollzeitig Erwerbstätigen ohne Arbeitslosigkeitsphasen sind Beschäftigte mit zurückliegender Arbeitslosigkeit und von Arbeitslosigkeit bedrohte Beschäftigte signifikant unzufriedener mit der familiären und finanziellen Situation sowie ihren sozialen Beziehungen und dem Leben insgesamt (Bammann & Helmert, 2000). Im Rahmen des ReSuM-Projekts gaben 20% der Trainingsteilnehmer an, in den letzten fünf Jahren arbeitslos gewesen zu sein.

Die wahrgenommene Bedrohung des Arbeitsplatzes scheint sogar gravierender für das Wohlbefinden zu sein als der tatsächliche Verlust. Von Arbeitslosigkeit bedrohte Beschäftigte haben ein erheblich erhöhtes Mortalitätsrisiko, erleiden mit höherer Wahrscheinlichkeit einen Herzinfarkt (Geyer & Peter, 1999) und zeigen eine deutliche Zunahme beim Body Mass Index (BMI) und der Schlafdauer sowie erhöhte Cholesterinwerte und Befindensbeeinträchtigungen (Ferrie, 2001; Ferrie et al., 1998a,b). Die erhöhten Angst- und Depressionswerte bei von Arbeitslosigkeit bedrohten Beschäftigten nehmen mit sinkender Arbeitsplatzunsicherheit auch wieder ab (Ferrie et al., 1998a,b).

1.1.4 Betriebliche Weiterbildungs- und Gesundheitsförderungsangebote

Gering qualifizierte Mitarbeiter erhalten von ihren Arbeitgebern deutlich seltenere Weiterbildungsangebote als Beschäftigte mit abgeschlossener Berufsausbildung bzw. als Akademiker. Betriebliche Weiterbildung kommt vor allem Stelleninhabern anforderungsreicher Tätigkeiten zugute, um deren Kompetenzen zu fördern. In Beschäftigte mit einfachen Tätigkeiten wird wenig investiert, obwohl betriebliche Entscheidungsträger der Qualifizierung dieser Personengruppe einen großen Stellenwert einräumen. Hinderungsgründe seien nach Aussage der betrieblichen Entscheidungsträger die Auftragslage, die Kosten für Weiterbildung und die fehlende Motivation der Mitarbeiter. 22% der Befragten meinen, es sei schwer, ein zielgruppengerechtes Weiterbildungsangebot ausfindig zu machen. 33% gaben an, es gäbe keine Hinderungsgründe. Weiterbildungsangebote für Geringqualifizierte werden vor allem von größeren Betrieben mit über 250 Mitarbeitern angeboten (European Foundation for the Improvement of Living and Working Conditions, 2007; Bundesagentur für Arbeit, 2008).

Die Weiterbildungssituation von Geringqualifizierten ist abhängig von ihrer Stellung im Betrieb. So spielt das zahlenmäßige Verhältnis von Gelernten zu Ungelernten eine Rolle. Sind Geringqualifizierte zahlenmäßig unbedeutend und gehören zur Randbelegschaft, so fehlt nicht nur die Anerkennung im betrieblichen Umfeld, sondern auch das Interesse der betrieblichen Entscheidungsträger an dieser Zielgruppe. Dies kann z.B. in der Produktion der Fall sein, wenn ungelernte Beschäftigte lediglich im Lager oder bei Kontrolltätigkeiten zu finden sind. Sind sie dagegen zahlenmäßig im Betrieb gut vertreten und gehören zur Kernbelegschaft, werden sie oftmals als gleichwertige Kollegen betrachtet, z.B. in der Stadtreinigung. Sie können durch den Austausch mit höher qualifizierten Kollegen Erfahrungen sammeln und sich Wissen aneignen. Die betrieblichen Entscheidungsträger sind in diesem Fall auch interessiert, Weiterbildungs- und Präventionsangebote dieser Zielgruppe zukommen zu lassen (Busch, i.V.).

Auch in der Art der Weiterbildung gibt es deutliche Unterschiede zwischen Gelernten und Un- und Angelernten. Gelernte Arbeitnehmer nehmen häufig an Seminaren und Lehrgängen sowie Messen teil. Geringqualifizierte werden in erster Linie am Arbeitsplatz weitergebildet. So werden betriebs- und tätigkeitspezifische Kenntnisse vermittelt statt der wichtigen Schlüsselkompetenzen, wie soziale Fertigkeiten und Problemlösekompetenzen (Dobischat, Seifert & Ahlene, 2002). Der Zugang zu anspruchsvolleren Tätigkeiten ist erschwert, weil Beschäftigte ohne höheren Schulabschluss und/oder Berufsausbildung größere Schwierigkeiten haben, nachzuweisen, dass sie fähig und motiviert sind, sich während der Einarbeitung die für die Tätigkeit erforderlichen Kenntnisse anzueignen (Moser, 2004). Besonders junge Frauen sind hinsichtlich Weiterbildungsangeboten benachteiligt, da viele Arbeitgeber von ihnen nur eine kurze Betriebszugehörigkeit wegen antizipierter Familienplanung erwarten und nicht in sie investieren möchten.

1.1.5 Motivation zur Weiterbildung und zur Gesundheitsförderung

Personen mit abgeschlossener Berufsausbildung weisen gegenüber Personen ohne Berufsausbildung eine größere Bildungsmotivation auf, messen der Berufsausbildung mehr Bedeutung zu und haben eine positivere Einstellung zur Zukunft (Forjanic, 2002). Die Lebensgestaltung von gering qualifizierten Beschäftigten ist überwiegend gegenwartsorientiert. Vorstellungen über die Zukunft, Wünsche und Pläne werden vor allem im privaten Bereich gesehen. Sowohl die von den Personen selbst angegebene Einstellung der Eltern zur Berufsausbildung als auch die der Freunde hängt eng mit ihrer eigenen zusammen. Geringqualifizierte unterscheiden sich nicht hinsichtlich ihrer Fähigkeit zum Belohnungsaufschub (Forjanic, 2002; Busch & Suhr-Ludewig, i.V.). Motivationstheoretisch ist die geringe Teilnahmemotivation damit zu erklären, dass die Erwartung, die Weiterbildung erfolgreich abzuschließen, gering ist und die positiven Folgen der Weiterbildungsmaßnahme nicht gesehen werden. So berichten Jugendliche ohne Berufsabschluss, dass sie von vornherein keine Ausbildungsstelle gesucht haben, weil sie ihre Erfolgsaussichten als ungünstig ansehen, und dass sie von sich selbst wissen, wenig Lernbereitschaft zu haben (Troltsch, 1999).

Untersuchungen zur Teilnahmemotivation an Gesundheitsförderungsmaßnahmen zeigen ebenfalls eine geringe Motivation auf. Verschiedene Motivationshürden werden von den Befragten genannt, wie Schichtarbeit, ein zweiter Job, Hausarbeitsverpflichtungen, mangelnde soziale Unterstützung, Alter und mangelnde Fitness (Alexy, 1990; Tessaro et al., 1998). Im ReSuM-Projekt wurden diese Motivationshürden ebenfalls genannt, sowohl für die Teilnahmemotivation an gesundheitsförderlichen Maßnahmen im Betrieb als auch bei der Teilnahme an gesundheitsförderlichen Kursen in der Freizeit.

Zudem liegt die Vermutung nahe, dass die Teilnahmemotivation an gesundheitsförderlichen Maßnahmen gering ist, weil die Maßnahmen nicht auf Geringqualifizierte zugeschnitten sind (Campbell et al., 2000).

Ein weiterer Faktor, der für die Teilnahmemotivation an gesundheitsförderlichen Maßnahmen eine Rolle spielt, ist die Wahrnehmung des Gesundheitszustandes. In verschiedenen Studien wird zumindest darauf verwiesen, dass die Wahrnehmung eines schlechten Gesundheits- und Fitnesszustands ein wichtiger Prädiktor für mangelnde Bewegung ist. Die Wahrnehmung von Stress führte in einer Längsschnittuntersuchung zu seltenerer Bewegung zwei Monate später (Lutz et al., 2007). Neben der Wahrnehmung des eigenen Gesundheitszustands spielt die Gesundheit von wichtigen, anderen Personen eine Rolle für das eigene gesundheitsförderliche Verhalten (Stonecipher & Hyner, 1993). Neben der Wahrnehmung des eigenen Gesundheitszustands und des Gesundheitszustands von wichtigen anderen Personen sind die Selbstwirksamkeitserwartung und die Einstellung zu gesundheitsförderlichem Verhalten wichtige Einflussfaktoren bei Geringqualifizierten für die Teilnahme an gesundheitsförderlichem Verhalten, z.B. Bewegung (Blue, Wilbur & Marston-Scott, 2001, Blue, Black, Conrad & Gretebeck, 2003).

1.1.6 Lebensgestaltung und Stressmanagement in der Biografie Geringqualifizierter

Eine im Rahmen des ReSuM-Projekts durchgeführte qualitative Studie zu Lebensgestaltung und Stressmanagement in der Biografie gering qualifizierter Frauen zeigte sehr verschiedene Lebensgestaltungstypen auf. Gemeinsam ist jedoch allen interviewten Frauen, dass sie ihre Identität aus dem Familienleben ziehen. Auch Frauen, die Vollzeit arbeiten, erleben den privaten Lebensbereich als identitätsstiftend. Der Beruf hat weniger Einfluss auf das Selbstbild als eine erfolgreiche Partnerschaft, gesunde Kinder und eine soziale Eingebundenheit. Beruflich werden vor allem soziale Aspekte als positiv erlebt. Die Arbeitsaufgaben sind weniger von Bedeutung. Lebenskritische Ereignisse sind eher privat, wie Migration, frühe Schwangerschaft, Berufsunfähigkeit des Partners. Dagegen werden die alltäglichen Ärgernisse in der Erwerbstätigkeit gesehen. Aktuelle Stresssituationen beziehen sich ebenfalls auf die Erwerbstätigkeit, insbesondere auf die Arbeitszeiten und die körperlichen Belastungen in der Arbeit. Als Ressourcen in den aktuellen Stresssituationen werden die soziale Unterstützung, durch den Partner und Freunde, aber auch durch Kollegen und Kolleginnen, genannt. Als weitere aktuelle Ressourcen werden gesunde Kinder und eine harmonische Partnerschaft erlebt. Die Qualifikation wird durch traditionelle Geschlechtsrollen, durch den Zeitpunkt der Partnerwahl und Schwangerschaften beeinflusst. Statt eine schlecht bezahlte Berufsausbildung nach der Schule aufzunehmen, wurden höher bezahlte, aber nicht qualifizierende Tätigkeiten aufgenommen. Der Wunsch vieler Frauen, nach einigen Jahren die Erwerbstätigkeit aufzugeben und für die Familie da zu sein, kann aufgrund finanzieller Engpässe oft nicht erfüllt werden (Busch & Suhr-Ludewig, i.V.). Eine Berufsorientierung der Frau ist akzeptiert, wenn diese mit der traditionellen Geschlechtsrollenerfüllung vereinbar ist. So verzichten Frauen meist auf Vollzeittätigkeiten oder nehmen eine unbezahlte Tätigkeit im hauswirtschaftlichen Bereich auf. Über ein Drittel aller Frauen ohne Berufsausbildung, aber nur 0,5% der Männer wählen die Rolle der Hausfrau/mann (Troltsch, 1999). Eine besonders schwierige Situation haben Alleinerziehende, die den Lebensunterhalt alleine absichern müssen. In einer qualitativen Studie zur Lebenssituation von Männern der unteren sozialen Schicht berichten auch diese von Ressourcen, die vor allem im privaten Bereich liegen. Dabei werden private Beziehungen und Freizeitaktivitäten genannt. Die Erwerbstätigkeit wird dagegen als belastend erlebt mit zunehmenden Arbeitsbelastungen durch arbeitsorganisatorische Mängel und ein schlechtes Betriebsklima. Ressourcen in der Erwerbsarbeit werden in der kollegialen Zusammenarbeit, der eigenen Arbeitsmotivation und der Bewegung empfunden. Die Männer, die das traditionelle Modell des Familienernährers verfolgen, berichten von besonders hohen Belastungen und geringen Ressourcen (Jung, 2005, 2006).

1.1.7 Beschäftigte mit Migrationshintergrund

Ein Migrationshintergrund und die soziale Lage, z.B. Bildung, hängen zusammen. So haben über 20% der männlichen Migranten in Deutschland keinen Hauptschulabschluss. Der Anteil der ausländischen Auszubildenden ist in den letzten Jahren kontinuierlich gesunken. Im Jahr 1995 betrug er noch knapp 10%, im Jahr 2004 nur noch 5,6% aller Auszubildenden. Entscheidend für die Qualifizierung sind der Zeitpunkt der Einreise nach Deutschland, die schulische Vorbildung und das Alter. Je später die Einreise nach Deutschland stattfindet, desto geringer der Anteil an Personen mit abgeschlossener Ausbildung.

Migranten üben oftmals Erwerbstätigkeiten mit ungünstigen Arbeitszeiten und anderen Arbeitsbedingungen, einem geringen Verdienst und schlechten Aufstiegschancen aus (Bastians, 2004; Robert-Koch-Institut, 2008). Gründe hierfür sind neben einer fehlenden formalen Ausbildung die erschwerte Anerkennung ausländischer Abschlüsse und sprachliche Barrieren. Somit arbeiten Migranten insbesondere in den oben beschriebenen un- und angelernten Tätigkeiten. In der Erprobung des Trainings im Rahmen des ReSuM-Projekts waren immerhin 20% der Trainingsteilnehmer Beschäftigte mit Migrationshintergrund. Diese waren im Entsorgungsgewerbe bzw. in der Abfallsortierung und der Innenraumreinigung beschäftigt. Generell sind Beschäftigte mit Migrationshintergrund besonders häufig im Reinigungs- und Entsorgungsgewerbe sowie in Hotel- und Gaststättenberufen vertreten (Robert-Koch-Institut, 2008). Migranten sind darüber hinaus oftmals befristet oder in geringfügiger Beschäftigung eingestellt, weitgehend ohne sozial- und arbeitsrechtliche Absicherungen, und sind stark von Arbeitslosigkeit bedroht (Brinkmann et al., 2006; Robert-Koch-Institut, 2008). Im betrieblichen Kontext sind Migranten mehr als ihre deutschen Kollegen von sozialen Stressoren betroffen und verfügen über weniger soziale Ressourcen, z.B. in Form von sozialer Unterstützung und Anerkennung durch Vorgesetzte und Kollegen (Simich, Beiser & Mawani, 2003; Wadsworth et al., 2007; Hoppe, under review). Hinzu kommen häufig belastete und ressourcenarme außerbetriebliche Lebensverhältnisse, die zu einer schlechten Work-Life-Balance führen. Auch unter den Migranten sind Frauen besonders von prekärer Arbeit betroffen. Berufstätige Migrantinnen erreichten 2004 einen Anteil von 39% an den ausländischen Erwerbstätigen (Statistisches Bundesamt Deutschland, 2006). Migrantinnen empfinden häufig eine zweifache Diskriminierung durch ihren Migrationshintergrund und ihre Geschlechtszugehörigkeit (Agocs, 2002). Berufstätige Mütter mit Migrationshintergrund sind der Mehrfachbelastung durch Beruf und Familie stark ausgesetzt. Besonders zu bemerken ist, dass fast 24% der Migrantinnen in Berufen arbeiten, für die sie überqualifiziert sind, im Vergleich zu 9,9% bei den deutschen Frauen (OECD, 2006). Die Besonderheiten von Beschäftigten mit Migrationshintergrund werden aufgrund fehlender innerbetrieblicher und gesellschaftlicher Interessensvertretung in betrieblichen Gesundheitsförderungsangeboten bisher unzureichend berücksichtigt. Im ReSuM-Projekt zeigte sich, dass vor allem sprachliche Barrieren eine Teilnahme an der Intervention verhindern. Dabei können gerade im Rahmen einer teambasierten Intervention positive Effekte erzielt werden, wenn die gemeinsame Zielorientierung und Aufgabenorientierung neben Akzeptanz und Respekt gegenüber anderen kulturellen Werten gefördert werden (Bachmann, 2006).

1.1.8 Implikationen für das Training

Gesundheitschancen sind sozial ungleich verteilt. Bei den klassischen Indikatoren sozial ungleich verteilter Gesundheitschancen spielen neben (Aus-)Bildung und Einkommen die Arbeitstätigkeit, die Bedrohung durch Arbeitslosigkeit, ein Migrationshintergrund und das Geschlecht zentrale Rollen. Geringqualifizierte Beschäftigte haben einen schlechteren Gesundheitszustand als qualifizierte Personen und ein sehr unbefriedigendes Gesundheitsverhalten. Bewegungsmangel ist der Hauptgrund für die Entstehung chronischer Erkrankungen. Bewegung kann als personale Ressource und Bewältigungsstrategie in Stresssituationen verstanden werden. Somit ist die Förderung von Bewegung in Freizeit und Alltag eines der wichtigsten Ziele einer gesundheitsförderlichen Maßnahme für diese Zielgruppe. Auf die Bedeutung von Bewegung als personale Ressource und Bewältigungsstrategie insbesondere für diese Zielgruppe werden wir nochmals detailliert in Abschnitt 1.5 eingehen.

Unser Stress- und Ressourcenmanagementtraining konzentriert sich daher auf die Bewegungsförderung, dies sowohl in der Freizeit als auch bei der Arbeit. Im Training geben wir einen Einstieg in das Thema Stress- und Ressourcenmanagement und Bewegung. Dabei erarbeiten wir mit den Beschäftigten individuelle Handlungspläne für mehr Bewegung in der Freizeit. Des Weiteren behandeln wir soziale Unterstützung im Team und bieten den Beschäftigten kurze, auf sie angepasste Bewegungsübungen für den Arbeitsalltag an, die sie gemeinsam ausprobieren und üben können. Wir behandeln soziale Unterstützung im Team, da die sozialen Beziehungen eine der wichtigsten Ressourcen der Arbeit, insbesondere für diese Zielgruppe sind.

Weiterhin haben wir festgestellt, dass gering qualifizierte Beschäftigte geringe Anforderungen und Aufstiegschancen, d.h. wenig Entwicklungsmöglichkeiten in der Arbeit haben. Dies hat verschiedene Implikationen für eine gesundheitsförderliche Maßnahme. Die Förderung von Entwicklungsmöglichkeiten und -perspektiven wird auf zwei verschiedenen

Wegen realisiert. Zum einen, indem das Training die Beschäftigten in kollektivem Problemlösen trainiert. Die Beschäftigten werden dazu qualifiziert, im Alltag stressige Situationen zu reflektieren und sie gemeinsam im Team abzubauen. Zum anderen behandeln wir die Förderung von Entwicklungsperspektiven, indem wir eine individuelle Reflexion über die verschiedenen Lebensbereiche anregen und je individuelle Entwicklungspläne mit den Beschäftigten erstellen.

Geringqualifizierte erhalten kaum Angebote zur Gesundheitsförderung und Weiterbildung und zeigen selbst auch nur eine geringe Motivation, an Gesundheitsförderungs- und Weiterbildungsmaßnahmen teilzunehmen. Das hat verschiedene Gründe, wie wir ausgeführt haben, u.a. fehlen den Präventionsanbietern und den betrieblichen Entscheidungsträgern zielgruppenspezifische Maßnahmen; den Beschäftigten fehlt es u.a. an Selbstwirksamkeitserwartung. Eine zielgruppengerechte Intervention, wie das hier vorliegende Training, erleichtert den Präventionsanbietern und Betrieben, dieser Zielgruppe ein Angebot zu machen. Die Teilnahmemotivation der Beschäftigten kann durch eine Maßnahme, die sich nicht an den Einzelnen, sondern an das Team richtet, gefördert werden. Im Schutz der Kollegen und Kolleginnnen ist die Hürde, an einer gesundheitsförderlichen Maßnahme teilzunehmen, geringer. So gaben uns die Teilnehmer bei der Erprobung des Trainings im Rahmen des ReSuM-Projekts als Teilnahmegründe stets die soziale Eingebundenheit und Sicherheit im Team während der Maßnahme an. Auf die Chancen und Möglichkeiten, die eine teambasierte Maßnahme bietet, gehen wir in Abschnitt 1.4 nochmals detailliert ein.

1.2 Stress– und Ressourcenmanagement (Antje Ducki)

Stress und Stressfolgen gehören zu unserer Arbeitswelt dazu und sind nicht mehr wegzudenken. Dies gilt für Beschäftigte auf allen Qualifikationsstufen, wobei für Geringqualifizierte besondere Bedingungen zu berücksichtigen sind (siehe Abschnitt 1.1). Zahlreiche Forschungsergebnisse belegen, dass arbeitsbedingter Stress und Arbeitsbelastungen eine wesentliche Rolle bei der Entstehung von gesundheitlichen Beschwerden spielen (Bamberg, Busch & Ducki, 2003; Zapf & Semmer, 2004). Dies gilt für das weite Spektrum der psychischen und psychosomatischen Störungen (z.B. „nervöse" Magen- und Darmbeschwerden, Spannungskopfschmerzen, Rückenbeschwerden etc.), aber auch für chronische Krankheiten wie Rückenschmerzen und koronare Herzerkrankungen (Siegrist, 1996; Zimolong, Elke & Bierhoff, 2008). Psychische Erkrankungen haben in den letzten Jahren an Bedeutung zugenommen. Sie bilden mittlerweile die viertwichtigste Ursache für Arbeitsunfähigkeit (bei Frauen die drittwichtigste) und stellen die häufigste Ursache für Frühpensionierungen dar (BKK, 2005; Küsgens, Macco & Vetter, 2008). Insbesondere Angststörungen, Depressionen und Suchterkrankungen haben zugenommen, wobei bei Frauen vermehrt Depressionen, bei Männern vermehrt Suchterkrankungen auftreten (Lademann, Mertesacker & Gebhardt, 2006). Die häufigsten Stressauslöser, die in repräsentativen Befragungen von Arbeitnehmern genannt werden, sind unsichere Arbeitsverhältnisse, hoher Termindruck, lange Arbeitszeiten, mangelnde Anerkennung, Konflikte mit Vorgesetzten oder Kollegen, Unvereinbarkeit von Beruf und Familie (BKK, 2005; European Foundation for the Improvement of Living and Working Conditions, 2007).

Im Folgenden wird ein Überblick über die Entstehung von Stress, über die wichtigsten Stressoren und Ressourcen sowie Bewältigungsmöglichkeiten und über die gesundheitlichen Folgen von Stress gegeben. Danach werden die Methoden und die Wirkungen von Stressmanagementinterventionen dargestellt. Dieser Überblick soll dazu dienen, ein einheitliches Verständnis zum Thema Stress zu verschaffen und das vorliegende Training in den Kanon bekannter Stressmanagementinterventionen einzuordnen.

1.2.1 Stressdefinition

Es gibt sehr unterschiedliche Definitionen und Erklärungsansätze für Stress. Alle Erklärungsmodelle gehen davon aus, dass Stress ein Ungleichgewicht im Verhältnis von Mensch und Situation darstellt. Betrachtet man Stress als das Resultat einer Transaktion zwischen Person und Situation, wie dies im transaktionalen Stressmodell (Lazarus & Launier, 1981) geschieht, entsteht Stress immer dann, wenn die Bewältigung einer Anforderung für eine Person wichtig ist, die Person aber die eigenen Bewältigungsvoraussetzungen als nicht ausreichend einschätzt. Die Person nimmt eine Imbalance zwischen Anforderungen und Bewältigungsmöglichkeiten wahr, die als unangenehm oder als bedrohlich wahrgenommen wird und emotional mit Gefühlen von Angst bzw. Ängstlichkeit verbunden ist. Damit ist Stress „ein subjektiv unangenehmer Spannungszustand, der aus der Befürchtung entsteht, eine aversive Situation nicht ausreichend bewältigen zu können" (Zapf & Semmer, 2004, S. 1011).

1.2.2 Der Stressprozess

Damit Stress überhaupt entstehen kann, bedarf es immer bestimmter Absichten, Erwartungen, Wünsche, Motive oder Ziele der Person, deren Erreichung bzw. Realisierung bedroht erscheinen. Stress setzt somit Handlungsabsichten und Handlungsziele zwingend voraus. Am Stressprozess beteiligt sind situative und personale Stressoren, Ressourcen sowie innere Bewertungsprozesse (siehe Abbildung 1). Ihr Wechselspiel führt zu Stressfolgen, die körperlich, kognitiv-emotional und/oder auf der Verhaltensebene zum Ausdruck kommen können.

1.2.3 Stressoren

Zu jeder Stresssituation gehören auslösende Faktoren. Unter Stressoren bzw. Belastungen werden diejenigen Bedingungen zusammengefasst, die mit hoher Wahrscheinlichkeit Stress auslösen. Sie treten sowohl während der Arbeit als auch in der Freizeit und im Familienleben auf oder können auch durch eigene Haltungen und Erwartungen verursacht sein. Betriebliche Stressmanagementinterventionen befassen sich in erster Linie mit den *arbeitsbezogenen Stressoren*. Sie können klassifiziert werden in aufgabenbezogene

Stressoren (Unter- und Überforderung, Störungen und Unterbrechungen), arbeitsorgani-satorische Stressoren, physikalische Stressoren (Lärm, Staub, Hitze, Schmutz), zeitliche Stressoren (Nacht- und Schichtarbeit, Arbeit auf Abruf, Zeitdruck) und soziale Stressoren (fehlende soziale Unterstützung, Konkurrenz, Mobbing, Rollenkonflikte, Verhalten von Vorgesetzten, soziale Stressoren im Umgang mit Kunden) (Semmer & Mohr, 2001). Bedingt durch permanenten Wandel und immer kürzere Veränderungszyklen ergeben sich zudem erhebliche Stressoren durch unsichere Arbeitsverhältnisse, was für Geringqualifi-zierte oft mit existentieller Bedrohung verbunden ist. Geringverdiener sehen sich zudem immer häufiger gezwungen, neben der „eigentlichen" Arbeit noch einen zweiten oder drit-ten Job anzunehmen, der nach der ersten Schicht ausgeübt wird (siehe Abschnitt 1.1).

Stressoren aus dem Familienleben können sich ergeben durch Überforderungen z.B. bei Verantwortlichkeit für pflege- und betreuungsbedürftige Familienmitglieder, Verschuldung, fehlenden Unterstützungssystemen oder durch kritische Lebensereignisse wie Schei-dung, Erkrankung oder Tod eines Familienmitglieds. Arbeits- und familienbedingte Stres-soren können getrennt auftreten, sich aber auch gegenseitig beeinflussen und in einem Teufelskreis enden (Beblo & Ortlieb, 2005).

Personale Stressoren können durch überhöhte Ansprüche und Ziele, eine ineffektive Handlungsregulation oder fehlende Qualifikationen verursacht sein.

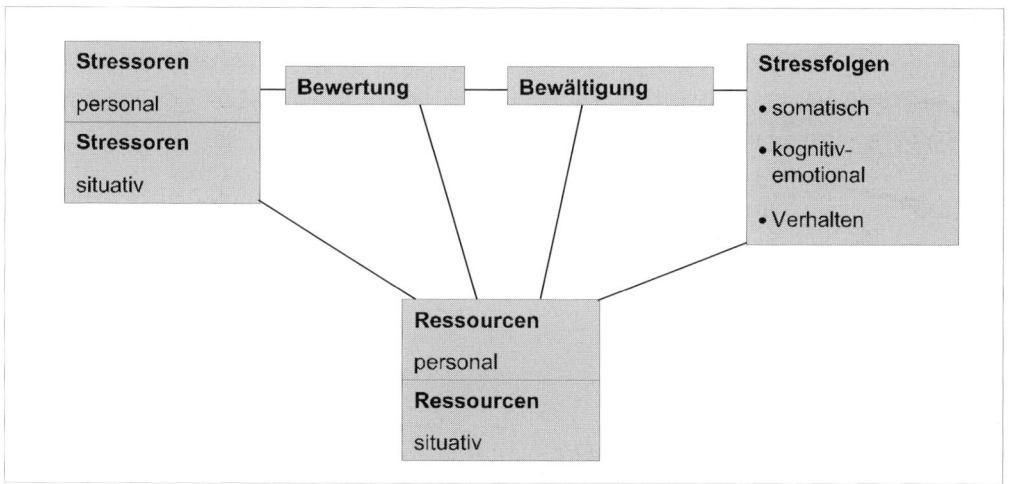

Abbildung 1: Der Stressprozess nach Bamberg, Busch & Ducki (2003)

1.2.4 Ressourcen

Ressourcen kommt im Stressprozess eine sehr wichtige Bedeutung zu. Ihre zentrale Be-deutung erhalten sie dadurch, dass sie sowohl in der Bewertungsphase eines Ereignis-ses als auch in der konkreten Bewältigungsphase wirksam werden können und damit den Stressprozess wesentlich determinieren. Ressourcen sind alle „Hilfsmittel, die es dem Menschen erlauben, die eigenen Ziele trotz Schwierigkeiten anzustreben, mit den Stressbedingungen besser umzugehen und unangenehme Einflüsse zu verringern" (Frese, 1994, S. 34). Unterschieden werden *situative* und *personale* Ressourcen. Zu den situativen Ressourcen zählen neben einer gesunden Umwelt, guten Wohnverhältnissen und materieller Sicherheit funktionierende familiäre und soziale Beziehungen sowie befriedigende Arbeitsbedingungen. Bedeutsame situative Ressourcen in der Arbeitswelt sind hohe Handlungs- bzw. Entscheidungsspielräume, vollständige und ganzheitliche Aufgabenstrukturen, vielfältige Anforderungen, zeitliche Spielräume, sinnhafte Aufgaben, durchschaubare und transparente Arbeitssituationen und Arbeitsaufgaben (Zapf & Semmer, 2004).

Den verschiedenen situativen Ressourcen liegt die Kontrolle als eine Kerndimension zugrunde. Kontrolle ist dann gegeben, wenn relevante Bedingungen, Situationen und Tätigkeiten entsprechend den eigenen Zielen, Bedürfnissen und Interessen beeinflusst werden können. Kontrolle realisiert sich in der Arbeitsaufgabe als Handlungsspielraum und findet ihren Ausdruck in der Partizipation.

Zu den situativen Ressourcen zählen auch *soziale Ressourcen*, verstanden als der Person zur Verfügung stehende bzw. von ihr genutzte gesundheitsschützende bzw. -fördernde Merkmale des sozialen Handlungsraums. Dazu gehören z.B. Unterstützungsangebote von Vorgesetzten und Kollegen oder Familienmitgliedern (Udris & Rimann, 2000). Es können instrumentelle, informationale, emotionale und bewertungsbezogene Formen der sozialen Unterstützung unterschieden werden, die in unterschiedlicher Art und Weise im Arbeitskontext zum Einsatz kommen können. Insbesondere das unmittelbare kollegiale Umfeld, die soziale Unterstützung im Arbeitsteam und die des direkten Vorgesetzten stellen für die Stressprävention zentrale Ansatzpunkte dar.

Personale Ressourcen werden unterschieden in situationskonstante (aber zugleich flexible) Handlungsmuster und kognitive Überzeugungssysteme. Zu den Handlungsmustern zählen palliative und instrumentelle Bewältigungsstile, wie z.B. ein problemorientiertes Verhalten oder die Suche nach sozialer Unterstützung. Zu den kognitiven Überzeugungssystemen gehören je nach Theorietradition der Kohärenzsinn (Antonovsky, 1987), Hardiness (Kobasa, 1982), Selbstwirksamkeit (Bandura, 1977) und Kontrollüberzeugungen (Rotter, 1975). Darüber hinaus verweisen einige Autoren auch auf die körperliche Widerstandskraft und Erholungsfähigkeit als personaler Ressource (Kastner, 2004; siehe auch Abschnitt 1.5).

Die gesundheitsschützende Wirkung der Ressourcen wird oft dadurch erklärt, dass durch sie der Umgang mit Stressoren erleichtert wird. Diese Wirkung wird häufig als Pufferwirkung bezeichnet. Nach Zapf & Semmer (2004) kann allein der Gedanke, eine belastende Situation verändern oder verlassen zu können, die Entstehung von Stress positiv beeinflussen und zwar unabhängig davon, ob von dieser Möglichkeit Gebrauch gemacht wird. Eine weitere Möglichkeit besteht darin, dass die Ressourcen neue „objektive" Stressbewältigungsmöglichkeiten eröffnen: Beispielsweise kann man bei hohem Handlungsspielraum selbst entscheiden, wann man eine Pause macht, um sich ein wenig zu erholen.

Für Kontrolle bzw. Handlungsspielraum konnte diese Pufferwirkung in einzelnen arbeits-psychologischen Längsschnittuntersuchungen nachgewiesen werden (Karasek & Theorell, 1990; Semmer & Mohr, 2001). Jedoch gibt es auch Untersuchungen, die diese Pufferwirkung in Frage stellen (de Lange, Taris, Kompier & Houtman, 2003).

Ressourcen können die Gesundheit indirekt auch dadurch beeinflussen, dass sie Stressoren reduzieren. So können beispielsweise bei hinreichenden finanziellen Ressourcen Aufträge abgelehnt werden, oder bei der freien Wahl des Arbeitsortes können Unterbrechungen dadurch reduziert werden, dass phasenweise zu Hause gearbeitet wird (Bamberg, Busch & Ducki, 2003).

Darüber hinaus wird Ressourcen ein Direkteffekt auf die Gesundheit zugeschrieben. Bei den meisten Ressourcen ist ein positiver Zusammenhang mit Wohlbefinden, mit der Arbeitszufriedenheit oder dem Selbstwertgefühl sowie ein negativer Zusammenhang mit psychischen und körperlichen Befindensbeeinträchtigungen belegt (Ducki & Kalytta, 2006). Der Direkteffekt wurde für situative Ressourcen (z.B. ein hoher Handlungsspielraum) und für soziale Ressourcen mehrfach empirisch bestätigt (Zapf & Semmer, 2004).

Damit Ressourcen positiv wirksam sein können, müssen sie der Person bewusst sein. Vielen Menschen geht in schwierigen Situationen – häufig als Folge von Stress – das Bewusstsein für Potentiale und Ressourcen verloren. Stressmanagementinterventionen wie das Vorliegende verfolgen daher u.a. das Ziel, Ressourcen für das eigene Handeln (wieder) zu entdecken, um dadurch die Handlungsfähigkeit der Person zu stärken.

Bedingt durch die aufgezeigten Mehrfachwirkungen haben Ressourcen im Stressgeschehen eine große Bedeutung. Ihr Erhalt und ihre Weiterentwicklung sind damit eine zentrale Voraussetzung, um sich langfristig vor negativen Stressfolgen zu schützen, insbesondere dann, wenn Stressoren nicht vermeidbar sind. Aus diesem Grunde sollte ein Stressmanagementtraining einen Schwerpunkt auf die Stärkung der Ressourcen legen.

1.2.5 Theoretische Erklärungsmodelle

Das international bekannteste Modell ist das *Job-Demand-Control-Support-Modell* (Johnson & Hall, 1988; Karasek, 1979). Es postuliert eine additive Wirkung von Kontrolle bzw. Entscheidungsspielraum und Anforderungen hinsichtlich Stress und Aktivität sowie Lernen. Dichotomisiert man die Ausprägung von Entscheidungsspielraum und Anforderungen jeweils in die Bereiche hoch und niedrig, erhält man die entsprechenden Belastungen der Arbeit („job strain"). Ein aktiver Job – Karasek verweist auf das Flowkonzept von Csikszentmihalyi (1975) – garantiert Lernmöglichkeiten und steigert Aktivität in und außerhalb der Erwerbsarbeit. Er fördert problemorientierte Stressbewältigung, Zufriedenheit und Gesundheit.

Ein passiver Job führt dagegen zu einer Abnahme der allgemeinen Aktivität und der generellen Problemlöseaktivität, was zu Arbeitsunzufriedenheit führt. Karasek verweist auf das Konzept der gelernten Hilflosigkeit (Seligman, 1974). Wie in Abschnitt 1.1 ausgeführt, stellen die Tätigkeiten von Geringqualifizierten meist passive Jobs dar, die durch eine

Kombination von geringen Anforderungen und geringer Kontrolle bzw. geringem Entscheidungsspielraum gekennzeichnet sind.

Ein ruhiger Job beinhaltet keine Lernmöglichkeiten und aktiviert nicht, geht aber mit geringen Stresswirkungen einher.

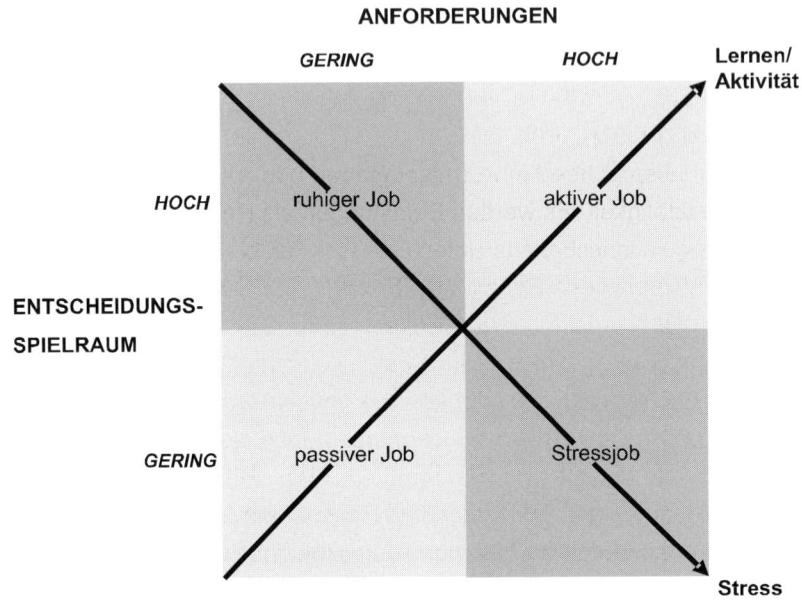

Abbildung 2: Das Job-Demand-Control-Modell nach Busch (2004)[3]

Der Stressjob beinhaltet Lernmöglichkeiten, die aber durch den geringen Entscheidungsspielraum nicht genutzt werden können. Er geht mit starken Stresswirkungen einher. Ein
Stressjob führt zu starken Erschöpfungsgefühlen nach der Arbeit, depressiven Zuständen, Nervosität und Schlaflosigkeit (Karasek, 1979; Karasek & Theorell, 1990).

Zunehmend ist auch das *Modell beruflicher Gratifikationskrisen* (Siegrist, 1996, 2000) von
Bedeutung. Es thematisiert das Tauschverhältnis von Leistung und Gratifikation. Dabei
werden drei Arten von Gratifikationen unterschieden: Bezahlung, Wertschätzung und
Statuskontrolle (Aufstieg bzw. gewährte Arbeitsplatzsicherheit). In dem Modell beruflicher
Gratifikationskrisen wird angenommen, dass Stressreaktionen aus einem Ungleichgewicht zwischen eingebrachter Anstrengung und wahrgenommener bzw. erlebter Gratifikation entstehen.

Das Modell spezifiziert drei Bedingungen, unter denen zu erwarten ist, dass sich Menschen einem ungünstigen Verhältnis zwischen Verausgabung und Belohnung aussetzen.
Soziale Zwänge können vorliegen, die eine günstigere Tätigkeits- bzw. Berufswahl nicht
zulassen. Dies gilt in erster Linie für wenig mobile und beruflich gering qualifizierte Gruppen ("lieber eine schlechte Arbeit als gar keine"). Berufsbiografisch-strategische Erwä-
gungen können eine Person veranlassen, Gratifikationskrisen über einen längeren Zeit-

---

[3] Die Stresshypothese ist in der Abbildung hervorgehoben.

raum hinweg in Kauf zu nehmen, in Erwartung einer späteren Honorierung dieser "Vorleistungen", beispielsweise in Form beruflicher Beförderung. Drittens kann eine „übersteigerte berufliche Verausgabungsbereitschaft" ein Grund für eine Gratifikationskrise sein. Damit können Gratifikationskrisen eine äußere (extrinsische) wie auch eine innere (intrinsische) Komponente enthalten.

Während das Modell der Gratifikationskrisen das individuelle Erleben und individuelle Vergleichsprozesse als Ursache für Stress thematisiert, stellt das *Modell der Handlungsregulation* (Hacker, 1978; Volpert, 1987) die objektiven Arbeitsbedingungen als Auslöser für Stress in den Mittelpunkt. Wesentliche Bestimmungsstücke dieses Modells sind die Betonung qualitativ anspruchsvoller Arbeitsaufgaben und die Forderung nach Autonomie innerhalb der Arbeitstätigkeit. Es werden Belastungen als Regulationsbehinderungen und Ressourcen als Regulationschancen unterschieden. Ressourcen sind in der Konzeption der Handlungsregulationstheorie komplexe Denk- und Planungserfordernisse, die sich dem Handelnden z.B. in Form einer Arbeitsaufgabe stellen, und die Vielfalt von Wahl- und Handlungsmöglichkeiten, über die eine Person verfügt. Arbeitsaufgaben sollten demnach im Sinne gesundheitsgerechter Arbeit die Möglichkeit bieten, selbstständig über die Ziele und die Wege der Zielerreichung entscheiden zu können. Psychische Belastungen können entstehen, wenn die Erreichung des Arbeitsergebnisses und damit die Handlungsregulation behindert wird. Regulationsbehinderungen können unterteilt werden in Regulationshindernisse (Unterbrechungen, informatorische und motorische Erschwerungen) und in Regulationsüberforderungen wie monotone Arbeitsbedingungen und Zeitdruck (Leitner et al., 1987). Wichtig ist in diesem Modell, dass die arbeitende Person dieser Behinderung aufgrund arbeitsorganisatorischer Vorgaben nicht wirkungsvoll begegnen kann und gezwungen wird, bei Vorliegen von Regulationsbehinderungen zusätzlichen Handlungsaufwand zu leisten. Zusatzaufwand, der über längere Zeit erbracht werden muss, führt zu negativen Stressfolgen (Leitner, 1993).

1.2.6 Stressbewältigung

Auch wenn es zahlreiche Stress auslösende Bedingungen gibt, sind Menschen diesen nicht passiv ausgeliefert, sondern gehen aktiv mit ihnen um. Damit sind die Bewältigungsmöglichkeiten angesprochen. Sie können an unterschiedlichen Stellen ansetzen: Sie können die Situation selbst, den Bewertungsprozess oder den Umgang mit den Stressfolgen beeinflussen.

Die Beeinflussung der Situation umfasst alle Bewältigungs- oder Copingmöglichkeiten, die sich damit beschäftigen, die stressende Situation bzw. das eigene Erleben und Verhalten in der stressenden Situation zu verändern. Ein Beispiel ist der Versuch, sich bei Stress, der durch den Ausfall eines dringend gebrauchten Arbeitsgerätes entstanden ist, aktiv darum zu kümmern, dass dieses möglichst schnell repariert wird. Aktives Problemlösen und damit Veränderung eines äußeren Stressors wird als *problembezogenes Coping* bezeichnet (Lazarus & Launier, 1984).

Der Beeinflussung des Bewertungsprozesses können alle Bewältigungsmöglichkeiten zugeordnet werden, die zu einer Neuinterpretation der Situation, einer Neugewichtung eigener Ziele oder der eigenen Bewältigungsmöglichkeiten führen. In der Regel handelt es sich um kognitive Restrukturierungen oder um Bewältigungsmöglichkeiten, deren Ziel es ist, die in einer Stresssituation aufsteigenden Gefühle wie z.B. Wut, Angst oder Ähnliches wieder unter Kontrolle zu bringen. Im Wesentlichen handelt es sich um Möglichkeiten zur Reduktion der Erregung/Anspannung. Ein Beispiel ist die Selbstberuhigung durch „gutes Zureden" vor einem Stress auslösenden Bewerbungsgespräch. Entspannungsverfahren, wie die Progressive Muskelentspannung oder das Autogene Training, fallen ebenfalls in diese Kategorie. Diese Bewältigungsmöglichkeiten werden auch als *emotionsbezogenes Coping* nach Lazarus & Launier (1984) bezeichnet.

Häufig wird noch eine weitere Bewältigungsmöglichkeit, das *vermeidende Coping,* ergänzt (Endler & Parker, 1990). Sie beinhaltet dysfunktionale Bewältigungsstrategien, die durch ein Ausweichen vor der Situation die unangenehmen Stressgefühle vermeiden. Ein Beispiel für eine vermeidungsorientierte Bewältigungsstrategie ist die Verdrängung und Leugnung von Problemen, um diese nicht angehen zu müssen.

Nicht in jeder Situation kann jede Bewältigungstechnik angewandt werden. Es gibt Stresssituationen, die z.B. keine Veränderung von außen zulassen. In solchen Situationen sind emotionsbezogene Copingstrategien sinnvoll und notwendig. Auch vermeidendes Coping kann funktional sein, wenn beispielsweise kurzfristige Handlungsfähigkeit nur über Verdrängung sichergestellt werden kann. Deshalb ist es notwendig zu erkennen, welche Stressbewältigungsstrategie in welcher Situation passend und funktional und welche dysfunktional ist.

Generell kann man die Vielfalt möglicher Bewältigungsstrategien in eher funktionale bzw. effektive Bewältigungsformen und dysfunktionale/ineffektive unterteilen. Als ineffektiv zeigen sich Strategien, die mit dauerhafter Realitätsflucht verbunden sind („eskapistische Strategien"), oft verbunden mit Medikamenten- oder Alkoholkonsum, (aggressivem) Auslassen von emotionaler Belastung und Anspannung an anderen Personen, Selbstabwertung, Selbstbeschuldigung, Selbstbemitleidung, Resignation.

Effektive oder funktionale Strategien lassen sich hingegen dadurch charakterisieren, dass aus einem breiten Repertoire verfügbarer problem- und emotionsbezogener Strategien die jeweils situationspassendste ausgewählt und flexibel angewendet werden kann (Kaluza, 2007). Auch das vorliegende Stressmanagementtraining zielt darauf ab, den flexiblen Einsatz sowohl problem- als auch emotionsbezogener Bewältigungsfähigkeiten weiterzuentwickeln.

1.2.7 Stressfolgen

Stressfolgen können körperlich, kognitiv, emotional und im Verhalten zum Ausdruck kommen und müssen in kurz- und langfristige Folgen unterschieden werden (siehe Tabelle 1). Sie können die einzelne Person genauso wie das soziale Umfeld betreffen.

Kurzfristige körperliche Reaktionen zielen darauf ab, dem Menschen für die zwei Haupt-reaktionen bei Gefahr – für Flucht und Angriff – die notwendige Energie zur Verfügung zu stellen: Erhöhte Muskelspannung, schnellerer Herzschlag, schnellere Atmung bei gleich-zeitiger Unterdrückung z.B. von Verdauungstätigkeiten, Hungergefühlen oder Schmerz-wahrnehmung ermöglichen eine schnelle und unmittelbare Reaktion. Diese Aktivierungs-leistung ist lebenserhaltend und funktional, wenn es nach Beendigung der Stresssituation zu einer Rückstellung auf den Ruhewert, dem sogenannten „unwinding" kommt. Erfolgt diese Rückstellung nicht oder nur sehr verzögert und wird die bereitgestellte Energie nicht aufgebraucht, können schwerwiegende Herz-Kreislauf-Erkrankungen wie Arterio-sklerose und Herzinfarkt (Nordstrom, Dwyer, Bairey Merz, Shircore et al., 2001; Siegrist, 1996), Beeinträchtigungen des Immunsystems (Steptoe, 2001) oder auch muskuloskelet-tale Beschwerden (Zimolong, Elke & Bierhoff, 2008) die Folge sein.

Tabelle 1: Kurz- und langfristige Stressfolgen

Ebene	Kurzfristige Stressfolgen	Langfristige Stressfolgen
Physiologisch/ somatisch	Erhöhung der kardiovaskulären Ak-tivität (Blutdruck, Herzfrequenz) Verstärkte hormonelle Reaktion (Adrenalin, Noradrenalin)	Psychosomatische Beschwerden Erhöhung der Krankheitsanfälligkeit durch Störung des Immunsystems
Kognitiv/ emotional	Anspannung, Denkblockaden Gereiztheit, Ärger, Angst	Burnout, Depressivität Eingeschränktes Selbstwertgefühl
Verhalten	Abschottung Fehlerhäufigkeit nimmt zu	Vermehrter Rückzug Eingeschränktes Freizeitverhalten
Bezugsgruppe	Konflikthafte Interaktion	Soziale Spannungen, Mobbing
Organisation	Norm- und Höflichkeitsverletzungen, Ungerechtigkeitserleben	Verminderte Leistungsbereitschaft und -fähigkeit Arbeitszurückhaltung Erhöhte Fehlzeiten Frühverrentungen Diebstahl, Sabotage

Stressfolgen, die sich der kognitiv-emotionalen Ebene zuordnen lassen, sind kurzfristige Denkblockaden, Gereiztheit, Ärger oder Angst. Während Ärger eher unter der Bedingung von grundsätzlicher Kontrollierbarkeit der Situation entsteht, ist Furcht eine Reaktion auf drohenden Kontrollverlust. Langfristige Folgen können Burnout, Depressivität, manifeste Angst oder ein eingeschränktes Selbstwertgefühl sein.

Kurzfristige Stressreaktionen auf der Verhaltensebene wie die Abschottung dienen dazu, das Verhalten auf das unbedingt Notwendige zu fokussieren. Mit der Abschottung steigt aber gleichzeitig die Wahrscheinlichkeit, Fehler zu machen, weil Kontextbedingungen nicht mehr vollständig wahrgenommen und verarbeitet werden. Langfristig nehmen unter Stress Freizeittätigkeiten (z.B. Sport und Bewegung) ab, die Regenerationsfähigkeit sinkt, es kommt beispielsweise vermehrt zu Schlafstörungen, und ungesunde Verhaltenswei-sen wie Alkohol-, Medikamenten- und Nikotinkonsum nehmen zu. Diese langfristigen Folgen werden somit selbst zu Stressoren und beeinflussen den Stress-Teufelskreis ne-gativ.

Stress ist nicht nur ein individuelles Problem sondern, hat soziale Folgen. Unter Stress nehmen zunächst konflikthafte Interaktionen zu. Diese können sich unter anhaltenden Stressbedingungen zu konfliktreichen Dauerspannungen bis hin zu Mobbinghandlungen entwickeln, die dann wiederum selbst zu sozialen Stressoren werden (Zapf, 1999).

Leistungsminderungen ergeben sich langfristig, wenn Kompensationsversuche wie z.B. Anstrengungs- oder Geschwindigkeitssteigerungen, die Anwendung aufwandsärmerer Strategien oder Prioritätensetzungen zugunsten primärer Ziele fehlschlagen (Zapf & Semmer, 2004). Auch längere Fehlzeiten, erhöhte Frühverrentungen sowie organisati-onschädigendes Verhalten wie Diebstahl oder Sabotagehandlungen sind belegte Folgen anhaltenden Arbeitsstresses (Mein, Higgs, Ferrie, Stansfeld et al., 1998, 2003; Stansfeld, Fuhrer, Head, Ferrie et al., 1997; Zapf & Semmer, 2004).

Oft schaukeln sich körperliche, kognitiv-behaviorale und emotionale Stressreaktionen ge-genseitig auf, was zu einer Verstärkung oder Verlängerung der Stressreaktionen kommen kann (Kaluza, 2007). Da es keine stressfreie Organisation gibt, ist das vorrangige Ziel von Stressinterventionen, kurzfristige Stressreaktionen frühzeitig als Warnsignale wahr-zunehmen und Maßnahmen zu ergreifen, die die aufgezeigten Chronifizierungen vermei-den.

1.2.8 Stressmanagementinterventionen

Stressmanagementinterventionen können zu verschiedenen Zeitpunkten und an ver-schiedenen Stellen im Stressprozess ansetzen: Sie können Stressoren beseitigen, Res-sourcen weiterentwickeln, Bewertungsprozesse und Bewältigungsformen verändern oder die Stressfolgen selbst modifizieren. Die wirkungsvollste Intervention ist, die Ursachen für Stress, also die Stressoren selbst, frühzeitig zu beseitigen oder situative Ressourcen wie den Handlungsspielraum zu erweitern, sodass gar nicht erst Stress entsteht. Solche In-tervention kann auch als *bedingungs- oder organisationsbezogene Maßnahme* bezeich-net werden. Im Rahmen eines Stressmanagementtrainings können bedingungsbezogene Angebote unterbreitet werden, indem Beschäftigte befähigt werden, gemeinsam im Team Stressoren zu identifizieren und Lösungsvorschläge zu ihrer Beseitigung zu entwickeln. Ein anderer bedingungsbezogener Zugang ergibt sich über die Gestaltung der sozialen Beziehungen der Arbeitsteams, und eine dritte Möglichkeit ergibt sich über die Qualifizierung der Führungskräfte z.B. zu der Frage, wie sie eine stressfreiere Arbeitsorganisation in ihrem Verantwortungsbereich umsetzen können.

Personenbezogene Maßnahmen zielen ab auf die Veränderungen von Bewertungsprozessen als auch auf die Vermittlung von effektiveren Bewältigungsstrategien. Sie können die kognitiv-behavioralen, die emotionalen oder die körperlichen Bewältigungsmöglichkeiten fokussieren. Darüber hinaus gibt es personenbezogene Stressinterventionen, die bei bereits erfolgter Beeinträchtigung oder Schädigung auf die Milderung der Stressfolgen abzielen (z.B. Employee Assistance Programms,EAP; Rehabilitations- oder Kurmaßnahmen) (vgl. Murphy, 2007).

1.2.9 Ablauf und Methoden

Eine Stressmanagementintervention erstreckt sich im Durchschnitt über zwölf Wochen mit ca. zweisstündigen Sitzungen pro Woche (Bamberg & Busch, 2006), jedoch reicht der Rang von einem mehrstündigen Workshop bis über zwölf Wochen.

Die häufigsten Methoden und Techniken, die im Rahmen von Stressmanagementinterventionen zum Einsatz kommen, sind kognitiv-behaviorale Methoden. Sie basieren größtenteils auf der kognitiven Verhaltenstherapie. Das Spektrum reicht von Informationsvermittlung über Achtsamkeitsübungen zu Übungen wie Gedankenstopps oder kognitiver Restrukturierung. Auch Entspannungsmethoden werden eigenständig oder auch in Kombination mit anderen Verfahren angeboten. Häufig kommen die Progressive Muskelentspannung, das Autogene Training oder auch Meditationsverfahren zum Einsatz (Bamberg, Busch & Ducki, 2003; Murphy, 2007). Setzen sich Stressmanagementinterventionen aus unterschiedlichen Trainingselementen (kognitiv-behavioral und Entspannungsmethoden und/oder aktive Problemlösung) zusammen, dann werden sie als multimodale Verfahren bezeichnet.

Je nachdem, welche Verfahren eingesetzt werden, ergeben sich unterschiedliche Wirkungen. Seit Anfang der neunziger Jahre wurden diverse Metaanalysen zur Abschätzung der Effektivität von Stressmanagementinterventionen veröffentlicht, in die mittlerweile über hundert Primärstudien eingeflossen sind. Der Forschungsstand kann als gut bezeichnet werden, wenn auch hier die Ergebnisse nicht immer eindeutig sind. Folgende Ergebnisse lassen sich auf dem Hintergrund der neuesten Metaanalysen zusammenfassend festhalten (Bamberg & Busch, 2006; Richardson & Rothstein, 2008; Van der Klink, 2001):

Kognitiv-behaviorale Methoden werden als wirkungsvoll für die Reduktion psychischer Beschwerden bezeichnet. Die aktuellste Metaanalyse von Richardson und Rothstein (2008) zeigt, dass die positive Wirkung von kognitiv-behavioralen Techniken in multimodalen Trainingszusammensetzungen abgeschwächt wird. Entspannungstechniken sind effektiv zur Reduzierung von physiologischen Stressoutcomes wie z.B. Blutdruckregulierungen. Die Effekte von Entspannungstrainings scheinen zeitlich stabiler zu sein als Effekte von kognitiv-behabiouralen Trainings (Bamberg & Busch, 2006). Die geringste Effektivität zeigt sich bei bedingungs- oder organisationsbezogenen Interventionen. Allerdings sind die Effekte hier sehr heterogen. Die Effektivität ist davon abhängig, inwieweit sie Beschäftigte involviert sind und/oder inwieweit gesundheitsbezogene Interventionen als solche wahrnehmen werden. Gerade bei bedingungsbezogenen Interventionen ist das nicht selbstverständlich (Bamberg & Busch, 2006).

Multimodale Interventionen sind wirkungsvoll, allerdings sind Einkomponenten-Interventionen (hier vor allem kognitiv-behaviorale) wirkungsvoller. Das kann daran liegen, dass bei multimodalen Interventionen aus zeitlichen Gründen die Einzelkomponenten nicht mit der gleichen Sorgfalt und Intensität vermittelt und trainiert werden können, wie dies bei Verfahren möglich ist, die sich auf ein Thema beschränken.

Kürzere Trainings (eine bis max. acht Wochen Dauer) scheinen effektiver zu sein als längere. Dies gilt vor allem für kognitiv-behaviorale und für Entspannungsverfahren. Multimodale Verfahren sind effektiver, wenn sie eine längere Dauer haben (länger als zwölf Wochen.)

Abschließend kann festgehalten werden, dass ein erfolgreiches Stress- und Ressourcenmanagement Interventionen erfordert, die zielgruppen-, bedarfs- und problemgerecht sind. Eine systematische Analyse der stressrelevanten Arbeitsmerkmale und der individuellen Voraussetzungen der Gesundheit der Teilnehmer ist daher eine notwendige Voraussetzung (Bamberg, Busch & Ducki, 2003). Aus diesem Grunde ist dem Trainingsmanual ein Screening vorgeschaltet, mit dem die Trainer aufgefordert werden, sich mit dem betrieblichen Kontext und den konkreten Arbeitsbedingungen der Teilnehmer vor dem Training auseinanderzusetzen (siehe Abschnitt 2.5).

1.2.10 Implikationen für das Training

Ein Stressmanagementtraining für Geringqualifizierte berücksichtigt die Besonderheiten der Zielgruppe inhaltlich und methodisch:

Aufgrund der in Abschnitt 1.1 geschilderten besonderen Situation von Geringqualifizierten kann davon ausgegangen werden, dass resignative Abwehrhaltungen bei dieser Beschäftigtengruppe stärker ausgeprägt sind. Aus diesem Grund wird im ersten Modul zunächst viel Zeit für Information und Vertrauensaufbau investiert. Die Teilnehmer müssen ermuntert werden, ihre abwartende bzw. abwehrende Haltung aktiv zu überwinden, und ermutigt werden mitzumachen. Für den Trainer bedeutet das, sich auf Skepsis und Widerstand einzustellen und diese zu akzeptieren.

Inhaltlich ist davon auszugehen, dass die Zielgruppe bislang wenig Gelegenheit hatte, fundierte Informationen zum Thema Stress zu erhalten. Aus diesem Grunde hat im ersten Modul die Informationsvermittlung einen großen Stellenwert.

Weiterhin ist davon auszugehen, dass das eigene Stresserleben weitgehend unreflektiert ist und auch die sprachlichen Differenzierungsmöglichkeiten zur Beschreibung unterschiedlicher Stresszustände (z.B. Unterscheidung von Furcht und Ärger) gering ausgeprägt sind. Für das Training bedeutet das, dass das Thema Stress in Teammodul 1 eng am Erfahrungsalltag der Teilnehmer erklärt werden muss. Dies wird dem Trainer nur gelingen, wenn er sich vorher im Rahmen des Screenings mit der konkreten Arbeitstätigkeit der Teilnehmer auseinandergesetzt hat und z.B. die unternehmensinternen Bezeichnungen von Arbeitsmitteln usw. kennt. Der Trainer muss zum einen die Sprache der Teilnehmer kennen und anwenden, zum anderen den Teilnehmern sprachliche Hilfestellungen geben, z.B. wenn es um eine differenziertere Beschreibung von Stressoren, Bewältigungsformen und Folgen von Stress geht. „Sprachkenntnis" hat in diesem Zusammenhang darüber hinaus auch eine wertschätzende Funktion: Sie zeigt, dass der Trainer sich um Kontakt und Verständnis bemüht.

Das vorliegende Stresstraining ist ressourcenorientiert. Für die Zielgruppe und den Trainer stellt die Ressourcenorientierung eine große, wenn nicht die größte Herausforderung dar, da Ressourcen für Geringqualifizierte bekanntlich nicht oder nur in sehr geringem Umfang verfügbar sind und Ressourcenorientierung schnell naiv oder zynisch wirken kann. Trotzdem sollen die Teilnehmer des Trainings motiviert werden, sich bewusst mit ihren verfügbaren Ressourcen auseinanderzusetzen. Dies erfolgt darüber, dass in allen Modulen Ressourcen aktiv bearbeitet werden. In Teammodul 1 steht Bewegung als personale Ressource im Zentrum, da Geringqualifizierte ein sehr mangelhaftes Bewegungsverhalten zeigen, gleichzeitig aber Bewegungsmangel die Hauptursache für die Entstehung chronischer Erkrankungen ist. Es geht dabei nicht um Sport, sondern um die Förderung alltäglicher Bewegung, wie Spazierengehen, Rad fahren, usw. In Teammodul 2 wird die soziale Unterstützung im Team als Ressource in den Mittelpunkt gestellt. Wie in Abschnitt 1.1 gezeigt, sind die sozialen Beziehungen zentrale und in Teamarbeit zur Verfügung stehende Ressourcen für Geringqualifizierte. Weiterhin werden in Teammodul 2 kleine Bewegungsübungen für den Arbeitsplatz vermittelt. Teammodul 3 befähigt zum aktiven, gemeinsamen Problemlösen im Team und damit zur kollektiven Einflussnahme auf die eigenen Arbeitsbedingungen. Teammodul 4 thematisiert die außerbetrieblichen Ressourcen, die Entwicklungsmöglichkeiten und die Erarbeitung eines konkreten Entwicklungsplans. Das Führungskräftemodul schließlich richtet sich an die Führungskraft als Gesundheitsressource für die Mitarbeiter. Die Führungskraft soll befähigt werden, das Stressgeschehen der Teams durch arbeitsorganisatorische Maßnahmen und durch wertschätzende Kommunikation positiv zu beeinflussen.

Methodisch-didaktisch wird der Lernungeübtheit der Zielgruppe durch kurze Sequenzen, erlebnisorientierte Aktivierung, Handlungsorientierung, hohe Strukturierung und Transparenz und durch Visualisierung Rechnung getragen.

1.3 Genderaspekte im Stress- und Ressourcenmanagement (Antje Ducki und Tanja Kalytta)

Warum ist es wichtig, sich im Kontext von Stress- und Ressourcenmanagement mit dem Thema Gender[4] auseinanderzusetzen? Grundsätzlich kann davon ausgegangen werden, dass Belastungen und Ressourcen bei gleicher Tätigkeit und bei gleichen Kontextbedingungen auf Frauen und Männer in gleicher Weise einwirken (siehe Abschnitt 1.2). Studien, die sich mit der Frage nach Geschlechterunterschieden im Stressgeschehen befassen und sich dabei um möglichst große Vergleichbarkeit der Kontextbedingungen (z.B. gleiche Tätigkeiten, gleiches Alter, gleicher Status, gleiche Arbeitszeit) bemühen, kommen häufiger zu dem Ergebnis, dass es keine signifikanten Geschlechterunterschiede gibt (Sonnentag, 1996). Andere Studien wiederum zeigen deutliche Unterschiede, z.B. in der Stresswahrnehmung von Frauen und Männern, in der Stressbewältigung und letztlich auch in den gesundheitlichen Folgen von Stress (Robert Koch Institut, 2005). Diese Unterschiede werden auf verschiedene Ursachen zurückgeführt. Dabei wird als eine der wichtigsten Ursachen die Tatsache genannt, dass sich eben die Lebens- und Arbeitsbedingungen von Männern und Frauen sehr stark unterscheiden. Unterschiedliche Bedingungen führen zu unterschiedlichen Belastungen und Ressourcen, prägen das konkrete Verhalten und den Umgang mit Stress, insbesondere die Stressbewältigungsmöglichkeiten und -strategien, den Umgang mit dem Thema Gesundheit und die Gesundheit selbst. Dies gilt für alle sozialen Schichten, für Geringqualifizierte ergeben sich jedoch einige Besonderheiten in den Geschlechterdifferenzen, auf die im letzten Abschnitt dieses Kapitels eingegangen wird.

Weitere für eine Trainingskonzeption relevante Genderaspekte sind Fragen nach unterschiedlichen Lernpräferenzen: Benötigen Frauen und Männer eine unterschiedliche Ansprache sowie unterschiedliche Methoden? Wie sollen oder können Handlungsempfehlungen für einen effektiveren Umgang mit Stress geschlechtersensibel formuliert werden, ohne gleichzeitig Geschlechterstereotypien zu verstärken? All diese Fragen betreffen die Didaktik, also die Frage, wie ein Training aufgebaut ist, welche Trainingsinhalte, unterbreitet werden und wie sie vermittelt werden.

Im Folgenden werden zunächst Genderaspekte in den Arbeits- und Lebensbedingungen und im Stressprozess behandelt, danach folgt das Thema Genderaspekte der Trainingsdidaktik am Ende werden Besonderheiten vorgestellt, die sich für die Zielgruppe der Geringqualifizierten ergeben.

1.3.1 Arbeits- und Lebensbedingungen und Gender

Die unterschiedlichen Arbeits- und Lebensbedingungen von Frauen und Männern zeigen

---

[4] Die Verwendung des Gender-Begriffs macht deutlich, dass nicht das biologische Geschlecht (sex) im Mittelpunkt der Betrachtung steht, sondern vielmehr sozial konstruierte Geschlechterrollen (Van Riesen, 2006) sowie die damit verbundenen unterschiedlichen Verhaltens-, Lebens- und Arbeitsweisen.

sich in unterschiedlichen Positionen am Arbeitsmarkt, in unterschiedlichen Berufen, einem unterschiedlichen Einkommen sowie in unterschiedlichen Zuständigkeiten für die Haus- und Familienarbeit.

1.3.1.1 Unterschiedliche Positionen, Berufe und Tätigkeiten

Männer und Frauen sind am Arbeitsmarkt in unterschiedlichen Wirtschaftsbereichen vertreten, sie üben schwerpunktmäßig unterschiedliche Berufe aus, und selbst innerhalb der Berufe werden einzelne Arbeitstätigkeiten geschlechtstypisch verteilt. Die Hälfte aller erwerbstätigen Frauen in Europa sind beispielsweise im Erziehungs- und Gesundheitsbereich sowie im Groß- und Einzelhandel vertreten, die Hälfte der erwerbstätigen Männer verteilen sich auf die Bereiche Produktion, Groß- und Einzelhandel und Bauwirtschaft (Beermann, Brenscheidt, Siefer, 2008). Frauen sind besonders häufig in konjunkturabhängigen Produktionszweigen (z.B. Nahrungsmittelindustrie, Bekleidungs-/Textilindustrie) und dort an solchen Arbeitsplätzen eingestellt, die besonders stark rationalisierungsgefährdet sind. In der Produktion üben Frauen überwiegend unqualifizierte Tätigkeiten mit geringen Handlungsspielräumen wie manuelle repetitive Tätigkeiten am Fließband, in der Montage oder in der Maschinenbedienung aus. Auch im Dienstleistungsbereich sind sie in solchen Berufsgruppen überrepräsentiert, die durch eine geringe Qualifikations- und Anforderungsstruktur gekennzeichnet sind (Reinigungsberufe, Verkäuferinnen, Friseurinnen, un- und angelernte Arbeiterinnen). Zu den wichtigsten Berufen von Frauen zählen Pflegeberufe, Verkauf, einfache Verwaltungstätigkeiten sowie hauswirtschaftliche Tätigkeiten (Dressel, 2008). Zu den häufigsten Berufen von Männern gehören Fahrer von Kraftfahrzeugen, Bauberufe, Maschinenmechaniker und Schlosser (ebd.). Innerhalb einer Berufsgruppe z.B. der Reinigungsberufe verteilen sich die Geschlechter ebenfalls ungleich: Während die Innenraumreinigung absolut frauendominiert ist, ist die Gebäude-, die Straßen- und Gehwegreinigung männerdominiert.

1.3.1.2 Unterschiedliche Arbeitszeiten, unterschiedliches Einkommen

Frauen verdienen bei gleicher Arbeitszeit und vergleichbarer Tätigkeit immer noch etwa ein Viertel weniger als Männer (BMSFJ, 2002). Je höher das Ausbildungsniveau ist, umso größer fällt der geschlechtsspezifische Einkommensabstand aus. Zudem gilt, je älter die Frauen sind, desto größer ist der Abstand zum durchschnittlichen Einkommen der gleichaltrigen Männer (ebd.). Gründe für die ungleiche Bezahlung sind vielfältig: Der Bericht zur Berufs- und Einkommenssituation von Männern und Frauen (2001) belegt, dass männerdominierte und frauendominierte Berufe in Tarifverträgen nicht nach gleichen Kriterien bewertet werden. Beispielsweise werden bei Sekretärinnen erforderliche organisatorische oder kommunikative Fähigkeiten nicht bewertet und damit auch nicht entlohnt. Entsprechend verdient eine Schreibkraft weniger als ein Lagerarbeiter, obwohl sie im Gegensatz zu ihm eine abgeschlossene Ausbildung vorweisen muss (ebd.). Auch werden körperliche Belastungen von Frauen immer noch als „leichter" bewertet.

Frauen arbeiten zudem sehr viel häufiger Teilzeit als Männer. 80% aller in Europa Teilzeitbeschäftigten sind Frauen (European Foundation for the Improvement of Living and Working Conditions, 2007). Teilzeitarbeit zementiert die geschlechtliche Arbeitsteilung, führt häufig zu einem unterqualifizierten Arbeitseinsatz und verringert berufliche Entwicklungschancen. Hinzu kommt, dass Teilzeitarbeit besonders im Bereich un- und angelernter Tätigkeiten oft in ungeschützten Beschäftigungsverhältnissen angeboten wird, was Frauen in zusätzliche Abhängigkeit und unsichere Lebensperspektiven treiben kann (Babitsch, Ducki, Maschewsky-Schneider, 2006).

Der Anteil geringfügig beschäftigter Frauen liegt europaweit ebenfalls über dem der Männer. Gering qualifizierte Teilzeitarbeit ist fast ausschließlich Frauenarbeit (siehe Abschnitt 1.1) und oft Arbeit an oder unter der Armutsgrenze. Insofern sind vor allem gering qualifizierte Frauen einem hohen Armutsrisiko ausgesetzt (BMSFJ, 2002).

1.3.1.3 Unterschiedliche zeitliche Verteilung von Arbeit und Familie

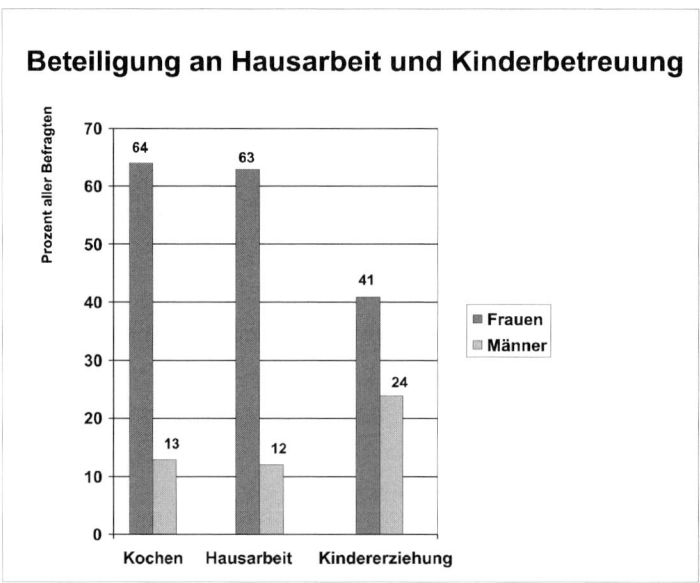

Abbildung 3: Geschlechtsspezifische Verteilung der Haus- und Familienarbeit (3. europäische Umfrage über Arbeits- und Lebensbedingungen, 2000)

In Hinblick auf die Verteilung der Erwerbszeit und der Familienzeit zeigen sich ebenfalls starke geschlechtsspezifische Unterschiede. Nach der Familiengründung schränken Mütter ihre Erwerbstätigkeit in Abhängigkeit vom Alter und der Anzahl der Kinder erheblich ein, mit dem dritten Kind gibt ein beträchtlicher Teil der Mütter die Erwerbstätigkeit ganz auf. Während sich die Erwerbsbeteiligung von Frauen und Männern ohne Kinder kaum unterscheidet (beide liegen um 80%), geht die Erwerbsbeteiligung von Müttern eines Kindes auf 67% und mit zwei Kindern auf 56% zurück, während die Erwerbsbeteiligung der Männer sogar auf 90% ansteigt (Dressel, 2008). Das bedeutet, dass spätestens mit der

Familiengründung die herkömmliche Rollenteilung zwischen den Geschlechtern – der Mann als Haupternährer, die Frau als Zuverdienerin oder Nur-Hausfrau – wieder hergestellt wird. Entsprechend der zeitlichen Ungleichgewichtung sind auch die Zuständigkeiten und Verantwortlichkeiten für die Haus- und Familienarbeit ungleich verteilt: So sind Frauen immer noch überwiegend für die Haus- und Familienarbeit zuständig, wie die folgende Abbildung 3 zeigt.

1.3.2 Stress und Gender

Aus den unterschiedlichen Verantwortlichkeiten für familiäre Pflichten und aus den unterschiedlichen Arbeitsbedingungen ergeben sich spezifische Belastungen, Ressourcen und Stressbewältigungsmöglichkeiten, die im Folgenden näher beschrieben werden.

1.3.2.1 Gender und Belastungen

Repräsentativbefragungen lassen zunächst nur geringfügige Unterschiede in den Arbeitsbelastungen zwischen Männern und Frauen erkennen (Beermann, Brennscheidt, Siefer, 2008). Beide Geschlechter benennen beispielsweise in der Erwerbstätigenbefragung des BIBB/IAB von 2006 als häufigste psychische Belastungen „Multiple Task Situationen", also verschiedene Arbeiten gleichzeitig erledigen zu müssen, sowie Zeitdruck und Unterbrechungen. Weitere Belastungen, die von beiden Geschlechtern in ähnlichem Umfang als belastend wahrgenommen werden, sind Arbeiten an der Leistungsgrenze, schnell arbeiten zu müssen, zu hohe Leistungsvorgaben und Monotonie sowie fehlende Kontrollmöglichkeiten (ebd.). Eine vergleichende Analyse nur vollzeitbeschäftigter Männer und Frauen ergab unterschiedliche Gewichtungen bei den Arbeitszeiten und den Umgebungsbedingungen: Männer fühlen sich stärker von überlangen Arbeitszeiten belastet als Frauen. Männer sind stärker Umgebungsbelastungen wie Lärm, Hitze, Kälte, Fette, Öle, Rauch, Dämpfen ausgesetzt als Frauen. Frauen sind häufiger als Männer mikrobiologischen Stoffen ausgesetzt.

Der Frauengesundheitsbericht (BMSFJ, 2001) weist unter Bezugnahme auf den nationalen Untersuchungssurvey Zeitdruck als häufigsten Stressor für Frauen und für Männer aus. Die zweithäufigste Belastung von Frauen ist eine unangenehme (einseitige) körperliche Beanspruchung, gefolgt von starken Konzentrationsanforderungen und häufigen Unterbrechungen und Störungen. Aber auch Überstunden, eine hohe Verantwortung für Menschen und Lärm belasten Frauen. Bei den Männern werden neben dem Zeitdruck als weitere Hauptbelastungen starke Konzentrationsanforderungen, widersprüchliche Anforderungen und eine hohe Verantwortung für Menschen genannt.

In großen Repräsentativbefragungen unterscheiden sich die Arbeitsbelastungen von Männern und Frauen somit nur geringfügig. Sobald man jedoch Belastungen und Ressourcen berufs- und tätigkeitsbezogen analysiert, zeigen sich deutlichere Unterschiede. Jede Tätigkeit hat ihre spezifischen Belastungs/Ressourcenkonstellationen. Eine männertypische Arbeitstätigkeit auf dem Bau ist mit physischen Belastungen wie schweres Heben und Tragen und mit psychischen Belastungen wie starkem Zeitdruck verbunden. Frauentypische personennahe Dienstleistungen wie pflegen, erziehen, verkaufen haben z.B. eine höhere Wahrscheinlichkeit für emotionsbezogene Belastungen (Zapf, 2008). Emotionale Belastungen entstehen durch emotionale Dissonanzen (wenn ein Gefühl gezeigt werden soll, das nicht vorhanden ist) oder durch eine übermäßigen Verausgabung der eigenen Emotionalität (Forderung nach dauerhafter konzentrierter Zugewandtheit z.B. in der Pflege, bei pädagogischen Tätigkeiten usw.). Arbeit in der Innerraumreinigung ist verbunden mit Belastungen durch frühe Arbeitszeiten, Nässe, gebücktes Arbeiten und Zeitdruck durch hohe Flächenvorgaben (BMSFJ, 2001). Arbeit in der Straßenreinigung ist verbunden mit größeren Unfallgefahren, extremen Witterungsbedingungen sowie Belastungen durch Lärm, biologische Arbeitsstoffe und Maschinenabgase.

Diese tätigkeitsbedingten Unterschiede betreffen die Geschlechter je nach ihrer Verteilung in der jeweiligen Berufsgruppe in unterschiedlicher Art und Weise. Damit sind Geschlechterunterschiede im Belastungsgeschehen in vielen Fällen auf unterschiedliche Tätigkeiten zurückzuführen (Sonnentag, 1996), was eine Vergleichbarkeit der Belastungswirkungen bei Männern und Frauen erheblich erschwert. Dies ist insbesondere dann ein Problem, wenn innerhalb einer Berufs- oder Tätigkeitsgruppe ein Geschlecht dominiert, was bei gering qualifizierten Tätigkeiten besonders häufig der Fall ist.

Eine Belastung, der fast ausschließlich Frauen ausgesetzt sind, ist die sexuelle Belästigung am Arbeitsplatz. Sie kann als eine besondere Form des Mobbing bezeichnet werden, als eine „Zermürbungstaktik" mit spezifischen Mitteln, die Stress und Angst erzeugt (Beerman & Meschkutat, 1995; Sczesny, 2004). Auch beim Thema Mobbing existieren geschlechtsspezifische Unterschiede. Drei Viertel aller Mobbingopfer sind weiblich. Einem besonders hohen Mobbingrisiko sind Beschäftigte in sozialen Berufen wie Sozialarbeiter, Erzieher, Altenpfleger ausgesetzt, gefolgt von Verkaufspersonal, was wesentlich den hohen weiblichen Anteil unter den Mobbingopfern erklärt (Zapf, 1999).

Ein weiterer Belastungsaspekt, von dem eher Frauen als Männer betroffen sind, betrifft die Koordination von Beruf und Familie: Unter dem Begriff der Doppelbelastung von Frauen wird zum einen verstanden, dass Frauen nicht nur beruflichen Belastungen ausgesetzt sind, sondern auch den Belastungen, die sich aus der zusätzlichen Verantwortlichkeit für Haus- und Familienarbeit ergeben. Frauen berichten aufgrund der vielfältigen Anforderungen im Beruf und in der Freizeit (Hausarbeit, Kindererziehung, Versorgung anderer Familienmitglieder) häufiger von Überlastung, Mehrfachbelastungen und Konflikten mit dem Partner (Aranda et al., 2001). Vereinbarkeitsprobleme ergeben sich besonders dann, wenn Erwerbsarbeits- und Betreuungszeiten für Kinder inkompatibel sind, wenn im Beruf eine 150%- Verfügbarkeit und maximale Flexibilität des Arbeitnehmers erwartet wird oder wenn von zu Hause aus gearbeitet wird und familiäre und berufliche Tätigkeiten nicht klar voneinander abgegrenzt werden können (Ducki, 2003). Vereinbarkeitsprobleme beeinträchtigen eine ausgewogene Work-Life-Balance bei Frauen stärker als bei Männern.

1.3.2.2 Gender und Ressourcen

Gesundheitsförderliche Ressourcen werden unterschieden in situative, soziale und personale Ressourcen (siehe Abschnitt 1.2). Die wichtigsten situativen Ressourcen, die sich unmittelbar aus der Arbeitsaufgabe ergeben, sind der Handlungs- und Entscheidungsspielraum. Einzelstudien weisen darauf hin, dass in unterschiedlichen beruflichen Segmenten teilweise selbst bei gleicher Hierarchiestufe Frauen häufiger als Männer an Arbeitsplätzen mit deutlich geringeren Entscheidungsspielräumen mit geringeren Möglichkeiten zu aufgabenbezogener Kommunikation und Kooperation und mit weniger Partizipationsmöglichkeiten eingesetzt werden und damit über weniger aufgabenspezifische Ressourcen verfügen als Männer (z.B. Bekker et al., 2001; Ellinger et al., 1985; Karasek & Theorell, 1990; Lüders & Resch, 1995).

Hinsichtlich der Verfügbarkeit sozialer Ressourcen ist die Situation hingegen umgekehrt: Hier weisen Studien mehrheitlich darauf hin, dass Frauen besser in der Lage sind, soziale Ressourcen zu aktivieren und für die eigene Stressverarbeitung zu nutzen (Torkelson & Muhonen, 2003). Frauen mobilisieren mehr soziale Unterstützung (Day & Livingstone, 2003) und erhalten auch mehr soziale Unterstützung als Männer (Ashton & Fuehrer, 1993). Sie verfügen über ein effektiveres soziales Netz, das sie auch stärker aktivieren als Männer (González, 2006), und haben somit ein größeres Potential an Unterstützungsformen zur Verfügung, auf welches sie in Stresssituationen zurückgreifen können. Für Männer zeigt sich, dass die wichtigste soziale Ressource die Ehefrau ist (Matheny et al., 2005).

Geschlechterunterschiede in der Verfügbarkeit von Ressourcen ergeben sich auch durch die unterschiedliche Zuständigkeit für die Haus- und Familienarbeit. Verschiedene Autoren weisen darauf hin, dass multiple Rollen nicht nur mit Mehrfachbelastungen verknüpft sind, sondern auch die Chance eröffnen, auf unterschiedliche Ressourcen zurückzugreifen (Klesse et al., 1992; Sorensen & Verbrugge, 1987). Durch das Überwechseln von einem Lebensbereich in den anderen können sich eine größere Variationsvielfalt, mehr Spielräume, Ausweich- und Kompensationsmöglichkeiten sowie Möglichkeiten der Identitätsbildung und Sinngebung ergeben (ebd.). Dabei wird davon ausgegangen, dass das Ausmaß von Be- oder Entlastung durch die jeweiligen Rollen von den spezifischen Lebensbedingungen und von den subjektiven Einstellungen abhängig sind. Die Qualität der Erwerbsarbeit, z.B. die dort vorhandenen Handlungs- und Zeitspielräume, die Möglichkeiten zu Kooperation und Kommunikation, aber auch die Belastungen, die die Erwerbsarbeit beinhaltet, beeinflussen die Belastungs-Ressourcen-Bilanz in gleicher Weise wie die Qualität der familiären Situation, was auch durch neuere Forschung zum Thema Work-Life-Balance bestätigt wird (Resch & Bamberg, 2005). Im besonderen Maße bestimmt auch die subjektive Einstellung zur bzw. die Bewertung von Erwerbsarbeit und Familie und Kindern die Belastungs-Ressourcen-Bilanz (Klesse et al., 1992). Grundsätzlich werden als positive Effekte der Rollenvielfalt ein besseres Selbstwertgefühl und größere Lebenszufriedenheit, mehr Kontrolle über das eigene Leben und letztlich eine bessere Gesundheit und ein positiveres Wohlbefinden angegeben (ebd.).

1.3.2.3 Gender und Stressverarbeitung

Unabhängig vom Geschlecht zeigt sich, dass Personen, die aktiv Probleme angehen, Stress besser bewältigen und weniger negative Stressfolgen entwickeln als Personen, die einen vermeidenden Copingstil anwenden (Aranda et al., 2001). Die Frage, ob Frauen andere Bewältigungsformen im Umgang mit Arbeitsbelastungen bevorzugen als Männer, ist derzeit nicht eindeutig beantwortbar. So finden einige aktuelle Studien keinen Geschlechtsunterschied zwischen Frauen und Männern (Krajewski & Goffin, 2005; Torkelson & Muhonen, 2004), während andere Einzelstudien zu dem Ergebnis kommen, dass Frauen stärker problemfokussiertes Coping einsetzen (Gianakos, 2002), wieder andere zeigen, dass Frauen stärker emotionsfokussiert bewältigen (Folkman & Lazarus, 1980; Iwasaki et. al., 2005; Matud, 2004).

Die Präferenz der emotionsbezogenen Strategie von Frauen und der problembezogenen von Männern scheint umso stärker zu sein, je traditioneller die Geschlechterrollen von Männern und Frauen ausgeprägt sind. In der Vergangenheit wurde emotionsbezogenem Coping eine geringere Effektivität zugeschrieben (Greenglas, 1995). Allerdings wird dieser Copingstil in neueren Veröffentlichungen differenzierter betrachtet (z.B. Folkman & Maskowitz, 2004). Beispielsweise wird zwischen der Vermeidung eines Problems und einer funktionalen zeitweisen Distanzierung von einem Problem unterschieden.

In diesem Zusammenhang weisen einige Untersuchungen darauf hin, dass bestimmte Copingstrategien für Männer und Frauen unterschiedlich effektiv sind (Lenqua & Stormshak, 2000). Für die Bewertung der Effizienz einzelner Copingstrategien ist die Berücksichtigung der Koordinationserfordernisse von Arbeits- und Familienpflichten wichtig. So können z.B. Konflikte in einem Bereich (z.B. Arbeitskonflikte) Energie und Zeitressourcen überbeanspruchen, was sich langfristig auch negativ auf andere Lebensbereiche auswirken kann. Abwägungen im Sinne einer Ressourcenbilanz können dabei dazu führen, dass eine Person bewusst in einem Lebensbereich vermeidende Copingstrategien wählt, um Ressourcen in einem anderen Lebensbereich zu erhalten (Grandey & Cropanzano, 1999). Gerade unter der Bedingung der Ressourcenknappheit kann ein passiv vermeidendes Coping somit im Sinne einer funktionalen zeitlichen Distanzierung Bestandteil einer effizienten Gesamtstrategie sein, die letztlich dem Erhalt des gesamten Handlungssystems dient.

Darüber hinaus wird die unterschiedliche Effektivität von Copingstrategien bei Männern und Frauen mit unterschiedlichen Sozialisierungsprozessen erklärt: Da beispielsweise bei Männern der Ausdruck von Emotionen häufiger als „Schwäche" interpretiert wird, reden Männer seltener über ihre Gefühle und nutzen das Gespräch auch seltener zur Stressbewältigung als Frauen. Copingstrategien werden daher von Männern und Frauen „passend" zur Geschlechterrolle ausgewählt (Neubauer & Winter, 2006).

Zusammengefasst wird auch in der gendersensiblen Copingforschung darauf verwiesen, dass gefundene Unterschiede immer auf dem Hintergrund unterschiedlicher Tätigkeiten und Verantwortlichkeiten betrachtet und erklärt werden müssen (vgl. Korabik & Van Kampen, 1995).

1.3.2.4 Gender und Gesundheit

Spezifische Lebens- und Arbeitsbedingungen sind verbunden mit spezifischen Belastungen und Ressourcen und führen zu Unterschieden in der Gesundheit und im Gesundheitsverhalten. So zeigen Frauen – bedingt durch ihre Fürsorgepflicht und die stärkere Verantwortungsübernahme für andere Menschen – auch ein stärkeres Gesundheitsbewusstsein und ein besseres Gesundheitsverhalten: Sie nutzen häufiger Präventions- und Vorsorgeangebote, ernähren sich (und andere) gesünder und trinken weniger Alkohol als Männer (Lademann & Kolip, 2008).

Im Hinblick auf die Gesundheit von Männern und Frauen liegen bereits eine größere Anzahl an Studien sowie geschlechtsspezifische Auswertungen der Arbeitsunfähigkeits- und der Frühverrentungsdaten durch die Krankenversicherungen vor. Diese Studien zeigen, dass Männer zwar früher als Frauen sterben, dass Frauen aber in allen Altersgruppen auch unter Kontrolle der Lebensform und des Erwerbsstatus mehr Beschwerden angeben als Männer (Robert-Koch-Institut, 2005). Auch hier gibt es unterschiedliche Erklärungsansätze für die Geschlechterunterschiede: So wird zum einen auf mögliche Methodenartefakte verwiesen, die in Befragungen dadurch zustande kommen können, dass Frauen und Männer Beschwerden und Symptome unterschiedlich wahrnehmen und bewerten und dass sie unterschiedlich darüber berichten. Dass Männer weniger Beschwerden angeben, kann damit zusammenhängen, dass das Eingeständnis von Beschwerden nur schwer mit einem traditionellen männlichen Selbstkonzept vereinbar ist. Somit ist unklar, ob das höhere Ausmaß subjektiver Beschwerden der Frauen ein Hinweis dafür ist, dass sie tatsächlich häufiger unter Beschwerden leiden, oder ob sie lediglich offener Beeinträchtigungen eingestehen.

Frauen sind aber auch etwas häufiger als Männer krankgeschrieben, die durchschnittliche Anzahl an Arbeitsunfähigkeitstagen pro Fall ist jedoch bei beiden Geschlechtern mit zwölf Tagen gleich (ebd.). Hinsichtlich der Erkrankungsschwerpunkte zeigen die Auswertungen der Arbeitsunfähigkeitsdaten, dass bei beiden Geschlechtern psychische Erkrankungen stark zugenommen haben. In Befragungsstudien geben jedoch doppelt bzw. dreimal so viel Frauen wie Männer an, jemals an einer psychischen Erkrankung (z.B. Angstzustände, Depression, Psychose) gelitten zu haben (ebd.). Bei der Arbeitsunfähigkeit standen psychische und Verhaltensstörungen im Jahr 2002 bei Frauen an fünfter, bei Männern an sechster Stelle der Diagnosen. Für Rentenzugänge wegen verminderter Erwerbsfähigkeit im Jahr 2002 gilt, dass Renten aufgrund psychischer Erkrankungen mit 36% bei Frauen die Hauptursache für eine Frühberentung ausmachen, während diese bei Männern mit 23% an allen Rentenzugängen nach Krankheiten des Bewegungsapparates an zweiter Stelle liegen (ebd.). Innerhalb der Gruppe der psychischen Erkrankungen dominieren bei Frauen Depressionen und Angststörungen, bei Männern sind es Suchterkrankungen bzw. Störungen durch psychotrope Substanzen (Lademann & Kolip, 2008).

Auch wenn bei den Geschlechterunterschieden in der Gesundheit biologische Unterschiede (z.B. hormonell beeinflusste psychische Erkrankungen) berücksichtigt werden müssen, spielen auch hier soziale und lebensweltliche Differenzen eine erhebliche Rolle.

1.3.3 Stresstrainings und Gender

Stresstrainings sind für beide Geschlechter eine effektive Methode zur Stressprävention und Stressbewältigung, werden jedoch in erster Linie von Frauen in Anspruch genommen (Lademann & Kolip, 2008). So nehmen beispielsweise in der Gruppe der Geringqualifizierten mehr Frauen als Männer an Gesundheitsförderungsmaßnahmen teil (Bagwell & Bush, 2000). Ein Erklärungsgrund hierfür wird wiederum in den Rollenstereotypien gesucht: Von Männern wird die freiwillige Teilnahme an einem Stresstraining eher als ein Eingeständnis von Schwäche interpretiert, für Frauen ist es eher normaler Bestandteil eines gesundheitsbewussten Verhaltens. Interessanterweise weisen Einzelstudien jedoch darauf hin, dass Männer stärker von Trainingsprogrammen profitieren als Frauen (Spanns et al., 1995). In anderen Studien konnten keine Geschlechtereffekte nachgewiesen werden. So evaluierten Bekker et al. (2001) die Wirksamkeit eines Stresspräventionsprogramm im Hinblick auf Geschlechtsunterschiede. Hier profitierten Männer und Frauen von der Teilnahme am Stresspräventionstraining gleichermaßen. Beide Gruppen berichteten nach dem Training über weniger psychologische Probleme, somatische Beschwerden und weniger Stress als auch über mehr aktive, problemfokussierte Copingstrategien als vor dem Training. Die Effekte blieben auch drei Monate nach dem Training stabil. Die Autoren konstatierten gleichwohl, dass Frauen vor als auch nach dem Training stärker über gesundheitliche und stressbezogene Beschwerden klagen als Männer, und kommen daher zu dem Schluss, dass wirksame Trainingsprogramme Geschlechtsunterschiede berücksichtigen sollten. Dieser Forderung wurde vereinzelt dadurch Rechnung getragen, dass Trainings explizit für Frauen entwickelt wurden So ist beispielsweise das österreichische Modellprojekt „Spagat" ein speziell auf die Lebenslage von Frauen ausgerichtetes Präventionsprogramm, das vor allem die Koordinierungsanforderungen von Beruf und Familie berücksichtigt (Schauer & Pirolt, 2001).

Insbesondere bei Frauen scheint es nicht ausreichend zu sein, Trainingsmaßnahmen anzubieten, flankierend ist eine Veränderung der Arbeitsorganisation bzw. der Arbeitsbedingungen zusätzlich zu einem Stresstraining unerlässlich zur Stressprävention. Das sollten Maßnahmen sein, die Frauen eine flexible Arbeitszeitgestaltung ermöglichen, sodass die Vereinbarkeit von Arbeit und Privatleben, mit Aufgaben wie der Versorgung von Kindern, Haushaltstätigkeiten, für Frauen vereinfacht wird (Griffin-Blake et al., 2006).

Insgesamt ist die Anzahl an Studien zu Gendereffekten in Stresstrainings als defizitär zu bezeichnen.

1.3.4 Trainingsdidaktik und Gender

Jedes Training, das erfolgreich sein soll, ist zielgruppenspezifisch in Bezug auf Sprache, Themenbeschreibung und Anspruch auszurichten. Hierbei ist besonders die Berücksichtigung der Lebenswelt, der milieuspezifischen Erfahrungen, Gewohnheiten und Bilder sowie entsprechenden sozialen Interaktionsprozesse in der Zielgruppe von Bedeutung. Diese sind wiederum geschlechtsspezifisch überlagert und zeigen sich in gesundheitsrelevanten unterschiedlichen Lebenserfahrungen, Einstellungen, Wissensbeständen, Wertesystemen und Verhaltensweisen (Otto, 2007). So haben Männer andere Beweggründe, an Stresstrainings teilzunehmen, als Frauen. Im Training selbst werden bestimmte Übungen wie Selbstreflexionen oder Bewegungsübungen von Männern auf dem Hintergrund ihrer praktizierten Geschlechterrollen anders angenommen als von Frauen. Männern fiel es beispielsweise in den Erprobungstrainings im Rahmen des ReSuM-Projekts häufig schwer, eigene Stressreaktionen wie Angst oder starke Nervosität in der größeren Gruppe „öffentlich" zu äußern. In manchen Fällen, in denen Männer es wagten, diese Themen offen anzusprechen, kam es zu entsprechenden abwertenden Kommentaren durch die männlichen Teilnehmer.

Unterschiedlich ist auch das Kommunikationsverhalten von Männern und Frauen im Training. Frauen und Männer haben ein unterschiedliches Sprachverhalten, verschiedene Kommunikationsstrategien und Sprachstile (Tannen, 1999; Trömel-Plötz, 1984). Männer sprechen häufiger härter und teilweise aggressiver. Das trifft insbesondere auf die Sprache gering qualifizierter Männer zu. Frauensprache enthält mehr emotionsbezogene Adjektive und Verben (Trömel-Plötz, 1984). Auf der Interaktionsebene zeigt sich, dass Männer seltener, aber länger reden, eher unterbrechen und am inhaltlichen Fortgang und der Verortung der eigenen Position interessiert sind (Auszra, 1996; Derichs-Kunstmann, 1996; Derichs-Kunstmann et al., 1999; Müthing, 1996). Frauen übernehmen eher eine soziale Funktion, wie die Unterstützung anderer, reden in kürzeren Beiträgen und nehmen sich in ihrer Person zurück (Trömel-Plötz, 1984). Einschränkend ist darauf hinzuweisen, dass diese Studien vor allem mit Personen mit einem höheren Bildungsabschluss durchgeführt wurden. Bei der Zielgruppe der Geringqualifizierten zeigte sich beispielsweise in den Erprobungstrainings im Rahmen des ReSuM-Projekts eher das Problem, dass Männer ausgesprochen wortkarg waren und bei ihnen die Bereitschaft, überhaupt etwas zu sagen, gering ausgeprägt war.

Das bedeutet, dass ein Stresstraining Genderaspekte nicht nur in Bezug auf das Thema Stress, sondern auch in der Methodik und Didaktik angemessen berücksichtigen sollte.

1.3.5 Bedeutung des Genderthemas für Geringqualifizierte

Geringqualifizierte Tätigkeiten unterliegen einer starken Gendersegregation: Entweder werden niedrig qualifizierte Jobs ausschließlich von Männern ausgeführt, wie z.B. die Außenreinigung oder Bereiche der Produktion, und sind meist verbunden mit schwerer körperlicher Arbeit. Andere Tätigkeiten werden wiederum von Frauen dominiert, wie die Innenraumreinigung und viele Tätigkeiten im Bereich Service und Dienstleistung. Das Tätigkeitssegment, das hauptsächlich von Frauen ausgeführt wird, ist dabei insgesamt größer (Griffin-Blake et al., 2006).

Wegen multipler Stressoren, mit denen Geringqualifizierte im täglichen Leben konfrontiert sind, erleben diese auch stärkeren Stress in der beruflichen Tätigkeit als vergleichbare Berufsgruppen und haben eine deutlich schlechtere Gesundheit (Babitsch, 2005; Hölling et al., 2007; Hurrelmann et al., 2002). Dies trifft in besonderer Weise für gering qualifizierte Frauen zu (Cheng et al., 2000; Aranda et al., 2001). Typisch für gering qualifizierte Jobs, in denen Frauen beschäftigt werden, sind hohe Anforderungen, wenig Kontrolle über die Arbeitsbedingungen sowie wenig soziale Unterstützung (Griffin-Blake et al., 2006). Konflikte zwischen Arbeit und Familie sind für un- und angelernte Frauen in Deutschland stärker ausgeprägt als für männliche Beschäftigte. Dabei stehen die Arbeitsstunden ausschließlich bei den deutschen Frauen in Zusammenhang mit dem Konfliktniveau (Staar, Busch & Aborg, i.V.).

Gering qualifizierte Frauen leiden in besonderer Weise unter der Ressourcenknappheit: In den unteren Bildungsschichten sind die Geschlechterrollen stark ausgeprägt, d.h. die Frauen sind für die Organisation und Abwicklung der Haus- und Familienarbeit zuständig, haben hierfür aber besonders wenige Ressourcen (z.B. zwingt das geringe Einkommen zu extrem sparsamem Haushalten, zu Einkäufen in speziellen Läden, z.B. Billig-Discountern usw.). Gleichzeitig müssen sie selbst mit einem geringen Bildungsstand versehen – häufig mit besonderen Erschwernissen zurechtkommen (Schulden, Gewalt in der Familie, Regelung von Problemen der eigenen Kinder wie Schulverweigerung oder Straffälligkeit). Innerhalb der Familie sind es überwiegend die Frauen, die das Leben und den Alltag unter prekären Bedingungen organisieren, sie sind die aktiven Unterstützerinnen- und Helferinnen der Kinder und Ehemänner. Gleichzeitig sind viele Frauen aufgrund des geringen Familieneinkommens zur Erwerbstätigkeit gezwungen und hier den besonders schlechten Arbeitsbedingungen ausgesetzt. Für die Regulierung ihres eigenen Stresses und die Pflege ihrer eigenen Gesundheit haben sie oft weder Zeit noch Kraft. Trotz Mehrfachbelastungen und Ressourcenknappheit erleben auch gering qualifizierte Frauen das Nebeneinander von Beruf und Familie als bereichernd.

So zeigt eine im Rahmen des ReSuM-Projekts durchgeführte qualitative Studie zur Lebensgestaltung gering qualifizierter Frauen verschiedene Lebensgestaltungstypen auf. Auch Frauen, die Vollzeit arbeiten, erleben den privaten Lebensbereich als identitätsstiftend. Der Beruf hat weniger Einfluss auf das Selbstbild als eine erfolgreiche Partnerschaft, gesunde Kinder und eine soziale Eingebundenheit. Beruflich werden vor allem soziale Aspekte als positiv erlebt, die Arbeitsaufgaben sind weniger von Bedeutung. Größere lebenskritische Ereignisse sind eher dem privaten Bereich zuzuordnen, wie Migration, frühe Schwangerschaft, Berufsunfähigkeit des Partners. Dagegen werden die all-täglichen Ärgernisse in der Erwerbstätigkeit gesehen. Aktuelle Stresssituationen bezie-hen sich ebenfalls auf die Erwerbstätigkeit, insbesondere auf die Arbeitszeiten und die körperlichen Belastungen in der Arbeit. Als Ressourcen gelten vor allem die soziale Un-terstützung, durch den Partner und Freunde, aber auch durch Kolleginnen. Als weitere Ressourcen werden gesunde Kinder und eine harmonische Partnerschaft erlebt. Die Qualifikation wird durch traditionelle Geschlechtsrollen, durch den Zeitpunkt der Partner-wahl und Schwangerschaften beeinflusst. Statt eine schlecht bezahlte Berufsausbildung aufzunehmen, werden höher bezahlte, aber nicht qualifizierende Tätigkeiten aufgenom-men. Der Wunsch vieler Frauen, nach einigen Jahren die Erwerbstätigkeit aufzugeben und für die Familie da zu sein, kann aufgrund finanzieller Engpässe oft nicht erfüllt wer-den (Busch & Suhr-Ludewig, i.V.).

Gering qualifizierte Männer wiederum müssen den Widerspruch aushalten zwischen der geschlechtsspezifischen Rollenerwartung: der Mann ist der Ernährer und Beschützer der Familie, und der Unmöglichkeit, diese Erwartungen erfüllen zu können. Dies gilt beson-ders für arbeitslose Männer. Diese Nichterfüllung der Geschlechterrolle kann bei Män-nern in innerpsychische, aber auch in handfeste soziale Konflikte führen. Aggressionen und Gewaltanwendungen gegen die eigene Ehefrau, die eigenen Kinder oder andere Personen ist oft das Ergebnis dieser Konflikte (Hagemann-White & Lenz, 2002).

Allein aus diesem Grunde erscheint ein Stress- und Ressourcenmanagementtraining für gering qualifizierte Männer und Frauen sehr notwendig. Auf diesem Hintergrund ist es er-staunlich, dass erst seit wenigen Jahren national wie international die Notwendigkeit ge-sehen wird, auch für gering qualifizierte Beschäftige Trainings zum Umgang mit Stress oder zum Aufbau von Ressourcen anzubieten. Niedrig qualifizierte Frauen nehmen an Gesundheitsförderungsmaßnahmen eher teil als ihre männlichen Kollegen (Bagwell & Bush, 2000). Gesundheitsangebote werden von gering qualifizierten Männer nur dann angenommen, wenn sie sich an Symptomen orientieren (Jung, 2006).

Abschließend sollen Konsequenzen aus den bisherigen Ausführungen für die Durchfüh-rung des Trainings skizziert werden, wobei Ergebnisse aus der praktischen Arbeit in den Trainings einbezogen werden.

1.3.6 Implikationen für das Training

Sowohl für Männer als auch für Frauen gilt, dass die Durchführung des Trainings eine wichtige wertschätzende Maßnahme darstellt, in der sie ihr Wissen zum Thema Stress erweitern und anwenden können. Wie ausgeführt nehmen jedoch Männer nur ungern an Stresstrainings teil und stehen dem Erfolg eines Stresstrainings besonders zu Beginn sehr skeptisch bis ablehnend gegenüber. Motivierungsstrategien sollten sich daher an den Bedürfnissen und Selbstbildern der teilnehmenden Männern und Frauen orientieren. So können männliche Teilnehmer eher mit ergebnis- und leistungsorientierten Argumen-tationen überzeugt werden, Frauen können eher mit prozessbezogenen Argumenten zur

Teilnahme motiviert werden: Für Männer besteht ein Teilnahmeanreiz eher darin, Symptome zu reduzieren und nach dem Training fitter und kraftvoller zu sein und sich während des Trainings mit anderen hinsichtlich ihrer Leistungsstärke vergleichen/messen zu können. Frauen können mit dem Hinweis gewonnen werden, dass sie mit dem Training etwas für sich und nicht nur für andere tun, auch ist für sie der Austausch mit anderen ein eigenständiger Motivator.

Im Training sind die stereotypen Zuschreibungen typisch männlicher und typisch weiblicher Verhaltensweisen und Wesensarten auf- und ernst zu nehmen. Beispielsweise ist in Gruppensituationen Frauen die Unterstützung der Gruppe wichtig; Konkurrenz und Konfrontation sind eher bei Männern zu beobachten. Sozialisationsbedingt wichtig sind bei Männern eher die Themen Beruf, Leistung, Sport und Macht. Frauenthemen sind sozialer und beziehungsgebundener Natur. Hier sind milieuspezifische Ausprägungen zu berücksichtigen: So empfiehlt es sich nicht, von Anfang an geschlechterstereotype Verhaltensweisen in Frage zu stellen. Die Themen sollten vor allem in einfacher und klarer Sprache präsentiert werden. Gerade zu Beginn sollten Vereinfachungen im Vordergrund stehen: Was ist generell gut gegen Stress, was ist schlecht. Differenziertere Betrachtungen können nach und nach im Training erfolgen, wenn die Teilnehmer das Thema an sich akzeptiert haben.

Die Sprache im Training muss nicht den aktuellen geschlechtssensiblen Regelungen, wie z.B. weibliche Formen, entsprechen, sondern sollte zunächst tradierte Rollenmuster, die von den Zielgruppen als Normalität erfahren werden, aufgreifen (Gieseke, 2007). Jedoch sollte bei der Auswahl von Beispielen zur Erläuterung bestimmter Sachverhalte immer auf die gleichmäßige Auswahl typisch männlicher und typisch weiblicher Lebens/Arbeitssituationen geachtet werden.

Der Trainer sollte sich bewusst sein, dass Männer insbesondere bei den sozialen Themen, aber auch bei allen Übungselementen, bei denen es um Selbstreflexionen geht, weniger auskunftsbereit sind als Frauen (Siebert, 1996). Frauen hingegen werden bei Wettkampf-Elementen weniger engagiert sein. Mit Männern kann der Trainingsbeginn schwierig werden, wenn es darum geht, persönliche Stresserlebnisse zu thematisieren und über Gefühle zu sprechen. Hier ist es eine besondere Anforderung, Schweigen auszuhalten und Männer durch „lockere Sprüche" zur Mitarbeit zu bewegen. Bei reinen Männergruppen kann der Trainer verstärkt über die körperliche Ebene von Stress in das Thema einsteigen. Bei einer reinen Frauengruppe kann mehr Raum für den Austausch über Stresserleben und die damit verbundenen Gefühle gelassen werden.

Im Rahmen des Trainings werden mit den Teilnehmern konkrete Maßnahmen erarbeitet, wie sie besser mit Stress umgehen können. Hier ist besonders auf Geschlechterpräferenzen und geschlechtsspezifische Lebensweisen zu achten: So kann bei der Erarbeitung der Bewegungspläne der Frauen verstärkt auf Alltagsbewegungen in der Hausarbeit, im Einkauf und bei der Kinderbetreuung eingegangen werden. Männer können zu sportlichen Aktivitäten, Gartenarbeit oder anderen Tätigkeiten, die Ausgleichsbewegungen zu den beruflichen Bewegungserfordernissen bieten, angeregt werden.

Aufgrund der häufig vorliegenden Segregation von Männern und Frauen in niedrig qualifizierten Tätigkeiten sind die Trainingsgruppen oft homogen. Das kann aufgrund der unterschiedlichen Lebenssituationen sowie des unterschiedlichen Stresserlebens und der unterschiedlichen Stressverarbeitung von Frauen und Männern sinnvoll genutzt werden. Bestimmte Probleme können in homogenen Gruppen mit Frauen unbefangener bearbeitet werden. Beispielsweise existieren bei Frauen neben dem Beruf noch weitere Verpflichtungen, sodass bei ihnen vor allem das Problem besteht, berufliche und familiäre Verpflichtungen zu koordinieren, was im Training explizit thematisiert werden sollte. Männer haben dieses Problem selten.

In den Trainingsgruppen hat es sich bewährt, ein geschlechtgemischtes Trainergespann einzusetzen.

Besonders für Frauen ist es sehr wichtig, dass die Trainings innerhalb der Arbeitszeit angeboten werden.

Abschließend sei angemerkt, dass auch die Trainer selbst einer geschlechtsbezogenen Sozialisation unterliegen, die zu reflektieren ist. Für die Trainingsvorbereitung bedeutet dies, sich nicht nur mit den geschlechtlich konotierten Lebens- und Arbeitsweisen und den sozialen Festlegungen der jeweiligen Zielgruppe auseinanderzusetzen, sondern in gleicher Weise die eigenen Geschlechterstereotypien und geschlechtsspezifisch geprägten Sicht- und Handlungsweisen kritisch zu überprüfen (Van Riesen, 2006).

1.4 Teamarbeit und teambasiertes Stress- und Ressourcenmanagement (Christine Busch)

Ein teambasiertes Stress- und Ressourcenmanagementtraining für Beschäftigte in Service, Gewerbe und Produktion ist nicht selbstverständlich. Wir wollen uns den Argumenten, die für eine teambasierte Intervention bei dieser Zielgruppe sprechen, über die möglichen Ansatzpunkte von Stressmanagementinterventionen nähern. Stressmanagementinterventionen in Betrieben können zu verschiedenen Zeitpunkten - primär-, sekundär- oder tertiärpräventiv - und an verschiedenen Stellen im Stressprozess, an den Stressoren, an den Ressourcen, an den Bewertungsprozessen, an den Bewältigungsstrategien und an den Stressreaktionen und -folgen ansetzen (siehe Abschnitt 1.2). Sie können primärpräventiv an den Stressoren und Ressourcen ansetzen, um Stress erst gar nicht entstehen zu lassen. Dazu gehören Interventionen zur Umgestaltung der Arbeitsaufgabe oder der Arbeitsorganisation (z.B. Bond & Bunce, 2000). Sie können sekundärpräventiv im Stressprozess an den Bewertungs- und Bewältigungsprozessen ansetzen, um die Stresssymptome zu reduzieren und ernsthafte Stressfolgen zu vermeiden. Dazu gehören kognitiv-behaviorale Trainings, Entspannungs-, Bewegungs-, Zeitmanagement- und Zielsetzungsmaßnahmen (z.B. Kaluza, 2007). Sie können tertiärpräventiv an den Stressfolgen ansetzen, um diese zu mindern. Dazu gehören therapeutische Einzelmaßnahmen (z.B. Arthur,

2000). Am wirkungsvollsten sind Stress- und Ressourcenmanagementmaßnahmen dann, wenn sie primärpräventiv an den Stressoren und Ressourcen ansetzen, damit Stress erst gar nicht entstehen kann. Sie sollten im betrieblichen Handeln Priorität haben. Wir wissen allerdings aus Überblicksartikeln zu Evaluationsstudien betrieblichen Stressmanagements (z.B. Richardson & Rothstein, 2008; Busch, 2004; Van der Klink et al., 2001; Bamberg & Busch, 2006, 1996), dass die betriebliche Praxis anders aussieht. Die meisten betrieblichen Stressmanagementinterventionen sind sekundärpräventive Interventionen, die an den Bewertungs- und Bewältigungsprozessen ansetzen, um Stresssymptome zu mildern. Die Interventionen werden in Gruppentrainings mit freiwilligen, meist qualifizierten Beschäftigten aus verschiedensten Abteilungen und Teams durchgeführt. Diese sind nach den Sekundäranalysen auch am effektivsten hinsichtlich des individuellen Wohlbefindens. Am wenigsten Aufmerksamkeit im Rahmen betrieblicher Gesundheitsförderung und betrieblichen Stress- und Ressourcenmanagements wird den primärpräventiven Interventionen gewidmet. Nicht nur theoretisch, auch empirisch ist diese Ausrichtung nicht zu begründen, da für arbeitsbedingten Stress, z.B. für Burnout, die immense Forschungslage aufzeigt, dass soziale und organisationale Faktoren eine größere Rolle spielen als individuelle Faktoren (z.B. Maslach, Schaufeli & Leiter, 2001; Schaufeli & Buunk, 2002). Betriebliche Entscheidungsträger und betroffene Beschäftigte bevorzugen jedoch Maßnahmen, die nicht in die betrieblichen Strukturen eingreifen, sondern sich auf Verhaltensänderungen der Einzelnen beschränken. Arbeitspsychologische Stressmodelle und Interventionen sind zudem in der Praxis weniger bekannt. Gesundheitsexperten sind selten arbeits- und organisationspsychologisch ausgebildet. Bedingungsbezogene Interventionen sind zudem wesentlich schwieriger umzusetzen als personenbezogene Maßnahmen, ganz abgesehen von der Schwierigkeit, sie angemessen zu evaluieren. So zeigt sich in den o.g. Überblicksstudien für bedingungsbezogene Interventionen nur eine geringe Wirksamkeit (z.B. Van der Klink et al., 2001).

Andere Überblicksstudien zeigen verschiedene empirische Studien auf, die die positiven Effekte von bedingungsbezogenen Interventionen zur Förderung von Handlungsspielraum und Partizipation auf das Wohlbefinden der Beschäftigten belegen (Semmer, 2003). Semmer (2006) betont die Erfolg versprechende Kombination aus personen- und bedingungsbezogenen Maßnahmen. Bamberg und Busch (2006) zeigen in ihrem Review zu Interventionen, die sich auf die Arbeitsbedingungen beziehen, dass ausschließlich die Interventionen positive Auswirkungen auf das Wohlbefinden aufzeigen, die die Beschäftigten auch erreichen, an denen die Beschäftigten direkt beteiligt waren, z.B. in Zirkelarbeit, oder die von den Beschäftigten als gesundheitsförderlich wahrgenommen wurden. Das ist nicht selbstverständlich. Gerade bei Interventionen, die sich auf eine Veränderung der Arbeitsorganisation, der Arbeitsabläufe, des technischen Systems oder der Arbeitstätigkeit beziehen, wird den Beschäftigten nicht immer kommuniziert, aus welchem Grund und für welches Ziel eine Veränderung vorgenommen wird. So werden von den Beschäftigten u.U. betriebswirtschaftliche Gründe für eine Veränderung ihrer Arbeitsbedingungen vermutet. Eine betriebliche Motivation zur Gesundheitsförderung wird eventuell gar nicht wahrgenommen. Auch wenn die Interventionen im Rahmen von Zirkelarbeit partizipativ entwickelt und durchgeführt werden, ist es oft nur den direkt im Zirkel Arbeitenden deutlich, welche Zielsetzung hinter der Veränderung steht. Bedingungsbezogene Maßnahmen werden von den Beschäftigten nicht immer als Ergebnis der Zirkelarbeit wahrgenommen. Zudem erreichen bedingungsbezogenen Interventionen nicht immer die Beschäftigten wie intendiert (Randall, Griffiths & Cox, 2005).

Teambasierte Stressmanagementinterventionen können hier abhelfen. Bedingungsbezogene Interventionen, die im Team von den Teammitgliedern gemeinsam entwickelt und umgesetzt werden, sind für alle Teammitarbeiter transparent und werden als gesundheitsförderliche Interventionen wahrgenommen. Zudem erreichen sie die Beschäftigten wie intendiert. Sie berücksichtigen eines der wichtigsten Erfolgskriterien der Organisationsentwicklung: die direkte Partizipation der Betroffenen (vgl. Westermayer, 1998). Die motivationalen Wirkungen von Partizipation in der Zielsetzungsphase auf die Akzeptanz in der Implementierungsphase sind empirisch bestätigt, ebenso wie die Effekte von Partizipation auf Produktivität und Arbeitszufriedenheit (Weber, 1999; Wagner et al., 1997; Miller & Monge, 1986).

Teammitarbeiter können in einer teambasierten Stressmanagementintervention motiviert und befähigt werden, gemeinsam Stresssituationen aus ihrem Alltag zu reflektieren, gemeinsam Ursachen bzw. Stressoren zu identifizieren und gemeinsam Lösungsvorschläge für ihre Beseitigung zu entwickeln und diese umzusetzen sowie die Umsetzung zu kontrollieren. Gründe und Ziele einer Stressmanagementintervention werden von den Teammitarbeitern nicht nur als solche wahrgenommen, sondern werden im besten Fall auch von ihnen aktiv unterstützt. Demnach sollten teambasierte, bedingungsbezogene Stressmanagementinterventionen besonders wirksam sein.

Für die Zielgruppe der Geringqualifizierten scheinen jedoch Zweifel berechtigt, inwieweit eine teambasierte Intervention zu Stress- und Ressourcenmanagement zielgruppengerecht ist. Diese Zweifel beziehen sich zum einen darauf, ob Geringqualifizierte denn überhaupt in Teams arbeiten. Und selbst wenn sie in Teams arbeiten, bestehen Zweifel darüber, ob partizipativ entwickelte bedingungsbezogene Maßnahmen bei den in Abschnitt 1.1 aufgezeigten geringen Handlungsspielräumen und der geringen Selbstwirksamkeitserwartung für die Zielgruppe der Geringqualifizierten angemessen sind. Es geht um die Frage, ob auch Geringqualifizierte motiviert und befähigt werden können, einen gemeinsamen Problemlöseprozess im Team durchzuführen.

1.4.1 Teamarbeit und kollektive Problemlöseprozesse

Arbeitsorganisationen ohne Teamarbeit sind kaum noch vorstellbar. Nach europaweiten Umfragen arbeiten 60% aller Beschäftigten in der EU in Teams. Selbst jeder zweite ungelernte Beschäftigte arbeitet in einem Team (European Foundation for the Improvement of Living and Working Conditions, 2007). Doch was verstehen wir unter Teamarbeit? Teams bestehen aus mehreren Beschäftigten, die verschiedene Rollen einnehmen, miteinander interagieren und für ein gemeinsames Ziel arbeiten. Sie führen Aufgaben durch, für deren Ergebnis sie gemeinsam verantwortlich sind. Teams sind in einen organisationalen Rahmen eingebunden, d.h. sie unterhalten Beziehungen mit anderen Teams und Einzelpersonen außerhalb des Teams. Für erfolgreiche Teamarbeit gelten folgende Voraussetzungen:

- Eindeutige Gruppenziele, die mit den Organisationszielen kompatibel sind
- Leistungsvergütung auf Gruppenebene
- Fachliches Training und Training für Teamarbeit und die Entwicklung von Teamarbeitskompetenzen
- Prozessbegleitung bei der Einführung von Teams, um Statusunterschiede, Qualifikationsunterschiede und die verschiedenen Subkulturen, aus denen die Mitarbeiter kommen, in das neue Team zu integrieren
- Ein organisationales Klima, das Teamarbeit unterstützt
- Unterstützungsleistungen nicht nur innerhalb, sondern auch zwischen Teams (Carter & West, 1999).

Aktuelle Überblicke zur Teamarbeit finden sich bei Antoni und Bungard (2004) oder bei Van Dick und West (2005).

Teamarbeit ist in der betrieblichen Praxis weit verbreitet, jedoch auf sehr unterschiedlichem Entwicklungsniveau. 50% aller Beschäftigten in der EU geben an, Aufgabenrotation zu erleben, ebenso viele können über die Arbeitsteilung im Team mitentscheiden, aber nur 30% der Teamarbeiter können ihren Teamsprecher wählen.

Selbst ungelernte Beschäftigte arbeiten zu über 50% in Teams, allerdings erleben nur knapp über 40% Aufgabenrotation mit ihren Kollegen. Im Vergleich dazu arbeiten fast 70% der qualifizierten Beschäftigten in Teams und 55% der qualifizierten Beschäftigten rotieren Aufgaben mit ihren Kollegen. Die Arbeitsgeschwindigkeit wird bei Ungelernten durch die direkten Vorgaben des Vorgesetzten festgelegt. In der Produktion finden wir Teamarbeit mit automatisierter Fließbandarbeit (European Foundation for the Improvement of Living and Working Conditions, 2007). Somit ist Teamarbeit auch bei Geringqualifizierten weit verbreitet, wenn auch auf geringem Teamentwicklungs- bzw. Teamqualitätsniveau.

Am ReSuM-Projekt, in dem das hier vorliegende Training erprobt und evaluiert wurde, nahmen Betriebe mit ebenfalls sehr unterschiedlicher Qualität der Teamarbeit teil. Die Teamarbeit wurde im Projekt nach fünf Qualitätskriterien bewertet:

- Ob verschiedene Aufgaben oder Funktionen existieren
- Ob Aufgabenrotation vorgesehen ist
- Ob das Team einen selbst gewählten Teamsprecher hat
- Ob es eine Leistungsvergütung auf Gruppenebene gibt

- Ob es regelmäßige Teamsitzungen gibt

In der Erprobungsphase, d.h. in der Phase, in der das neu entwickelte Training zum ersten Mal durchgeführt und im Vorher-Nachher-Follow-up(drei Monate)-Design bewertet wurde, nahmen sechs Betriebe aus der Produktion, der Stadtreinigung, der Innenraumreinigung und dem Entsorgungsgewerbe teil (siehe Tabelle 2). An der Evaluationsphase, d.h. der Phase, in der das überarbeitete Konzept mit einer Kontrollgruppe im Vorher-Nachher-Follow-up(drei Monate)-Design evaluiert wurde, nahmen acht Betriebe teil (siehe Tabelle 3). Lediglich ein Team aus einem Produktionsbetrieb in der Erprobungsphase sah Teamarbeit vor, die alle fünf Kriterien erfüllte, d.h. die verschiedene Aufgaben im Team mit Aufgabenrotation, einen gewählten Teamsprecher, Leistungsvergütung auf Gruppenebene und regelmäßige, wöchentliche Teamsitzungen vorsah. Damit zeigt sich auch im ReSuM-Projekt, dass die Teamarbeit bei Geringqualifizierten ein geringes Teamentwicklungsniveau aufweist.

Kommen wir zurück zu den oben genannten Zweifeln, ob gering qualifizierte Beschäftigte in Service, Gewerbe und Produktion überhaupt motiviert und befähigt werden können, gemeinsame Problemlöseprozesse zu bewältigen und dabei bedingungsbezogene Veränderungsvorschläge zur Stressreduktion zu entwickeln und umzusetzen. Empirische Befunde zur qualifizierenden Arbeitsgestaltung, wie mit dem beteiligungsorientierten Verfahren der Subjektiven Tätigkeitsanalyse (STA) nach Ulich (vgl. Ulich, 2005, S. 431 ff.; Baitsch, 1985; auf Stressmanagement bezogen Busch, 2004, S. 162 ff.) zeigen auf, dass die Zweifel unberechtigt sind. Geringqualifizierte können sehr wohl in strukturierten Gruppenverfahren zur kollektiven Arbeitsanalyse und -gestaltung bedingungsbezogene Maßnahmen erfolgreich entwickeln und umsetzen. Die STA wurde beispielsweise entwickelt, um Veränderungsprozesse mit arbeitsimmanenter Qualifizierung zu verbinden. Ihr Ziel ist, die Qualifizierungs- und Handlungsbereitschaft zu fördern: Die Teammitarbeiter machen sich zunächst ihre Gesamtaufgabe im Team und Teilaufgaben bewusst, beurteilen diese Teilaufgaben nach Kriterien, wie Entscheidungsspielraum, sinnvolle Tätigkeit, erstrebenswerte Zukunft. Dadurch wird erreicht, dass kritische Situationen erkannt werden. Im Anschluss werden in einem kollektiven Problemlöseprozess Veränderungspläne erstellt. In den letzten beiden Schritten werden Qualifikationsanforderungen und -defizite formuliert und die Vermittlung erforderlicher Qualifikationen geplant.

In einem teambasierten, modularen Stressmanagementtraining für Beschäftigte im Callcenter lehnte sich ein Modul inhaltlich an das Verfahren der subjektiven Tätigkeitsanalyse an, wobei die Teilaufgaben jedoch hinsichtlich stressrelevanter Kriterien beurteilt wurden. Die Beschäftigten erarbeiteten sehr erfolgreich Problemlösungen. Das Training wurde im Kontrollgruppendesign mit zwei Vergleichs- bzw. Kontrollgruppen evaluiert mit positiven Effekten hinsichtlich sozialer Stressoren und Ressourcen, Stress und Arbeitszufriedenheit (Busch, 2004).

Tabelle 2: Qualität der Teamarbeit der an der Erprobungsphase beteiligten Betriebe

Betriebe/ Team-Qualitätskriterien	A Produktion	B Stadtreinigung	C Innenraumreinigung	D Innenraumreinigung (2 Betriebe)	E Entsorgungs- gewerbe
Verschiedene Aufgaben/Funktionen?	ja	ja	nein	ja	ja
Aufgabenrotation?	ja	nein	nein	nein	ja
Ein vom Team selbst ge- wählter Teamsprecher?	ja	ja	nein	nein	nein
Teamweise Leistungsvergü- tung?	ja	nein	nein	nein	nein
Regelmäßige Teamsitzun- gen?	ja	ja	nein	ja	nein
Gesamt	5	3	0	2	2

Tabelle 3: Qualität der Teamarbeit der an der Evaluationsphase beteiligten Betriebe

Betriebe/ Team-Qualitäts-kriterien	A Produktion	B Stadt-reinigung 1	C Großküche	D Innenraum-reinigung	E Verkehrsbetrieb	F Stadt-reinigung 2	G Stadt-reinigung 3	H Produktion
Verschiedene Auf-gaben/ Funktionen?	ja	ja	ja	nein	ja	ja	ja	ja
Aufgabenrotation?	teilweise (Frauen ja, Männer nein)	nein	teilweise (manche ja, manche nein)	nein	ja	nein	nein	nein
Ein vom Team selbst gewählter Teamsprecher?	nein	nein	nein	nein	nein	ja	ja	nein
Teamweise Leistungsvergütung?	ja	nein	nein	nein	nein	nein	nein	nein
Regelmäßige Team-sitzungen?	ja	Ja (14-tägig, fallen je-doch öfter aus)	nein	nein (höchs-tens unre-gelmäßig)	ja	ja	ja	Ja
Gesamt	4	2	2	0	3	3	3	2

Geringqualifizierte können somit gemeinsame Problemlöseprozesse im Team leisten, wenn sie mit einem strukturierenden Verfahren dabei unterstützt werden. Geht es bei Teamarbeit im ungünstigsten Fall nur um die Erledigung von Einzelaufgaben an einem gemeinsamen Ort und darum, ein „Wir"-Gefühl bei den Beschäftigten hervorzurufen, wird die partizipative Entwicklung von bedingungsbezogenen Maßnahmen kaum möglich sein. Allerdings haben wir im ReSuM-Projekt erfahren, dass selbst bei wenig entwickelter Teamarbeit belastende Umgebungsbedingungen und die Gestaltung der sozialen Beziehungen gemeinsam bearbeitet werden können.

1.4.2 Ressourcen und Stressoren der Teamarbeit

Ein weiterer, wesentlicher Ansatzpunkt teambasierter Stressmanagementinterventionen ist die Teamarbeit selbst. Dabei sollten Ressourcen und Stressoren der Teamarbeit im Vordergrund stehen. Doch was sind Ressourcen und Stressoren der Teamarbeit? Die Arbeitsorganisation in Teamarbeit wird bisher in arbeitspsychologischen Stressmodellen nicht aufgegriffen. Arbeitspsychologische Stressmodelle haben, wie andere Stressmodelle auch, eine individuelle Perspektive: Sie konzentrieren sich auf die individuelle Arbeitsaufgabe und deren Stressfolgen für den Einzelnen. Die Arbeitsorganisation wird lediglich in ihren Auswirkungen auf die individuelle Arbeitsaufgabe betrachtet (z.B. Tummers et al., 2003) oder die individuellen Stressmodelle werden direkt auf Teamarbeit übertragen. Das ist der Fall in Untersuchungen zur Einführung von Teamarbeit als Stressmanagementintervention (z.B. Wall & Clegg, 1981; Wall et al., 1986; Parker, 2003). Dort wird das Job Characteristics Model (Hackman & Oldham, 1975) auf Teamarbeit übertragen in der Annahme, dass bei Teamarbeit die Merkmale des Modells - Autonomie, Variabilität, Bedeutsamkeit, Ganzheitlichkeit und Rückmeldung in der individuellen Arbeitsaufgabe - gegeben sind. Eine theoretische Grundlage für teambasierte Stressmanagementinterventionen bietet jenseits von Stressmodellen der sozio-technische Systemansatz (Emery & Trist, 1960), der sich explizit mit Teamarbeit beschäftigt und Schlussfolgerungen für die Stressforschung zulässt (vgl. Delarue, 2007; Busch, 2008). Der Ansatz sieht Arbeitssysteme als offene Systeme an. Er unterscheidet zwei Teilsysteme in einem Arbeitssystem (siehe Abbildung 4):

das soziale System und das technische System. Das soziale System besteht aus allen Mitgliedern der Organisation und ihren individuellen und kollektiven Bedürfnissen, ihren Fähigkeiten und Kenntnissen. Das technische System besteht aus den Arbeitsbedingungen, die als Anforderungen dem sozialen System gegenüberstehen. Die Verbindung der beiden Teilsysteme erfolgt über die Arbeitsrollen. Gestaltungsziel ist die gemeinsame Optimierung beider Teilsysteme durch die Gestaltung der Primäraufgabe, d.h. der Aufgabe, zu deren Bewältigung das Arbeitssystem gebildet wurde, und der Sekundäraufgaben, d.h. der Aufgaben, die das Arbeitssystem unterhalten.

Dieses Gestaltungsziel ist im Konzept der teilautonomen Teamarbeit realisiert (Weber, 1997). Ein teilautonomes Team bekommt ganzheitliche Aufgaben zur gemeinsamen Bewältigung übertragen bei gleichzeitiger hoher Kontrolle über den Arbeitsablauf. Teilautonome Teamarbeit ermöglicht somit eine kollektive Selbstregulation zur Anforderungsbewältigung. Dies verhindert zudem, dass sich Störungen, d.h. auch Stresssituationen, unkontrolliert auf andere Organisationseinheiten übertragen. Stress entsteht demnach in Situationen, in denen die Teammitarbeiter mit Anforderungen konfrontiert sind, die sie mit den vorhandenen Regulationsmöglichkeiten nicht bewältigen können. Nach diesem Ansatz stehen die Ressourcen, d.h. die in der Teamarbeit gestalteten Regulationsmöglichkeiten, für den Stressprozess und für Stressmanagementinterventionen im Vordergrund (vgl. Busch, 2004, S. 119 ff.). Teammitarbeiter können in einer Maßnahme zu Stressmanagement motiviert und befähigt werden, ihre vorhandenen kollektiven Selbstregulationsmöglichkeiten zu reflektieren, auszuschöpfen und eventuell auch zu erweitern, um eine gemeinsame Bewertung und Bewältigung von Stresssituationen vorzunehmen (vgl. Busch, 2008).

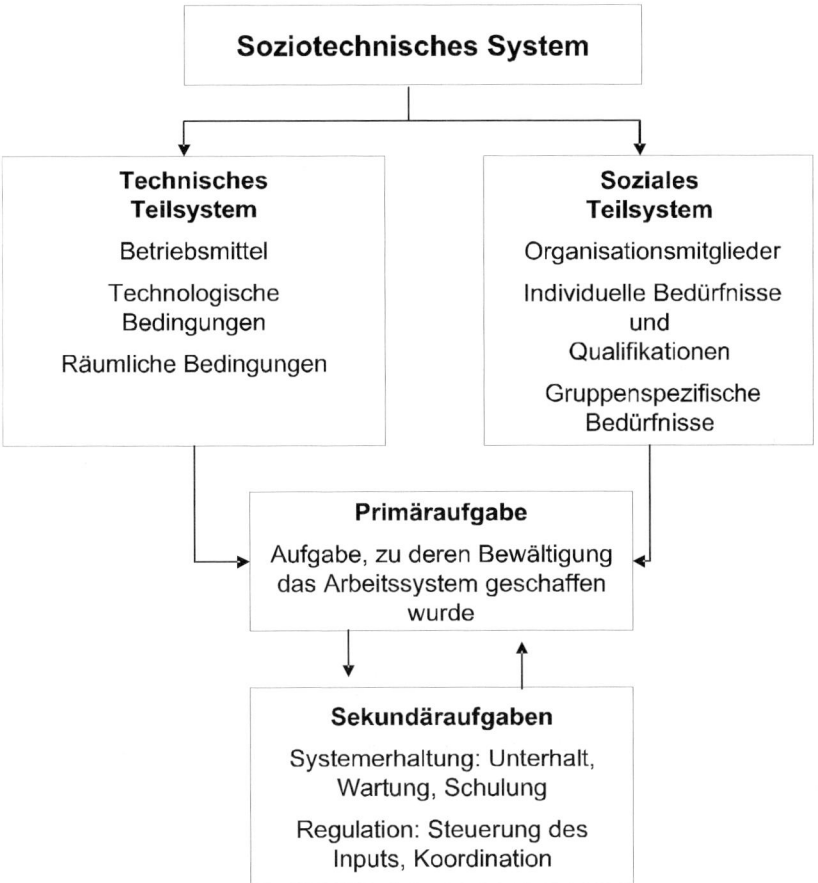

Abbildung 4: „Unterteilung des Soziotechnischen Systems", in: Eberhard Ulich: Arbeitspsychologie, 6. Auflage, S. 195. © 2005 Schäffer-Poeschel Verlag für Wirtschaft Steuern Recht GmbH & Co. KG

Teamarbeit birgt allerdings auch Anforderungen und Stressoren, v.a. bei der kollektiven Selbstregulation und der Zusammenarbeit. Anforderungen werden an die Teamreflexivität (West, 1996) gestellt, d.h. ob und inwieweit die Teammitglieder regelmäßig ihre Arbeit und Zusammenarbeit und ihre gemeinsamen Ziele und Wege besprechen. Anforderungen werden an die gemeinsame Verantwortungsübernahme für das Arbeitsergebnis, an die kollektive Selbstwirksamkeitserwartung, an die Konflikthandhabung und an soziale Unterstützung gestellt. Diese Anforderungen, die sich bei der Zusammenarbeit in Teams ergeben, werden häufig nicht erfolgreich gemeistert und führen zu erheblichem Stress (Minssen, 2000; Moldaschl, 1994).

Fassen wir zusammen: Neben der Möglichkeit, in einer teambasierten Intervention partizipativ bedingungsbezogene Maßnahmen zu entwickeln, kann die Teamarbeit selbst thematisiert werden. Es können die Selbstregulationsmöglichkeiten im Team reflektiert, ausgeschöpft oder sogar erweitert werden, um Stress zu reduzieren. Teambasierte Stressmanagementinterventionen können die Förderung der Zusammenarbeit und die Gestaltung der sozialen Beziehungen am Arbeitsplatz zum Ziel haben. Die Förderung der Zusammenarbeit und die Gestaltung der sozialen Beziehungen können sich sowohl auf die Arbeitsbedingungen, z.B. den Aufbau von Kooperations- und Kommunikationsmöglichkeiten, als auch auf die Förderung von personalen Kompetenzen, wie die zur sozialen Unterstützung und Konflikthandhabung, beziehen. Für das arbeitsbedingte Stressgeschehen sind die sozialen Beziehungen am Arbeitsplatz zentral. Soziale Unterstützung zählt zu den wichtigsten Ressourcen im Stressprozess, insbesondere für die Zielgruppe der Geringqualifizierten. Die sozialen Beziehungen gelten als Schlüsselfaktoren zur Stressreduktion bei dieser Zielgruppe (Gunnarsdottir & Bjornsdottir, 2003) (vgl. Abschnitt 1.1). Die Zielgruppe der Geringqualifizierten erfährt selten soziale Unterstützung. So wird soziale Unterstützung durch Kollegen, durch Vorgesetzte und durch Personen außerhalb des Betriebes von Ungelernten im Vergleich zu anderen Beschäftigten am seltensten angegeben (European Foundation for the Improvement of Living and Working Conditions, 2007, S. 56). In einer teambasierten Intervention kann die in Teamarbeit verfügbare und wichtige Ressource der sozialen Beziehungen angemessen thematisiert werden.

1.4.3 Teilnahmemotivation und Motivierung zur Verhaltensänderung

Ein wichtiger Ansatzpunkt und Vorteil teambasierter Stressmanagementinterventionen ist die Förderung der Teilnahmemotivation. Wie in Abschnitt 1.1 dargestellt, ist gerade für Geringqualifizierte die Motivation, an einer Weiterbildungsmaßnahme und an einer Maßnahme zur Gesundheitsförderung teilzunehmen, gering. Ein teambasiertes Angebot erreicht dagegen auch Beschäftigte, die sich alleine nicht zu einem Stressmanagementtraining anmelden würden, es aber im geschützten Rahmen ihrer Teamkollegen tun. Die psychologische Sicherheit, die das Team bietet, erleichtert die Teilnahmebereitschaft. Das Verhalten wichtiger anderer Personen im unmittelbaren Umfeld spielt eine große Rolle für das eigene gesundheitsförderliche Verhalten, wie in Abschnitt 1.1 ausgeführt.

Daher ist ein teambasiertes Training für Geringqualifizierte hinsichtlich der Teilnahmemotivation förderlich.

Ein teambasiertes Stressmanagementtraining fördert nicht nur die individuelle Teilnahmemotivation, sondern auch die Motivation zur individuellen Verhaltensänderung. Personen mit gesundheitlichen Risikofaktoren hinsichtlich einer Veränderung ihrer Verhaltensgewohnheiten zu beraten endet häufig in Misserfolg und Frustration für alle Beteiligten. Eines der vielversprechendsten psychologischen Modelle der Verhaltensänderung ist das „Transtheoretische Modell der Verhaltensänderung" nach Prochaska und Mitarbeitern (Keller, 1999). Dieses Modell sieht einen dynamischen Prozess in verschiedenen Stufen vor, von der Absichtslosigkeit über die Absichtsbildung, Vorbereitung, Handlung, Aufrechterhaltung bis zur Stabilisierung. Veränderungsstrategien charakterisieren, wie Personen von einer Stufe zur nächsten voranschreiten. Veränderungsstrategien können kognitiv-affektiv oder verhaltensorientiert sein. Kognitiv-affektive Strategien beziehen sich vorwiegend auf Bewertungsprozesse und das emotionale Erleben eines problematischen Verhaltens. Sie sind vor allem für Personen in den ersten drei Stufen bedeutsam. Interventionsstrategien, die hier förderlich sind, sind neben Reflexion und Aufklärung das Fördern der Kommunikation mit Personen des unmittelbaren Umfeldes und die Orientierung an Modellpersonen. Diese Interventionsstrategien können besonders gut in einer teambasierten Intervention realisiert werden. Verhaltensorientierte Strategien sind vor allem für die letzten drei Stufen relevant. Interventionsstrategien, wie das öffentliche Bekunden der Änderungsabsicht, die Erstellung eines Handlungsplans, Übungen zur sozialen Unterstützung, sind hier wesentlich. Sie können in einer teambasierten Intervention leichter umgesetzt werden als in einer Einzelberatung oder in einem Gruppentraining mit Beschäftigten aus anderen Organisationseinheiten, z.B. durch die öffentliche Bekundung der Änderungsabsicht im Team und schriftliche Verpflichtungen, die im Team besprochen werden, sowie durch die Gestaltung der sozialen Unterstützung im Team.

1.4.4 Lernprozesse und Transfer

Last, but not least kann eine teambasierte Intervention Lernprozesse und den Transfer des Gelernten in den Arbeitsalltag erleichtern, da das soziale Arbeitsumfeld auch während der Intervention erhalten bleibt und der Transfer des Gelernten in den Arbeitsalltag durch den stabilen sozialen Kontext erleichtert wird. Situativ-erfahrungsbezogene Ansätze aus der angewandten Lernforschung unterstützen Lernen im Team. Sie betonen die individuellen Voraussetzungen der Teammitglieder und den kooperativen und kontextgebundenen Charakter von Lernprozessen. In Teaminterventionen werden individuelle Lernprozesse und Teamlernen nicht nur ermöglicht, sondern sogar gefördert. So zeigen Studien zu Lernprozessen in Teams, dass die stabilen sozialen Beziehungen in Teamarbeit eine besondere Bedeutung für die Lernprozesse haben. Insbesondere die subjektive Wahrnehmung von psychologischer Sicherheit im eigenen Team erleichtert das Einholen von Rückmeldungen, die Vermittlung von Wissen und die Diskussion von Fehlern (Edmondson, Bohmer & Pisano, 2001).

Ein Teamtraining zu Stress- und Ressourcenmanagement kann allerdings nur wirksam sein, wenn sich die Teammitarbeiter der Unterstützung der Führungskräfte sicher sind. Das ist besonders für die Zielgruppe der Geringqualifizierten wichtig. Die Unterstützung durch die Vorgesetzten ist nicht nur für die Beteiligungsmotivation der Teammitarbeiter unbedingt erforderlich, sondern sie ist für die Veränderungsmotivation, den Transfer des Gelernten und die langfristige Effektivität der Maßnahme notwendig. So sind für einen regelmäßigen gemeinsamen Reflexions- und Stressmanagementprozess Teamsitzungen notwendig; für die Umsetzung der Lösungsvorschläge bedarf es ebenfalls der Unterstützung des Vorgesetzten. Daher sollte eine teambasierte Stressmanagementintervention insbesondere bei der Zielgruppe der Geringqualifizierten immer mit einem Führungskräftetraining zu Stress- und Ressourcenmanagement kombiniert werden (siehe Abschnitt 1.7).

Teambasierte Stressmanagementinterventionen wurden bis auf wenige Ausnahmen (z.B. Busch, 2004; Le Blanc et al., 2007) bisher nicht entwickelt und evaluiert. Bevor wir auf die bestehenden evaluierten teambasierten Interventionen eingehen, beschäftigen wir uns zunächst mit den Einflussfaktoren der Teamarbeit auf Wohlbefinden und Stress, um zu sehen, welchen Faktoren in einer teambasierten Intervention besondere Aufmerksamkeit geschenkt werden sollte.

1.4.5 Teamarbeit, Stress und Wohlbefinden

In einer der wenigen Mehrebenenanalysen zu Teamarbeit und individuellem Wohlbefinden und Stress konnte mit Daten aus der Automobilindustrie gezeigt werden, dass automatisierte Fließbandarbeit, die mit eingeschränkten Regulationsmöglichkeiten einhergeht, einen bedeutsamen Einfluss auf die Arbeitszufriedenheit und das Stressempfinden hat, in dem Sinne, dass automatisierte Fließbandarbeit mit geringer Arbeitszufriedenheit und einem hohen Stressempfinden einhergeht. Aufgabenrotation in Teamarbeit hat dagegen eine positive Auswirkung auf die individuelle Arbeitszufriedenheit (Delarue, 2007).

Studien zu den Effekten von Teamautonomie sind widersprüchlich: Carayon et al. (1998, 2006) und Kuipers (2006) konnten in Längsschnittstudien, die ebenfalls in der Automobilindustrie durchgeführt wurden, keine Effekte von Gruppenautonomie auf Wohlbefinden und Gesundheit bestätigen. Tummers et al. (2003) zeigten dagegen für den Pflegebereich mit Mehrebenenanalysen, entgegen ihren Hypothesen auf der Grundlage arbeitspsychologischer Stressmodelle, über die individuelle Autonomie hinaus signifikante Varianzaufklärung von emotionaler Erschöpfung durch die Gruppenautonomie.

In der o.g. Längsschnittstudie von Kuipers (2006) wurden 150 Teams bei Volvo in Schweden untersucht. Die Ergebnisse zeigen Erstaunliches: Nicht Faktoren der Aufgabenbewältigung, sondern die Art und Weise, wie die Teammitglieder ihre internen Kooperationsprozesse, d.h. soziale Unterstützung, Konfliktmanagement und gemeinsame Verantwortungsübernahme, gestalten, sind entscheidende Faktoren für krankheitsbedingte Ausfälle, Anzahl der Krankheitstage und den Langzeitkrankenstand. Weitere wichtige Einflussfaktoren sind die Beziehungen zu Mitarbeitern außerhalb des eigenen Teams und kontinuierliche Verbesserungsprozesse. Auch in Längsschnittstudien mit Teams, deren Mitglieder computergestützte Arbeit verrichten, wurde aufgezeigt, dass neben der Arbeitsplatzsicherheit Gruppenprozesse die wichtigsten Einflussfaktoren für das Wohlbefinden sind. So wirken sich gleichberechtigte Diskussion bei Entscheidungen und Gruppenkohäsion in Teamarbeit auf die Reduzierung von Angst und Muskel-Skelett-Beschwerden aus (Carayon et al., 2006). Die klassischen Stressoren und Ressourcen von Einzeltätigkeiten waren in diesen Studien zu Teamarbeit für das Wohlbefinden und die Gesundheit mehr oder weniger irrelevant.

Weiterhin konnten Teamklimafaktoren, wie Aufgabenorientierung, als Prädiktoren für Wohlbefinden in Teams bestätigt werden (Carter & West, 1998). Größere Teams mit mehr als zehn Teammitgliedern zeigten ein schlechteres Teamklima und geringeres individuelles Wohlbefinden.

1.4.6 Teambasierte Stress- und Ressourcenmanagementinterventionen

Es liegen wenige evaluierte teambasierte Stress- und Ressourcenmanagementinterventionen vor. Im Rahmen des US Navy´s Tactical Decision Making under Stress program (TADMUS) wurden Teamtrainings zu verschiedenen stressrelevanten Aspekten der Teamarbeit, wie das „Team dimensional training" (Smith-Jentsch et al., 1998) und das „Team adaptation and coordination training" (Serfaty, Entin & Johnston, 1998) entwickelt. In einem anderen Kontext entwickelten und evaluierten Salas, Bower und Edens (2001) das „Resource management training", das sie auch für die Verbesserung von Teamarbeit für angemessen halten.

Busch (2004) entwickelte ein Teamtraining zu Stress- und Ressourcenmanagement für Beschäftigte im Callcenter, das als Grundlage für das hier vorliegende Trainingsmanual diente. Es umfasst fünf Module von jeweils vier Stunden. Drei Module beschäftigten sich mit individueller Stressbewältigung, insbesondere mit Zeitmanagementstrategien. In zwei Modulen wurde die gemeinsame Stressbewältigung im Team behandelt. Dabei ging es in einem Modul um die Förderung der sozialen Beziehungen im Team, unterstützt mit Techniken aus dem Psychodrama. Im anderen Teammodul wurden Teamreflexivität und gemeinsames Problemlösen im Team auf der Grundlage der STA behandelt. Das Programm wurde im Kontrollgruppendesign mit einer Vergleichsgruppe, die ein traditionelles, individuumszentriertes Training erhielt, und einer Wartekontrollgruppe und drei Messzeitpunkten – vorher, nachher und fünf Monate follow-up – evaluiert. Das Teamtraining war effektiv im Vergleich zum traditionellen, individuumszentrierten Stressmanagementtraining und zur Wartekontrollgruppe hinsichtlich Zeitmanagement-strategien, sozialer Stressoren, Stress und Arbeitszufriedenheit.

Le Blanc et al. (2007) haben eine teambasierte Intervention zur Reduzierung von Burnout für Pflegekräfte entwickelt. Sie umfasste soziale Unterstützung und die partizipative Verbesserung der Arbeitssituation. Das Trainingsprogramm umfasste sechs monatliche Sitzungen über je drei Stunden und wurde im Kontrollgruppendesign mit Mehrebenenanalysen über drei Messzeitpunkte – vorher, nachher und sechs Monate follow-up – evaluiert. Das Programm war erfolgreich und reduzierte Burnout. Die veränderten Burnout-Werte gingen mit der veränderten Wahrnehmung der Arbeitssituation einher.

1.4.7 Implikationen für das Training

Wie in diesem Abschnitt aufgezeigt, ist ein Teamtraining zu Stress- und Ressourcenmanagement für Geringqualifizierte aus verschiedenen Gründen sinnvoll. Teamarbeit ist weit verbreitet, auch bei Geringqualifizierten in Service, Gewerbe und Produktion, wenn diese auch meist in Teamarbeit auf geringem Teamentwicklungsniveau bzw. Teamqualitätsniveau arbeiten. Geringqualifizierte können mit Hilfe eines strukturierten Verfahrens motiviert und befähigt werden, bedingungsbezogene Maßnahmen zur Stressreduktion zu entwickeln und umzusetzen. Bedingungsbezogene Maßnahmen setzen primärpräventiv im Stressprozess an den Stressoren und Ressourcen an, um Stress erst gar nicht entstehen zu lasen. Sie sollten daher Priorität im betrieblichen Gesundheitshandeln haben. Im Team entwickelte bedingungsbezogene Maßnahmen zur Gesundheitsförderung sind effektiv, denn sie sind für alle Teammitarbeiter nicht nur transparent und werden als gesundheitsförderliche Interventionen wahrgenommen, sondern ihre Umsetzung wird akzeptiert, im besten Fall sogar aktiv unterstützt. Im Team entwickelte bedingungsbezogene Maßnahmen erreichen die Beschäftigten. Dabei können Ressourcen und Stressoren der Teamarbeit behandelt werden, z.B. die Selbstregulationsmöglichkeiten im Team auszuschöpfen, um Stress zu reduzieren oder Maßnahmen zu entwickeln, um eine gemeinsame Verantwortungsübernahme für das Arbeitsergebnis zu fördern oder die soziale Unterstützung in Stresssituationen zu verbessern.

Eine teambasierte Intervention fördert die Teilnahmemotivation an einer gesundheitsförderlichen Intervention, ein sehr wichtiger Aspekt für die Zielgruppe der Geringqualifizierten. Sie motiviert auch zur individuellen Verhaltensänderung, da sich viele Interventionsstrategien zur Unterstützung des Prozesses der Verhaltensänderung auf das direkte soziale Umfeld beziehen. Eine teambasierte Intervention erleichtert zudem Lernprozesse und den Transfer des Gelernten in den Arbeitsalltag durch stabile soziale Beziehungen und die psychologische Sicherheit im Team. Ein teambasiertes Stress- und Ressourcenmanagement kann allerdings nur wirksam sein, wenn sich die Teammitarbeiter der Unterstützung ihrer Führungskräfte sicher sind (siehe Abschnitt 1.7).

1.5 Bewegung und körperliche Aktivität (Susanne Roscher)

1.5.1 Wirkung von körperlicher Aktivität

Regelmäßige körperliche Aktivität fördert sowohl die physische wie auch die psychische Gesundheit und das Wohlbefinden. Ein Leben ohne Bewegung wäre nicht möglich. Betrachtet man die Entwicklungsgeschichte des Menschen, so wird deutlich, auf welches Maß an körperlicher Aktivität der menschliche Körper ausgelegt ist. Ein Mensch musste am Tag 40 bis 50 Kilometer zurücklegen. Wir waren Jäger und Sammler, für die es überlebensnotwendig war, sich viel zu bewegen. Daraus lässt sich ableiten, dass die genetische Ausstattung des Menschen auf körperliche Anstrengung ausgelegt ist und Bewegungsmangel der Gesundheit nicht zuträglich ist (vgl. Muster & Zielinski, 2006).

Mittlerweile ist gut belegt, dass ein körperlich inaktiver Lebensstil mit einer Reihe von Gesundheitsgefährdungen einhergeht (vgl. z.B. U.S. Department of Health and Human Services, 1996; Kaluza et al., 1998; Sallis, 1998; Fuchs, 2001). So gilt es als empirisch bestätigt, dass körperliche Aktivität die Lebenserwartung steigert. Personen, die regelmäßig körperliche Aktivität ausüben, weisen niedrigere Sterblichkeitsraten auf. Z.B. zeigt eine Studie von Pfaffenbarger et al. (1993), dass ehemals inaktive Männer, die mit dem regelmäßigen Sporttreiben begannen und dieses über mehrere Jahre hinweg aufrechterhielten, durchschnittlich 0,72 Jahre länger lebten als solche, die inaktiv blieben.

Tabelle 4: Zusammenfassung der Auswirkungen von körperlicher Aktivität auf die Gesundheit

Lebenserwartung	▲ ▲ ▲
Risiko von kardiovaskulären Erkrankungen	▼ ▼ ▼
Blutdruck	▼ ▼
Risiko, an Darmkrebs zu erkranken	▼ ▼
Risiko, an Diabetes mellitus Typ II zu erkranken	▼ ▼ ▼
Beschwerden durch Arthrose	▼
Knochendichte im Kindes- und Jugendalter	▲ ▲
Risiko altersbedingter Stürze	▼ ▼
Kompetenz zur Alltagsbewältigung im Alter	▲ ▲
Kontrolle des Körpergewichts	▲
Angst und Depressionen	▼
Allgemeines Wohlbefinden und Lebensqualität	▲ ▲

Erklärung:

▲ = einige Hinweise, dass körperliche Aktivität die Variable steigert

▲ ▲ = moderate Hinweise, dass körperliche Aktivität die Variable steigert

▲ ▲ ▲ = starke Hinweise, dass körperliche Aktivität die Variable steigert

▼ = einige Hinweise, dass körperliche Aktivität die Variable senkt

▼ ▼ = moderate Hinweise, dass körperliche Aktivität die Variable senkt

▼ ▼ ▼ = starke Hinweise, dass körperliche Aktivität die Variable senkt

Quelle: U.S. Department of Health and Human Services (1996); Sallis & Owen (1998); zitiert nach der Gesundheitsberichterstattung des Bundes, Heft 26: Körperliche Aktivität, 2005

Weiter konnte aufgezeigt werden, dass regelmäßige körperliche Aktivität das Risiko für kardiovaskuläre Erkrankungen, Darmkrebs und Diabetes mellitus Typ II senken kann. Darüber hinaus senkt körperliche Aktivität bereits die Entwicklung unterschiedlicher gesundheitlicher Risikofaktoren. Hier sind vor allem Bluthochdruck und Übergewicht zu nennen.

Durch vermehrte körperliche Aktivität zeigt sich weiter eine Verbesserung der Knochendichte und des Zustandes des Muskel-Skelett-Systems. Durch diese Verbesserungen kann u.a. der „Volkskrankheit Rückenschmerzen" sowie dem funktionellen Abbau der Organe und des Halte- und Bewegungsapparates im Alter entgegengewirkt werden. Körperliche Aktivität steigert somit die Kompetenz der Alltagsbewältigung im Alter.

Darüber hinaus wurde außerdem nachgewiesen, dass körperliche Aktivität eine positive Wirkung auf das Wohlbefinden und die Lebensqualität hat. Auch der Zusammenhang zu psychischer Gesundheit (Depression, Angst) konnte mittlerweile in vielen Studien belegt werden (siehe hierzu auch Abschnitt 1.1).

Tabelle 4 gibt einen Überblick über den Zusammenhang zwischen körperlicher Aktivität und Gesundheit. Eine weitere sehr detaillierte Übersicht hierzu findet sich bei Muster und Zielinski (2006).

1.5.2 Körperliche Aktivität ist nicht gleich Leistungssport

Körperliche Aktivität ist definiert als „alle muskulär verursachten Bewegungen des Menschen, welche in einer Intensität ausgeführt werden, die einen Energieanstieg über den Grundumsatz hinaus zur Folge hat" (Muster & Zielinski, 2006, S. 9). Der Begriff der körperlichen Aktivität ist damit sehr breit gefasst und kann als Oberbegriff für Sport, Gesundheitssport und gesundheitsförderliche körperliche Aktivität gesehen werden, Wichtig ist dabei, dass der Begriff der körperlichen Aktivität auch alle Bewegungsaktivitäten des Alltags beinhaltet, wie z.B. körperliche Aktivität während der Berufsausübung, in der Freizeit, im Haushalt, bei der Gartenarbeit, beim Einkaufen, Treppensteigen, mit dem Fahrrad fahren usw.

Gesundheitsförderliche körperliche Aktivität bezeichnet diejenige Form von körperlicher Aktivität, die einen gesundheitlichen Nutzen verspricht und kein übermäßiges gesundheitliches Risiko beinhaltet (vgl. Abu-Omar & Rütten, 2006).

Bewegungsaktivitäten, die zu positiven gesundheitlichen Effekten führen, müssen also nicht unbedingt dem sportlichen Sektor zugeordnet werden. Besonders im Bereich der Ausdaueraktivitäten reichen für moderate Belastungen schon längere Spaziergänge aus, um sich körperlich (und psychisch) etwas Gutes zu tun.

Wie bereits im vorangegangenen Abschnitt dargestellt, ist es für unsere Gesundheit wichtig, sich ausreichend körperlich zu betätigen. Der Bundes-Gesundheitssurvey (1998) zeigt allerdings auf, dass 30% der deutschen Erwachsenen dies kaum tun. 45% treiben gar keinen Sport und über alle Altersklassen hinweg schaffen es gerade einmal 13% aller Deutschen, die Voraussetzungen einer ausreichenden körperlichen Betätigung zu erfüllen. Die derzeitige Empfehlung für eine solche ausreichende körperliche Aktivität beinhaltet, dass jeder mindestens an drei, besser an fünf oder allen Tagen der Woche körperlich so aktiv sein sollte, dass er oder sie dabei leicht ins Schwitzen gerät und Puls wie Atmung sich leicht steigern (vgl. Bundes-Gesundheitssurvey, 1998; Muster & Zielinski, 2006).

In unserer heutigen Gesellschaft ist es nicht verwunderlich, dass es so wenigen Menschen gelingt, sich ausreichend zu bewegen. Ein Großteil der täglichen Erwerbsarbeit wird im Sitzen erledigt, und auch viele Arbeiten im Haushalt erfordern nicht mehr so große körperliche Anstrengungen. Für Sport in der Freizeit bleibt vielen aufgrund der Erwerbsarbeit keine Zeit oder sie haben kein Geld dafür übrig, z.B. ins Fitnessstudio zu gehen. Dies trifft insbesondere auch auf die Zielgruppe der gering qualifizierten Beschäftigten zu. Aber auch mit kleinen Mitteln kann ein ausreichendes Maß an Bewegung in den Alltag integriert werden: z.B. durch einen aktiven Lebensstil (regelmäßig mit dem Fahrrad zur Arbeit fahren statt mit dem Auto oder die Treppe benutzen statt dem Fahrstuhl).

1.5.3 Bedeutung von Bewegung für Stress- und Ressourcenmanagement

Nicht nur für die körperliche Gesundheit ist Bewegung und körperliche Aktivität von großer Bedeutung. Auch auf die psychische Gesundheit wirkt sich körperliche Betätigung nachgewiesenermaßen positiv aus. Untersucht wurden in diesem Zusammenhang die Auswirkungen von körperlicher Aktivität auf verschiedene psychologische Gesundheitsindikatoren (z.B. Beschwerdeerleben, Wohlbefinden, Stimmung, Stressreaktivität, Stressbewältigung; Selbstwertgefühl, Körperkonzept, Depression und Angst). Viele Studien und Metaanalysen bestätigen den Zusammenhang zwischen körperlicher Aktivität und Variablen der psychischen Gesundheit, speziell auch in Bezug auf Stress (Crews & Landers, 1987; Schlicht, 1993; Bässler, 1995; Broocks et al., 1997). Als Moderatoren des Zusammenhangs werden Geschlecht, Alter und Art der körperlichen Betätigung genannt.

Vielfach gesondert und vertiefend erforscht wurde vor allem der Zusammenhang zu den Variablen Depression und Angst. In Bezug auf Depression zeigen metaanalytische Ergebnisse auf, dass ein relativ enger Zusammenhang zwischen körperlicher Inaktivität und Depression besteht (vgl. z.B. Mutrie, 2000). Demnach lag das Risiko eines körperlich Inaktiven, an einer klinischen Depression zu erkranken, um 70% höher als das eines körperlich Aktiven. Fuchs (2002) weist darauf hin, dass die Richtung der Kausalwirkung des Zusammenhangs zwischen körperlicher Aktivität und Depression in längsschnittlichen Populationsstudien und randomisierten Experimentalstudien überprüft wurde. Es zeigte sich, dass aerobe und anaerobe Sportprogramme zur Verringerung der klinischen Depression beitragen können und dass dieser antidepressive Effekt vergleichbar ist mit den Wirkungen, die psychotherapeutische Behandlungsmethoden erzielen.

In Interventionen zu Stress- und Ressourcenmanagement wird körperliche Aktivität aufgrund verschiedener (angenommener) Wirkmechanismen einbezogen, die im Folgenden dargestellt werden.

1.5.3.1 Erregungs- und Anspannungsreduktion bei Stressbelastungen

Gerät ein Mensch in eine Stresssituation und kommt es in dieser Situation zum Stresserleben, dann werden alle Körperregionen aktiviert, die Extremleistungen ermöglichen: Hormone werden ausgeschüttet, Muskeln aktiviert, Blut in den Kreislauf gepumpt – mit anderen Worten kommt es zur physiologischen Stressreaktion. Die Stressreaktion ist darauf ausgelegt, den Körper zu einer Kampf- oder Fluchtreaktion zu befähigen, also aktiv werden zu lassen. In der Entwicklungsgeschichte des Menschen, als wir alle noch Jäger und Sammler waren, bedeutete diese Reaktion des Körpers in Gefahrsituationen das Überleben. Stand einer unserer Vorfahren einem gefährlichen Raubtier gegenüber, so musste augenblicklich und automatisch der gesamte Organismus auf die Bewältigung dieser Situation (Kampf oder Flucht) ausgerichtet werden. Die Stressreaktion des Körpers machte dies möglich. Unter den heutigen Lebensumständen läuft diese Reaktion oft nicht mehr vollständig ab. Kampf oder Flucht stellen in heutigen Anforderungssituationen kaum noch ein angemessenes Verhalten dar (z.B. in einer Prüfungssituation, im Bewerbungsgespräch, bei Termindruck oder einem streikenden Computer). Stattdessen sind wir gezwungen, in der Situation auszuharren und die Anforderungen durch geplantes, möglichst ruhiges Handeln zu bewältigen. Die durch die Stressreaktion bereitgestellte Energie ist in unserem Körper vorhanden, wird allerdings nicht abgebaut. Dies führt dazu, dass wir sprichwörtlich „unter Strom stehen" oder „angespannt" sind. Gezielte körperliche Aktivität oder Sport kann dabei helfen, die Anspannung und Erregung, die sich in der Stressreaktion ansammeln, wieder abzubauen, und stellt somit eine emotionsorientierte Copingstrategie gegen Stress dar.

→ *angenommene Wirkweise:* direkte kurz- und langfristige Wirkung

1.5.3.2 Förderung der physischen Gesundheit

Bewegung und körperliche Aktivität fördern wie oben dargelegt die Gesundheit. In der heutigen Zeit neigen die Menschen allerdings eher dazu, sich zu wenig zu bewegen. Fehlende körperliche Aktivität kann zu Gesundheitsbeeinträchtigungen führen. Die Wahrscheinlichkeit für Übergewicht und Bluthochdruck sowie schwerwiegende Erkrankungen wie Diabetes mellitus Typ II, Herz-Kreislauf-Erkrankungen, Darmkrebs etc. steigt an. Treten solcherlei Gesundheitsbeeinträchtigungen und Krankheiten auf, stellt das für eine Person eine große Belastung, mit anderen Worten einen Stressor, in ihrem Leben dar.

Im Sinne der physischen Gesundheitsförderung allgemein wird also Bewegung in Stress- und Ressourcenmanagementtrainings als Ergänzung zu anderen Inhalten aufgenommen.

→ *angenommene Wirkweise:* direkte und langfristige Wirkung

1.5.3.3 Förderung der psychischen Gesundheit

Körperliche Aktivität wirkt sich neben der physischen auch auf die psychische Gesundheit des Menschen positiv aus. Lebensqualität und Wohlbefinden werden gesteigert, aber auch klinisch relevante Störungsbilder wie Depressionen und Angst können durch Bewegung gemindert werden. Stress- und Ressourcenmanagementinterventionen zielen darauf ab, diese psychischen Variablen positiv zu beeinflussen, Ressourcen aufzubauen und

Stressfolgen zu minimieren. Aus diesem Grund ist körperliche Aktivität als Bestandteil solcher Interventionen logisch nachvollziehbar.

→ *angenommene Wirkweise:* direkte und langfristige Wirkung

1.5.3.4 Moderatorwirkung von körperlicher Aktivität

Regelmäßige körperliche Aktivität kann als Moderator zwischen Belastung und Beeinträchtigung des Wohlbefindens wirken. Es wird hierbei angenommen, dass regelmäßige körperliche Betätigung dazu führt, dass der Einfluss von Stress- und Arbeitsbelastungen auf das (Wohl-)Befinden schwächer ausgeprägt ist als bei Personen, die weniger körperlich aktiv sind (vgl. z.B. Roth & Holmes, 1985, 1987). Bewegung stellt also (ähnlich wie z.B. soziale Unterstützung) in Stress- und Ressourcenmanagementtrainings eine wichtige Ressource dar, die in Form eines Puffers die Auswirkungen von Belastungen abmildern kann.

→ *angenommene Wirkweise:* indirekte (moderierende) Wirkung

1.5.3.5 Mediatorwirkung von körperlicher Aktivität

Es wird angenommen, dass regelmäßige körperliche Aktivität sich – vermittelt über Veränderungen des Selbstkonzeptes und der Selbstwirksamkeit – auf kognitive Prozesse der Belastungs- und Bewältigungskompetenzbewertung auswirkt und damit zu geringerer Beanspruchung und gesteigertem Wohlbefinden beiträgt. Eine Person, die sich regelmäßig körperlich betätigt, entwickelt darüber z.B. eine neue Selbstwahrnehmung und eine höhere Selbstwirksamkeitserwartung. Dies wiederum führt dazu, dass ihre Bewertungen von Stresssituationen positiver ausfallen (z.B. bewertet sie ihre eigenen Bewältigungskompetenzen höher, da sie mehr Selbstvertrauen hat). In Abhängigkeit der positiveren Bewertung fällt die Stressreaktion kleiner aus und das Wohlbefinden wird gesteigert. Hinweise auf die Bestätigung der Mediatorwirkung von körperlicher Aktivität in Bezug auf psychisches Wohlbefinden liefern z.B. Kaluza et al. (2001).

→ *angenommene Wirkweise:* indirekte (mediierende) Wirkung

1.5.3.6 Adaptation an Belastungen / reduzierte physiologische Stressreaktivität

Studien haben aufgezeigt, dass körperliche Fitness (als Folge regelmäßiger körperlicher Aktivität/Sport) zu einer abgeschwächten physiologischen Stressreaktion führt (vgl. z.B. Crews & Landers, 1987; Rimmele et al., 2007). Es findet eine Adaptation an Belastungen statt. Mit anderen Worten macht uns regelmäßige körperliche Aktivität gefeit gegen die alltäglichen Belastungen des Lebens, also stressunempfindlicher.

→ *angenommene Wirkweise*: Adaptationswirkung

Die folgende Abbildung 5 zeigt die verschiedenen beschriebenen Wirkungsweisen von körperlicher Aktivität im Zusammenhang mit Stress- und Ressourcenmanagement noch einmal zusammenfassend auf.

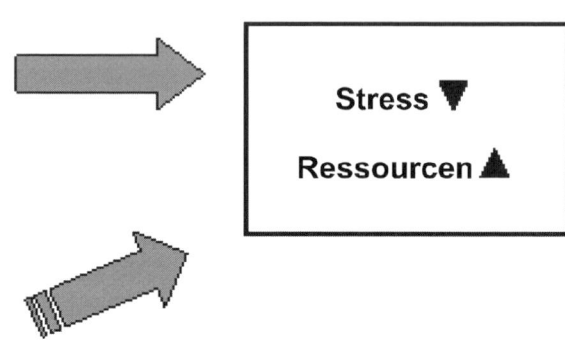

Direkte Wirkung durch:	
• Erregungs- und Anspannungsreduktion	
• Förderung der physischen Gesundheit	
• Förderung der psychischen Gesundheit	
Weitere Wirkweisen:	
• moderierende Wirkung	
• mediierende Wirkung	
• Adaptations-/Impfwirkung	

Stress ▼

Ressourcen ▲

Abbildung 5: Wirkungen von körperlicher Aktivität in Stress- und Ressourcenmanagementinterventionen

1.5.4 Zielgruppe der Geringqualifizierten

Die Zielgruppe, an die sich das in diesem Buch vorgestellte Trainingsmanual richtet, wurde bereits in Abschnitt 1.1 ausführlich vorgestellt. Die Belastungen dieser Zielgruppe sind hoch.

In Bezug auf körperliche Aktivität stellt die Zielgruppe eine besondere Risikogruppe dar. Studien belegen einheitlich, dass Personen aus niedrigeren Sozialschichten sich weniger sportlich betätigen und weniger körperlich aktiv sind als Personen aus höheren Sozialschichten. Der Bundes-Gesundheitssurvey (1998) zeigt auf, dass der Anteil der Inaktiven in der Gruppe mit geringem Sozialindex sowohl bei Männern als auch bei Frauen fast doppelt so hoch ist wie in der Gruppe mit hohem Sozialindex. Auch die Gesundheitsberichterstattung des Bundes (2005) kommt zu dem Ergebnis, dass sportliche Aktivitäten in der Mittel- und Oberschicht weiter verbreitet sind als in der Unterschicht. Sie berichten, dass in der schwächeren sozialen Schicht fast die Hälfte der Frauen und Männer keinen Sport treiben, während in der oberen Schicht weniger als ein Drittel der Männer und Frauen sportlich inaktiv ist.

Der gefundene Unterschied zwischen den Sozialschichten lässt sich zu einem Teil durch die Unterschiede in den Erwerbstätigkeiten der verschiedenen Schichten erklären. Der Bundes-Gesundheitssurvey (1998) weist darauf hin, dass möglicherweise Personen mit höherem Sozialindex, die vermehrt in sitzenden Berufen arbeiten, ihren inaktiven Berufsalltag in der Freizeit zu kompensieren versuchen. Personen aus niedrigeren sozialen Schichten arbeiten hingegen eher in Berufen mit hohen Anteilen manueller und körperlicher Arbeit. Studien zeigen auf, dass vor allem Männer mit einem geringen Sozialindex immer noch häufig körperlich schwere Arbeit leisten müssen (Mensink, 2002). An dieser Stelle wird die Problematik deutlich, dass es umso schwerer ist, Personen, die bereits in ihrer Erwerbsarbeit schwer körperlich aktiv sind, zu mehr Bewegung in ihrer Freizeit zu motivieren.

Eine wichtige Argumentation, um Menschen, die bereits bei der Erwerbsarbeit körperlich aktiv sind, trotzdem zu mehr Bewegung in der Freizeit zu motivieren, stellt der Fakt dar, dass die vermehrte körperliche Aktivität dieser Zielgruppe bei ihrer Erwerbsarbeit sich nicht positiv auf die Gesundheit auswirkt (vgl. Bundes-Gesundheitssurvey, 1998). Dies liegt darin begründet, dass die körperlichen Aktivitäten bei der Arbeit mit gesundheitlichen Gefahren durch einseitige Belastungen einhergehen (z.B. Verschleißerkrankungen).

Die Zielgruppe, die in diesem Training angesprochen wird, benötigt also neben einer vermehrten körperlichen Aktivität in ihrer Freizeit auch gezielte Hilfen, um den einseitigen Belastungen, denen die meisten von ihnen bei ihrer Erwerbsarbeit ausgeliefert sind, entgegenzuwirken.

Im ReSuM-Projekt haben wir die dargestellten Sachverhalte bestätigen können. Im Rahmen der Erprobungsphase des ReSuM-Projekts, die in sechs Betrieben durchgeführt wurde, geben die gering qualifizierten Teilnehmer an, dass sie sich relativ wenig in Ihrer Freizeit bewegen. Ebenfalls zeigte sich, dass die Beschäftigten sehr häufig der Aussage zustimmten, dass ihre Arbeit körperlich anstrengend sei.

Weiter wiesen die Teilnehmer einen schlechten Gesundheitszustand auf. So lag der BMI im Durchschnitt an der Grenze zum Übergewicht mit einem Wert von knapp 26. Es zeigten sich aber auch Einzelfälle mit schwerer Adipositas bei einem BMI von über 43.

Zum anderen zeigte sich der schlechte Gesundheitszustand der Teilnehmer in physiologischen Messungen, die zur Evaluation des Trainings durchgeführt wurden. Hierbei wurden Herzfrequenz, Blutdruck (systolisch und diastolisch) und empfundene Anstrengung während eines Ergometertests gemessen. Die Teilnehmer fuhren hierzu auf dem Ergometer drei Minuten bei 50 Watt und weitere drei Minuten bei 100 Watt. Die Probanden gaben in der Regel sehr hohe subjektive Anstrengungswerte an, und nicht wenige brachen den Ergometertest von sechs Minuten vorzeitig ab.

1.5.5 Körperliche Aktivität und Entspannungsverfahren

Entspannung kann in Kombination mit körperlicher Aktivität sowie gesunder Ernährung große positive gesundheitliche Effekte erzielen (vgl. Muster & Zielinski, 2006). Im Bereich der Stress- und Ressourcenmanagementinterventionen besitzen Entspannungsverfahren, wie z.B. die Progressive Muskelentspannung nach Jacobson, Autogenes Training oder auch Meditationsübungen, eine nachgewiesene Effektivität (vgl. Busch & Bamberg, 1997) und werden sehr häufig eingesetzt.

Wir weisen darauf hin, dass in dieses Training bewusst kein Entspannungsverfahren eingebaut wurde. Das Erlernen solcher Verfahren erschien für die Zielgruppe, an die sich das vorliegende Training richtet, zu schwierig und der Transfer in den Alltag fast unmöglich. Bewegung bzw. körperliche Aktivität stellt mit der angenommenen Wirkung der Erregungs- und Anspannungsreduktion eine gute Alternative zu herkömmlichen Entspannungsverfahren dar. Sie ist im Gegensatz zu Entspannungsverfahren leichter und schneller zu erlernen bzw. umzusetzen. Hinzu kommt, dass, wie weiter oben dargestellt wurde, Bewegung für die Zielgruppe von besonderer Bedeutung ist, denn sie zeichnet sich durch einen schlechten Fitness- und Gesundheitszustand sowie vermehrte einseitige körperliche Belastungen bei der Arbeit aus.

Bewegung wird im Rahmen von Stressmanagementinterventionen immer noch viel seltener eingesetzt als Entspannungsverfahren. Es liegen allerdings Evaluationsstudien zu Stressmanagement mit Bewegung bzw. Bewegungsbestandteilen vor (vgl. z.B. Fava et al., 1991; Grönningsaeter et al., 1992; Kaluza, 1999).

1.5.6 Implikationen für das Training

Bewegung ist eine wichtige personale Ressource und Bewältigungsstrategie bei Stress, besonders bei der Zielgruppe der Geringqualifizierten. Bewegung ist daher zentrales Thema im Training. Ziel des Trainings ist es zunächst, die Teilnehmer darüber zu informieren, wie wichtig Bewegung für ihre Gesundheit ist und dass Bewegung eine wirksame Bewältigungsstrategie bei Stress sein kann. Dies geschieht durch einen Kurzvortrag in Teammodul 1 „Kopf und Körper gut in Form". Ein weiteres Ziel ist es, die Freude an Bewegung im Training anzuregen. Dafür werden in jedem Modul Bewegungspausen und -spiele angeboten. Bewegungsspiele befinden sich auf der beiliegenden CD. Die Teilnehmer sollen weiterhin motiviert werden, sich in ihrer Freizeit stärker körperlich zu betätigen und bei der Arbeit Ausgleichbewegungen durchzuführen, um den einseitigen, körperlichen Belastungen entgegen zu wirken. Die Teilnehmer erstellen daher in Teammodul 1 einen Bewegungsplan für die Freizeit. Sie suchen sich selbst aus, welche Bewegungsaktivitäten sie in ihrer Freizeit planen. Sie sollen sich hierbei Aktivitäten aussuchen, die ihnen Spaß machen oder von denen sie glauben, dass sie ihnen Spaß machen könnten. Weiter soll in diesem Zusammenhang vermittelt werden, dass, wie oben beschrieben, Bewegung und körperliche Aktivität nicht gleich Leistungssport sind. Auch mit vermeintlich kleinen körperlichen Aktivitäten, wie Treppen steigen oder eine Station früher aus dem Bus aussteigen, können positive Effekte erzielt werden. Gerade in Bezug auf die Zielgruppe ist dieser Sachverhalt wichtig, denn es ist zu erwarten, dass viele von einem sehr geringen Ausgangsniveau starten und mit Sportaktivitäten zunächst überfordert wären.

Das Training beginnt somit für die Beschäftigten mit Teammodul 1, in dem es um eine Einführung in Stress und Stressbewältigung für die Beschäftigten geht. Stresssituationen, verschiedene Formen der Stressbewältigung und Stressreaktionen sowie die Bedeutung der Ressourcen werden erarbeitet. Bewegung wird als personale Ressource und wertvolle Bewältigungsstrategie herausgestellt und Bewegung in der Freizeit anhand eines je individuellen Handlungsplans gestärkt. In Teammodul 2 werden die Aufgaben des Teams und die Zusammenarbeit im Team reflektiert. Soziale Ressourcen im Team werden aufgearbeitet und Möglichkeiten der Stärkung dieser wichtigen Ressourcen behandelt. Ausgleichsbewegungen für den Arbeitsplatz werden vom Trainer auf der Grundlage des Screenings, der Angaben der Teilnehmer im Training aus dem Bewegungskatalog (siehe CD) ausgewählt und den Teilnehmern vorgeschlagen. Der Trainer übt die ausgewählten Ausgleichsbewegungen im Training mit den Beschäftigten ein. Die Übungen sollen bei gegenseitiger sozialer Unterstützung im Team regelmäßig durchgeführt werden. In den weiteren zwei Modulen werden die Übungen aufgegriffen und vertieft geübt.

1.6 Ziele planen und verwirklichen (Antje Ducki und Tanja Kalytta)

Ziele spielen im Stressgeschehen eine herausragende Rolle: Die aktive Auseinandersetzung und Beschäftigung mit persönlichen Zielen und die Arbeit am Zielfindungs- und -umsetzungsprozess ermöglicht eine effiziente Ausrichtung des Handelns. Ziele sind aber auch gleichzeitig eine zwingende Voraussetzung dafür, dass ein Stressprozess überhaupt in Gang gesetzt wird, da Stress immer dann entsteht, wenn persönlich bedeutsame Ziele nicht erreicht werden. Die Erreichung von Zielen beeinflusst darüber hinaus das Selbstwirksamkeitserleben und ist damit eine wesentliche Voraussetzung für psychische Gesundheit, Lebensqualität und Wohlbefinden.

1.6.1 Ziele als Grundlage effizienten Handelns und psychischer Gesundheit

Ziele sind die Grundlage menschlichen Handelns, bilden den Ausgangspunkt jeder Handlung und sind gleichzeitig die Grundlage für die Überprüfung von Handlungsergebnissen. Sie bestimmen die Richtung, die Intensität, die Struktur und den Sinn von Handlungen und sind damit der Motor dessen, was wir tun und wie wir es tun (Ducki & Kalytta, 2006; Locke & Lathham, 1990; Kleinbeck & Schmidt, 1996). Aus diesem Grunde wird im Folgenden ihre Bedeutung für effizientes Handeln genauer erläutert.

Mit der Bedeutung von Zielen für das Handeln befasst sich die Handlungsregulationstheorie (Oesterreich, 1981; Volpert, 1987). Gemäß dieser Theorie ist Handeln durch die Regulation komplexer Handlungsgefüge gekennzeichnet und kann als ein hierarchischsequentieller Prozess beschrieben werden. Das wichtigste Strukturmerkmal und gleichzeitig die kleinste Einheit einer jeden Handlung ist eine zyklische Einheit von Zielbildung, Planungs-, Ausführungs- und Kontrollprozessen. Das Ziel, ein Bild an die Wand zu hängen, führt zu Handlungsplanungen: Wohin genau, welche Arbeitsmittel werden gebraucht? Daraufhin kommt es zur Handlungsausführung: Hammer und Nagel holen, Nagel einschlagen. Am Ende wird kontrolliert, ob das Ziel erreicht wurde: Prüfung, ob das Bild gerade hängt.

Einfache Handlungen sind meistens Bestandteile größerer Handlungsgefüge. Das Ziel „Bild an der Wand" ist eingebunden in einen übergeordneten Handlungszusammenhang, z.B. in die Einrichtung einer Wohnung nach einem Umzug. Der Umzug ist wiederum Bestandteil eines viel umfassenderen Projekts (Leben und Arbeiten im Ausland) und realisiert vielleicht ein sehr grundlegendes Ziel, in diesem Fall das Ziel, fremde Kulturen kennenzulernen und damit die eigenen kulturellen Erfahrungen zu erweitern.

Das bedeutet, verschiedene zyklische Einheiten werden zu komplexen Handlungsgefügen zusammengesetzt. Jede Handlungseinheit ist Bestandteil einer „Obereinheit" und besteht ihrerseits aus „Untereinheiten". Auf diese Weise entsteht eine komplexe Handlungsstruktur, die durch eine hierarchische Verschachtelung verschiedener zyklischer Einheiten, die zusammen eine Pyramidenstruktur ergeben, beschrieben werden kann. So entstehen verschiedene Ebenen der Handlungsregulation. Je höher die Ebene ist, desto komplexer sind die Ziele zugehöriger Handlungseinheiten. Es gibt damit übergeordnete Ziele, diese unterteilen sich in mehrere Teilziele. Jedes Teilziel wiederum hat noch einmal Unterziele, die so weit ausdifferenziert werden, bis tatsächlich einzelne Operationen sequentiell ausgeführt werden (siehe Abbildung 6). Übergeordnete Ziele sind somit langfristiger ausgelegt, sie dienen der Orientierung und geben kurzfristigen Zielen ihre Richtung.

Eine effiziente Handlungsorganisation zeichnet sich nach Volpert (1974) vor allem durch stabil-flexible Handlungsmuster aus. Stabil-flexibel handeln heißt, an Zielen festzuhalten und sich dennoch an veränderte Situationen anzupassen. Die Stabilität wird durch die Zielhierarchien gewährleistet, Flexibilität wird durch eine variable Plangenerierung ermöglicht, die nicht von oben bis unten, sondern schrittweise oder einheitsweise erfolgen kann. Je nach Anforderungsstruktur aus der Umwelt werden die verschiedenen Ebenen der Handlungsregulation mehr oder weniger genutzt, spezifische Kompetenzen aufgebaut und damit die Handlungsfähigkeit der Person weiterentwickelt. Andererseits kann die Handlungsfähigkeit verkümmern, wenn bestimmte Ebenen nicht mehr gefordert werden (Ducki & Greiner, 1992). Dies ist unter stark tayloristischen Arbeitsstrukturen der Fall, bei denen Planung, Ausführung und Kontrolle von Tätigkeiten getrennt werden und Arbeitstätigkeiten reduziert werden auf vorgegebene kleine, sich wiederholende Schritte (Leitner et al., 1993). Eine Einschränkung der Handlungsfähigkeit und damit der psychischen Gesundheit liegt dann vor, wenn eine Person nicht mehr in der Lage ist, alle Ebenen der Handlungsregulation zu nutzen.

Dieses Modell erklärt die Wichtigkeit langfristiger Ziele. Sie haben psychologisch eine übergeordnete Bedeutung, da sie als übergeordnete Ziele mit grundlegenden persönlichen Motiven verbunden sind und damit dem eigenen Handeln Sinn geben (Paulus, 1994; Kanfer et al., 2005). Motive beziehen sich auf die Befriedigung grundlegender Bedürfnisse z.B. nach Sicherheit, Anerkennung oder persönlicher Weiterentwicklung (Maslow, 1954). Damit Motive in Handeln übersetzt werden können, werden sie in langfristige Ziele umformuliert. Dabei kann sich ein und dasselbe Motiv in ganz unterschiedlichen Zielen und Handlungen ausdrücken (Deci & Ryan, 2000). Auch die spezifische Zielhierarchie, also das Über-/Unterordnungsverhältnis der Ziele zueinander oder auch das gleichberechtigte Nebeneinander von Zielen, ist von Mensch zu Mensch unterschiedlich

(vgl. Kruglanski, 1996) und kann als ein wesentliches Merkmal der Persönlichkeit betrachtet werden. Welche Motive besonders bedeutsam sind, welche Ziele daraus abgeleitet werden und welche Fähigkeiten in der Folge daraus entwickelt werden, ist von vielen
Faktoren wie z.B. von der familiären Prägung, der sozialen Herkunft, Geschlecht, Alter,
dem Beruf und externen Faktoren abhängig.

**Abbildung 6: Das Modell der hierarchisch-sequentiellen Handlungsorganisation (modifiziert
nach Volpert, 1987)**

So kann das Motiv beruflicher Anerkennung bei einer Person stark, bei einer anderen
Person gering ausgeprägt sein und sich in unterschiedlichen langfristigen Zielen ausdrücken:
Die eine Person realisiert berufliche Anerkennung darin, ein anerkannter Fachexperte in
seinem Gebiet zu werden, für eine andere Person ist eine hohe berufliche Position mit einem hohen Einkommen Ausdruck dieses Motivs. Damit sind Motivstrukturen, Ziel- und
daraus abgeleitete Handlungshierarchien die Grundlage dafür, was jemand will und was
jemand kann, und damit der Kern seiner Persönlichkeit (Leontjev, 1982). Dies erklärt,
warum langfristige Ziele eine wichtige Ressource für die psychische Gesundheit darstellen. Sie garantieren die persönliche Weiterentwicklung, sie strukturieren und ordnen das
Leben, geben dem Handeln Sinn und bieten so eine Grundlage, effiziente Handlungs-
strukturen auszubilden.

1.6.2 Ziele als Einflussfaktor auf positive Emotionen und Selbstwirksamkeitserleben

Verbunden mit der handlungsregulierenden und verhaltensbestimmenden Funktion von Zielen ist ihre Bedeutung für das Erleben und die Gefühle bzw. Emotionen. Emotionen zeigen einen leib-seelischen Zustand an, der sich aus einer subjektiven Erlebniskomponente, einer neurophysiologischen Erregungskomponente, einer kognitiven Bewertungskomponente und einer interpersonalen Ausdrucks- und Mitteilungskomponente zusammensetzt (Ulich, 1994). Damit sind Gefühle aufs Engste mit körperlichen Zuständen, mit kognitiven Prozessen und mit Handlungen verbunden. Emotionen können Handlungen vorgelagert sein, Handlungen begleiten oder Handlungen nachträglich bewerten. Egal, wo sie im Handlungsverlauf auftreten, ihre wichtigste Funktion besteht darin, dass sie Ereignisse, Handlungen, Attributionen oder Beziehungen auf der Grundlage persönlicher Wünsche und Ziele, Normen und Standards oder Werte und Vorlieben bewerten (Mees, 1991). Lazarus (1993) beschreibt eine Emotion als Antwort auf den in einer Situation wahrgenommenen Nutzen oder Schaden für die betreffende Person. So ist die entscheidende Voraussetzung für Glück (happiness), dass eine Person ihre augenblickliche Beziehung zur Umwelt als ihren Zielen zuträglich bewertet (ebd.). Der Grund für positive Emotionen ist hier also eine (graduelle) Zielerreichung. Gefühle wie Freude und Stolz, aber auch Angst oder Ärger sind somit gleichzeitig Auslöser und Resultat von Handlungen. Positive Gefühle entstehen, wenn Handeln und Ziele übereinstimmen und Ziele erreicht werden. Positive Gefühle können sich auf den Prozess von Handlungen beziehen (z.B. Flow- Erleben) oder auf das Handlungsresultat (z.B. Stolz).

Die Erfahrung, dass die Dinge durch eigenes Handeln entsprechend eigenen Zielen beeinflusst werden können, stärkt das Selbstbewusstsein und die Selbstwirksamkeit, es ermöglicht die Herausbildung optimistischer Grundhaltungen wie der, das Leben auch in schwierigen Situationen meistern zu können (Bandura, 1977; Schwarzer, 2002). Antonovsky hat im Konzept des Kohärenzgefühls, das sich aus den drei Komponenten Verstehbarkeit (comprehensibility), Handhabbarkeit (managebility) und Sinnhaftigkeit (meaningfullness) zusammensetzt, die salutogene Wirkung solcher positiver Grundhaltungen beschrieben (Antonovsky, 1979). Er bezeichnet sie als generalisierte Widerstandsquellen gegen Stress und Krankheit. Zahlreiche empirische Studien belegen ihre protektive Wirkungen (Wydler, Kolip, Abel, 2006). Besonders das Erreichen langfristiger Ziele fördert das Kohärenzerleben, ermöglicht Selbstwirksamkeitserleben und Leistungsfreude und ist mit Optimismus, Wohlbefinden sowie geringeren Ausprägungen psychischer Störungen assoziiert (Bengel et al., 1998; Meller & Ducki, 2002; Kristenson, 2006; Udris & Rimann, 2006) und können als eine Ressource das Stressgeschehen positiv beeinflussen.

Anders herum führt das wiederholte Erleben der eigenen Einflusslosigkeit in depressive Zustände der gelernten Hilflosigkeit (Seligman, 1974). Personen in schwierigen Soziallagen, die z.B. aufgrund fehlender beruflicher Ausbildungen wiederholt die Erfahrung von Arbeitslosigkeit gemacht haben, die unter Armutsbedingungen oder in Hartz-IV-Abhängigkeit leben, haben wenig Möglichkeiten, positive Handlungserfahrungen zu machen, die das Selbstbewusstsein stärken. Aber auch unter sehr restriktiven Bedingungen ist es möglich, positive Kontroll- und Selbstwirksamkeitserfahrungen zu machen. Diese den Personen bewusst zu machen, sie für ihre Stärken und Potentiale zu sensibilisieren, ist jedoch eine besondere Herausforderung.

1.6.3 Bedingungen für die salutogene Wirkung von Zielen

Damit Ziele positive Wirkungen entfalten können, müssen jedoch bestimmte Voraussetzungen erfüllt sein: Ziele müssen für die Person attraktiv, realistisch und erreichbar sein. Außerdem müssen sie herausfordernd und individuell angepasst sein, d.h., dass das Anspruchsniveau auf der Basis bisheriger Handlungserfahrungen leicht erhöht sein sollte (Schmidt & Kleinbeck, 2006; Felfe, 2009). Sie sollten eine positive Wirkung erwarten lassen und mit anderen Lebenszielen möglichst kompatibel sein (Kanfer et al., 2005). Besonders für die Steigerung des Selbstwirksamkeitserlebens ist ein angemessenes Feedback über die Zielerreichung von großer Wichtigkeit (Neubert, 1998). Damit Ziele ihre orientierende und stabilisierende Funktion auch dann behalten, wenn Behinderungen die Zielerreichung erschweren, ist eine hohe Zielbindung erforderlich. Eine hohe Zielbindung ergibt sich, wenn Ziele selbst gewählt sind oder in betrieblichen Kontexten die handelnde Person beim Ausformulieren des Ziels beteiligt wird (Felfe, 2009). Letztendlich müssen die jeweiligen Lebens- und Arbeitsbedingungen den geeigneten Rahmen dafür bereitstellen, eigenständige Ziele zu setzen und zu verfolgen (Ducki & Greiner, 1992).

In der Literatur werden Annäherungs- und Vermeidungsziele unterschieden (McClelland, 1987; Heckhausen, 1989). Annäherungsziele sind grundsätzlich positiv formuliert und auf die Erreichung eines positiven Zustands ausgerichtet. Sie werden durch Zielerreichung verstärkt. Ein konkretes messbares Annäherungsziel kann lauten: „Ich habe regelmäßig Kontakt mit meinen Kindern und nehme mir jeden Tag Zeit für ein Gespräch."

Hinter Vermeidungszielen steht der Versuch, Schaden abzuwenden oder nichts falsch zu machen (Semmer & Udris, 2004). Sie dienen oft der Abgrenzung und sind negativ formuliert: „Ich will mich nicht mehr mit meinen Kindern streiten" (Kaluza, 2007). Vermeidungsziele werden bei Misserfolg noch erhöht. Vermeidungsziele behindern die Umsetzung von Annäherungszielen und somit die positive Befriedigung von Bedürfnissen. Sie halten Stress aufrecht und sind mit psychosozialen Beeinträchtigungen verbunden (Berkling et al., 2003). Ziele sollten daher positiv und spezifisch formuliert werden, damit sie salutogene Wirkungen erzielen können.

Bei der Entwicklung und Herausbildung von Zielen sollte zusammenfassend darauf geachtet werden, dass Ziele für die jeweilige Person bedeutsam sind, dass sie positiv, realistisch, spezifisch, messbar formuliert und terminiert sind, dass sie kompatibel mit anderen Zielen sind und dass die jeweilige Person auch tatsächlich die Möglichkeiten und Freiräume hat, die Ziele umzusetzen.

1.6.4 Ziele als Stressauslöser

Anspannung und Stresserleben entstehen, wenn die Lebensrealität und der Alltag von den eigenen Zielen abweichen und Ziele nicht erreicht werden. Dies kann unterschiedliche Ursachen haben: Die Ziele können für die Person mit ihren persönlichen Leistungsvoraussetzungen zu hoch gesteckt oder unrealistisch sein (qualitative Überforderung), oder eine Person hat sich in unterschiedlichen Lebensbereichen zu viele Ziele gesetzt (quantitative Überforderung), oder verschiedene Ziele sind nicht miteinander vereinbar (Zielkonflikte), oder es gibt Behinderungen auf dem Weg zur Zielerreichung (Regulationsbehinderungen). Bei länger anhaltender Überforderung, bei dauerhaften Zielkonflikten oder bei ständiger Behinderung der Zielerreichung kann es zu negativen gesundheitlichen Folgen wie Burnout, zu verstärkter Depressivität und eingeschränktem Selbstwirksamkeitserleben kommen.

1.6.4.1 Zu hohe unrealistische Ziele

Besonders langfristige Ziele, die zu hoch sind, führen mit großer Wahrscheinlichkeit zu Stress, da sie aufgrund ihrer übergeordneten Bedeutung mehrere Teilhandlungen beeinflussen und über längere Zeiträume das Handeln bestimmen. So sind beispielsweise Menschen, die sich unrealistisch hohe Vermögensziele (z.B. ein eigenes Haus) setzen, die sie aufgrund ihres regulären Einkommens nicht realisieren können, der Gefahr lang anhaltender Überforderung mit zunehmender Eskalation ausgesetzt:

Solange ein zu hohes Ziel aufrechterhalten wird, werden alle verfügbaren Ressourcen in den Dienst dieser Zielerreichung gestellt und langfristig überbeansprucht. Die „Bewältigungsmechanismen" sind aus der Stressforschung bekannt (vgl. Abschnitt 1.2): Die Person versucht die Anstrengung zu steigern, oder es wird risikoreicher gehandelt, d.h. es wird auf bestimmte Sicherheitsvorkehrungen verzichtet, oder es werden Ressourcen aus anderen Handlungs- oder Lebensbereichen abgezogen und in den Dienst dieser einen Zielerreichung gestellt. Droht trotz verstärkter Anstrengung eine Zielverfehlung, setzen erschwerend innerpsychische Stressmechanismen wie Abschottung und eine eingeschränkte Wahrnehmung der Kontextbedingungen ein (Kaluza, 2007). Die Handlungsregulation wird zunehmend starr und inflexibel, Risiken werden in ihrer Tragweite nicht mehr richtig eingeschätzt, die Fehlerwahrscheinlichkeit steigt, der Stress-Teufelskreis beginnt.

Vor allem, wenn Ziele nicht an die Handlungs- und Einflussmöglichkeiten der Person angepasst sind, ist Misserfolg vorprogrammiert. Häufiger Misserfolg führt zu reduziertem Selbstwirksamkeits- und Kontrollerleben. Eine Konsequenz aus wiederholten Misserfolgen ist, gänzlich auf Ziele zu verzichten. Die dahinter liegende Haltung „Wenn ich mir kein Ziel setze, kann ich auch nicht enttäuscht werden" ist dann das Resultat bereits erfolgter Enttäuschung und kann als eine spezielle Form gelernter Hilflosigkeit angesehen werden. Diese grundsätzliche Vermeidung von Zielplanungen und Zielsetzungen hilft jedoch nicht wirklich, sondern verstärkt lediglich Pessimismus und das Gefühl von genereller Einflusslosigkeit, Handlungskompetenz kann nicht weiterentwickelt werden, neue unbekannte Anforderungen werden schlechter bewältigt, Misserfolg ist wieder die Folge eine negative Abwärtsspirale entsteht.

1.6.4.2 Zu viele Ziele

Ziele sind wichtig, aber gleichzeitig können auch zu viele Ziele, die gleichzeitig realisiert werden müssen, Stress auslösen. Handeln kann nur sequentiell erfolgen, und jede Handlung braucht ein angemessenes Maß an Zeit und Konzentration, um optimal bewältigt zu werden. Die gesamtgesellschaftliche Entwicklung der letzten Jahre ist jedoch durch extreme Beschleunigung gekennzeichnet. Das Prinzip „Mehr in kürzerer Zeit" hat mittlerweile alle Lebensbereiche durchzogen und ist sowohl in der Arbeitswelt als auch im Privatleben zu einem eigenständigen Stressor geworden: Erwerbstätige fühlen sich erheblich dadurch belastet, mehrere Dinge gleichzeitig erledigen zu müssen (Bermann, Brennscheidt, Siefer, 2008). Zum normalen Arbeitsalltag gehört heute die Gleichzeitigkeit verschiedener Ereignisse: Arbeiten am PC, telefonieren und zwischendurch E-mails prüfen ist heute für fast alle Formen der Büroarbeit kennzeichnend (Mark, Gonzalez, Harries, 2005).

Gefördert durch die Mobilfunktechnologie ist Multitasking aber auch fester Bestandteil unseres Privatlebens geworden: Einkäufe, Mahlzeiten oder Erholungsaktivitäten wie Spaziergänge und Urlaube werden durch Telefonate unterbrochen. Man ist immer bereit, unterbrochen zu werden, und erwartet auch von anderen, sich jederzeit unterbrechen zu lassen. Damit wird auch das Privatleben, das die Quelle für Ruhe und Erholung sein sollte, fragmentiert und intensiviert (Meckel, 2009).

Die Intensivierung aller Lebensaktivitäten ist jedoch zwingend mit reduzierten Phasen der Muße, der Entspannung und der Erholung verknüpft und in der Folge mit einem erhöhten Burnout-Risiko verbunden (Kupersmith, 1992; Kastner, 2004).

1.6.4.3 Zielkonflikte

Zielkonflikte entstehen, wenn mehrere Ziele nicht gleichzeitig erreicht werden können oder wenn sich Ziele von Inhalt und Struktur widersprechen. Sie unterscheiden sich stark nach der Position im Lebensverlauf (Von Rohr, 2009). In der Phase der Familiengründung, die sich für viele Menschen mit der beruflichen Einstiegsphase überschneidet, sind Zielkonflikte besonders geprägt durch die Notwendigkeit der Kinderbetreuung und der gleichzeitigen beruflichen Karriereentwicklung. In dieser Lebensphase dominiert ein meist konflikthaftes Nebeneinander wichtiger Lebensziele, die parallel realisiert werden müssen. Im mittleren Lebensalter steht beruflich oft die Konsolidierung erreichter Ziele oder erneutes Wachstum im Vordergrund. Beruflich stellen sich in dieser Phase häufiger Fragen nach dem Sinn und der Angemessenheit und der Qualität der eigenen Tätigkeit (Schreyögg, 2005). Im höheren Alter geht es z.B. darum, die bisherigen berufsbestimmten Gewichtungen beim Übergang in den Ruhestand neu auszubalancieren (Bohn, 2004). Zielkonflikte können sich auf unterschiedlichen Ebenen und in unterschiedlicher Qualität ergeben und äußern sich meistens auf der konkreten Ebene des Handelns. Es können übergeordnete oder auch untergeordnete Ziele im Konflikt zueinander stehen. Allerdings sind in der Regel untergeordnete Teilzielkonflikte die Folge oder Konsequenz nicht gelöster übergeordneter Zielkonflikte: Wenn das Kind vom Kindergarten abgeholt werden muss und der Vorgesetzte gleichzeitig noch dringend einen Bericht haben will, handelt es sich zwar um einen Zielkonflikt auf unteren Ebenen der Handlungsregulation, sie erlangen jedoch ihre psychische Relevanz dadurch, dass die handelnde Person beiden Parteien gerecht werden will, weil sonst darüber liegende Ziele bedroht werden: Der Vorgesetzte muss bedient werden, weil er die Weiterbeschäftigung veranlassen oder verhindern kann, das Kind muss abgeholt werden, weil sonst Vertrauen in die Verlässlichkeit anderer Personen zerstört wird. In beiden Fällen handelt es sich um grundlegende Ziele, die zu erreichen für die Person besonders wichtig ist. Je höher die Ziele, die im Konflikt zueinander stehen, in der persönlichen Zielhierarchie angesiedelt sind, desto brisanter und konsequenzenreicher sind sie für das Erleben und Wohlbefinden der handelnden Person. Je länger Zielkonflikte andauern und nicht aufgelöst werden, desto mehr steigt das gesundheitliche Risiko.

Zielkonflikte können unterschiedliche Handlungsbereiche betreffen (Arbeit und Privatleben), sie können aber auch innerhalb eines Handlungs- oder Lebensbereichs entstehen, weil sich die Inhalte und Struktur der zur Zielerreichung notwendigen Handlungen widersprechen (Frenzel & Resch, 2005). So ist z.B. die Förderung der kindlichen Entwicklung im freien Spiel eine wichtige Aufgabe, die keine klar abgrenzbare Zeitstruktur besitzt und damit schwer planbar ist. Eine andere Aufgabe, z.B. das Essen zuzubereiten, ist jedoch an klare Zeitvorgaben gebunden. Treffen nun beide Situationen aufeinander, entsteht ein Zielkonflikt, der entweder durch eine Entscheidung für die eine oder die andere Handlung oder durch Multitasking aufgelöst wird: Das Kind wird in die Essenszubereitung einbezogen und die Situation wird genutzt, um ihm spielerisch beizubringen, wie Gemüse gesäubert wird. Treten solche Zielkonflikte vereinzelt auf, ist das unproblematisch. Treten sie jedoch gehäuft und über längere Zeit auf, z.B. wenn mehrere Kinder mit unterschiedlichen Bedürfnissen erzogen werden oder noch weitere pflegebedürftige Personen versorgt werden müssen, kann dies zu Überforderungen und Burnout führen (BMSFJ, 2001). Zielkonflikte werden in ihren Folgen für die Gesundheit vor allem im Kontext der Work-Life-Balance-Forschung thematisiert und untersucht.

1.6.4.4 Zielkonflikte und Work-Life-Balance

Work-Life-Balance (WLB) hat für die Gesundheit eines Menschen und für ein erfülltes Leben eine besondere Bedeutung. Im Allgemeinen wird darunter ein ausgewogenes Verhältnis von Arbeit und anderen Lebensbereichen verstanden (Resch & Bamberg, 2005). WLB spricht aber nicht nur das Verhältnis von Arbeit und Privatleben oder Arbeit und Familie an, sondern umfasst die ausgewogene Verbindung grundlegender Lebensthemen wie Tätigsein, Körperlichkeit, soziale Beziehungen, Sicherheit sowie Werte und Moral (Schreyögg, 2005).

Die Vielschichtigkeit der Themen, die WLB zugeordnet werden, macht es schwierig, den Begriff wissenschaftlich genau einzuordnen (Resch & Bamberg, 2005) und „objektiv" zu bestimmen, was eine gelungene WLB auszeichnet. Da die Gewichtung der verschiedenen Lebensbereiche abhängig ist von persönlichen Bedürfnissen, Motiven und Zielen (vgl. dazu auch Hoff, 2006), vom Lebensalter, vom Geschlecht sowie von gesellschaftlichen und sozioökonomischen Rahmenbedingungen, kann schwer festgelegt werden, was in welchem Umfang angemessen ist: So kann für eine junge, alleinstehende Person die Dominanz von Arbeit im Vergleich zu anderen Lebensthemen durchaus gewollt sein und (für eine gewisse Zeit) als angenehm erlebt werden. Für eine andere z.B. ältere Person oder eine Person, die Familie hat, kann eine solche Dominanz inakzeptabel sein. Im Kontext von Stress- und Ressourcenmanagement scheint es daher sinnvoll, die jeweilige Gewichtung der einzelnen Themen und Lebensbereiche auf dem Hintergrund der individuellen Wünsche, Ziele und Motive zu überprüfen und ggf. anzupassen. Hierbei spielen wiederum Ziele eine zentrale Rolle.

WLB-Konflikte sind in den meisten Fällen auf Zielkonflikte zwischen den grundlegenden Handlungsbereichen Arbeit und Familie zurückzuführen und können danach unterschieden werden, ob die Arbeit das Familien- und Privatleben negativ beeinflusst (Work-to-Family Conflict) oder ob das Familien- und Privatleben negativen Einfluss auf die Arbeit nimmt (Family-to-Work Conflict). Beide Einflussrichtungen sind möglich, wenngleich bislang häufiger die Auswirkungen von Arbeit auf das Familienleben untersucht wurden (Allen et al., 2000; Beblo et al., 2005; Jacobshagen et al., 2005). So hat die WLB- und Burnout-Forschung gezeigt, dass es trotz interindividueller Unterschiede in den Gewichtungswünschen auch ein objektives Zuviel an Arbeit gibt, das mit großer Wahrscheinlichkeit in Burnout oder andere Erkrankungen führen kann. Dies ist dann der Fall, wenn Erholungspausen und – phasen nicht mehr eingehalten werden, was z.B. bei Mehrfachjobs der Fall ist, und damit die notwendige Regeneration von Energie und anderen Ressourcen nicht mehr möglich ist (siehe auch Folgen von zu hohen, zu vielen Zielen oder Zielkonflikten). Eine solche Dysbalance zwischen Arbeit und Privatleben kann Burnout-Prozesse und andere psychische Erkrankungen beschleunigen sowie eine Chronifizierung unterstützen (Maslach, Schaufeli & Leiter, 2001; Kaluza, 2007).

Je mehr Freiräume und Wahlmöglichkeiten Menschen haben, desto besser wird es ihnen gelingen, Ziele aufeinander abzustimmen und ungesunde Dysbalancen zu vermeiden. Letztendlich ist entscheidend, ob und wie viel Einflussmöglichkeiten die Person selbst auf die Ausgestaltung ihrer Lebensbedingungen hat (Resch, 2003). Bei stark restriktiven Lebens- und Arbeitsbedingungen haben Personen oft nicht die Wahl, das eine zu tun und das andere zu lassen. Je weiter unten in den betrieblichen Hierarchien, desto größer sind die Vorgaben und die Zwänge, unter denen gearbeitet werden muss, desto geringer sind die Spielräume, die Arbeit mit anderen Interessen zu verbinden, desto größer sind die

Vereinbarkeitskonflikte zwischen Arbeit und Familie. Umso mehr erstaunt es, dass die Mehrzahl der Studien zu WLB an Arbeitsplätzen mittlerer und höherer Hierarchieebenen sowie bei Hochqualifizierten und Führungskräften durchgeführt wurden (ebd.). Und auch die Interventionen, die entwickelt wurden, um Beruf und Familie besser zu vereinbaren, sind ausgerichtet auf meist gut verdienende, qualifizierte Beschäftigte. Bestimmte Teilzeitangebote oder Sabbaticals sind beispielsweise für Geringverdiener nicht nur unpassend, sondern können als zynisch angesehen werden, wenn schon ein voller Monatslohn nur knapp das Existenzminimum deckt.

1.6.4.5 Fazit

Ziele, insbesondere langfristige Ziele sind für effizientes Handeln und eine erfolgreiche Stressbewältigung von großer Bedeutung: Wenn sie realistisch, erreichbar, konkret und handlungsnah formuliert sind, können sie motivieren, Leistungs- und Anstrengungsbereitschaft fördern, dem Leben Struktur und Sinn geben. Ungünstig formulierte Ziele, zu hohe oder zu viele Ziele hingegen können Stress auslösen und steigern. Zielkonflikte können ebenfalls zu Einschränkungen der Gesundheit, insbesondere zu Burnout-Beschwerden, führen. Ein Training, das darauf abzielt, nachhaltig die Stressresistenz und Leistungsfähigkeit von Geringqualifizierten zu erhöhen, sollte daher nicht auf eine Auseinandersetzung mit persönlichen langfristigen Zielen und Zielkonflikten verzichten.

1.6.5 Ziele setzen und verwirklichen bei Geringqualifizierten

Das Thema Ziele setzen und verwirklichen ist für Geringqualifizierte ein schwieriges Thema: Die objektiven Möglichkeiten, Ziele zu setzen und auch zu erreichen, sind angesichts ihrer restringierten Arbeits- und Lebenssituation begrenzt. Häufig kommen sie selbst aus Familien, die durch schwierige Lebensbedingungen gekennzeichnet sind und in denen eine konsequente Zielverfolgung nicht oder nur eingeschränkt vorgelebt wurde. Sie haben zudem aufgrund fehlender Qualifikationen häufiger Misserfolgserlebnisse auf dem Arbeitsmarkt hinter sich, die Wahrscheinlichkeit, Symptome einer gelernten Hilflosigkeit zu entwickeln, ist entsprechend größer und kann je nach konkreter Lebenssituation tief verwurzelt sein.

Die bewusste Auseinandersetzung mit Zielen wird somit weder durch entsprechende Arbeitsanforderungen abverlangt noch erwartet. Das Wissen darum, wie Ziele formuliert sein müssen, damit sie erreicht werden können und ihre positiven Wirkungen auf das Selbstbewusstsein und Wohlbefinden entfalten können, ist in der Regel nicht vorhanden, da es weder in der Schule noch in betrieblichen Kontexten vermittelt wird. Dies führt dazu, dass Geringqualifizierte häufiger der Gefahr ausgesetzt sind, unrealistische Ziele zu entwickeln, die zum Scheitern verurteilt sind, und in der Folge dann gänzlich auf Ziele zu verzichten. Das Leben „geschieht" und wird nicht als durch eigenes Handeln gestaltbar wahrgenommen. Durch häufigere Misserfolgserlebnisse ist zudem die Gefahr größer, Vermeidungsziele statt positiver Annäherungsziele zu formulieren und pessimistische

Grundhaltungen zu entwickeln. Bedingt durch die Lebenslage, die durch allgemeine Ressourcenknappheit und starke Restriktivität gekennzeichnet ist, sind zudem Zielkonflikte und die Vereinbarkeit von beruflichen und familiären Anforderungen erhöht (siehe Abschnitt 1.1).

Dennoch haben auch Personen mit geringen Einflussmöglichkeiten die Möglichkeit, Ziele zu setzen und zu erreichen, sich selbst zu weiterzuentwickeln und damit ihre Ressourcen zu stärken. Jedoch müssen hierfür zunächst das Interesse und die Bereitschaft geweckt werden und Erlebnisse reaktiviert werden, in denen Ziele „erfolgreich" realisiert wurden.

1.6.6 Implikationen für das Training

Das Thema Ziele planen und verwirklichen, ist Gegenstand des vierten Teammoduls. Der Schwerpunkt dieses Moduls liegt auf der Bewusstmachung und Entwicklung von Perspektiven und Lebenszielen für eine positive und bessere Verknüpfung der Bereiche Arbeit und Privatleben. Das Thema ist bewusst als letztes Modul aufgenommen worden, da die vorangegangenen Module die Teilnehmer schon durch unterschiedliche Methoden dafür sensibilisiert haben, dass sie selbst Arbeitsbedingungen und die soziale Situation im Team aktiv gestalten können. Außerdem erfordert die Thematisierung außerberuflicher Themen ein gewisses Vertrauen, das sich der Trainer durch die vorherigen drei Teammodule erarbeitet haben sollte.

Die Teilnehmer sollen im vierten Teammodul persönliche Bedürfnisse und Wünsche in ihrem Leben reflektieren, ein aktuelles und wichtiges persönliches Ziel formulieren und für dieses Ziel einen konkreten Umsetzungsplan entwickeln. Hierzu wird zu Beginn mit den Teilnehmern erarbeitet, was die wichtigen Dinge in ihrem Leben sind und was sie selber tun, um das, was ihnen wichtig ist, zu erhalten bzw. weiterzuentwickeln. Dabei wird – wie auch in den vorangegangenen Modulen – ressourcenorientiert gearbeitet. Die Teilnehmer werden aufgefordert, sich zu vergegenwärtigen, welche Anforderungen des Lebens sie positiv bewältigen: Kinder erhalten eine Ausbildung, manche haben einen Garten, der ihnen wichtig ist und den sie pflegen, andere pflegen Freundschaften. An diesen Positivereignissen wird angeknüpft, um zum einen zu zeigen, dass Ziele erreicht werden und Dinge gelingen, die einem wichtig sind. Außerdem dienen sie als Beispiele für positiv formulierte Annäherungsziele. An ihnen können die Kriterien für gute Ziele praktisch veranschaulicht werden. Mit dem Teammodul 4 soll die Wahrnehmung der Teilnehmer für ihre persönlichen Ziele und ihre Möglichkeiten einer aktiven Gestaltung des Alltags geschärft werden. Zum anderen soll versucht werden, Ziele und deren Bedeutung zu verändern. Beispielsweise können schwer erfüllbare Ziele kritisch hinterfragt werden und die Wichtigkeit der vermeintlich „klein" erscheinenden Dinge des Lebens, die durch eigenes Handeln positiv beeinflusst und weiterentwickelt werden können, gestärkt werden.

1.7 Führung als Gesundheitsressource (Antje Ducki)

Führung umfasst sachbezogene Aufgaben wie Planungs-, Organisations-, Koordinations- und Kontrollaufgaben und personenbezogene Aufgaben, wie die Entwicklung und Unterstützung einzelner Mitarbeiter oder Teams (Felfe, 2009). Sie bedeutet im Wesentlichen Einflussnahme auf die Bedingungen von Arbeit, auf die Unternehmenskultur und auf die arbeitenden Personen zur Erfüllung gemeinsamer Aufgaben und ist daher auch ein zentraler Einflussfaktor auf das Stressgeschehen in Organisationen. Besonders unter Berücksichtigung ständiger technischer und organisatorischer Veränderungen kommt der Führung eine wachsende Bedeutung zu: Veränderung ist immer begleitet von Handlungsunsicherheit und damit verbunden mit drohendem Kontrollverlust, besonders für Mitarbeiter auf unteren betrieblichen Hierarchieebenen. Führungskräfte können durch die Art und Weise, wie sie Veränderungen ankündigen und begleiten, maßgeblichen Einfluss auf das damit verbundene Stresserleben der Mitarbeiter nehmen.

1.7.1 Zusammenhang von Führung und Gesundheit

Das Verhältnis von Führung und Gesundheit ist vielschichtig. Zum einen sind damit die Gesundheit der Führungskräfte selbst, ihre Arbeitsbelastungen und ihre Ressourcen angesprochen: Zwar verfügen Führungskräfte über größere Ressourcen wie z.B. mehr Handlungsspielräume als ihre Mitarbeiter, sie haben aber gleichzeitig in der Regel eine höhere Arbeitslast, überlange Arbeitszeiten führen oft zu einer unausgewogenen Work-Life-Balance. Häufig sind sie für eine angemessene Wahrnehmung ihrer Führungsfunktion nur unzureichend qualifiziert, ihre Sandwichposition zwischen den Anforderungen des oberen Managements und denen der Mitarbeiter befördert innere Konflikte und soziale Überforderungen.

Zum anderen betrifft der Zusammenhang von Führung und Gesundheit die Frage, welchen Einfluss Führungskräfte auf die Gesundheit der Mitarbeiter ausüben. Führungskräfte beeinflussen die Arbeitsbedingungen der Mitarbeiter, indem sie Ziele vorgeben und ihre Erreichung überprüfen, Bedingungen schaffen, unter denen Teams bzw. Mitarbeiter ihre Ziele erreichen können, Rückmeldung geben zur Qualität ihrer Arbeit, Vorbild sind, die Stimmung in den Teams durch strukturelle Vorgaben oder auch das eigene Verhalten beeinflussen.

Beide Ebenen sind nicht losgelöst zu sehen, sondern in ihrer Verbundenheit zu betrachten. Eine stark gestresste Führungskraft gibt den Druck bewusst oder unbewusst an ihre Mitarbeiter weiter. Anders herum ist das Verhalten von Mitarbeitern für Führungskräfte häufig ein großer Stressor. Schließlich wird eine Führungskraft, die dazu neigt, sich selbst zu überfordern, und für die Stress eine individuelle Schwäche ist, wenig Bereitschaft zeigen, den Stress der Mitarbeiter durch gesundheitsgerechtes Führungsverhalten zu beeinflussen. Bei der Vermittlung eines gesundheitsgerechten Führungsverhaltens muss daher die Interaktion zwischen beiden Aspekten – der Gesundheit der Führungskraft und der Bedeutung der Führung für die Gesundheit der Mitarbeiter - thematisiert werden.

1.7.2 Stressoren, Ressourcen und Gesundheit von Führungskräften

Führungshandeln ist kommunikatives Handeln unter stark fragmentierten Bedingungen und unter hohen zeitlichen Belastungen: Die Anteile verbaler Kommunikation an den Aufgaben von Führungskräften liegen zwischen 40% bis 80% Prozent, der Arbeitsalltag auf unteren Führungsebenen ist in bis zu 200, auf oberen Führungsebenen in bis zu 50 Einzelepisoden fragmentiert. Ziele sind selten langfristig geplant, sondern werden oft durch unerwartete Ereignisse von außen angestoßen (Wegge, 2004). Das heißt, dass Führungshandeln durch starken Zeitdruck und durch häufige Unterbrechungen gekennzeichnet ist. Beide Faktoren führen zu überlangen Arbeitszeiten. In einer Befragung von 330 Managern gaben 70% der Manager an, mehr als 50 Stunden pro Woche zu arbeiten. Mehr als 80% der Führungskräfte arbeiten regelmäßig an den Wochenenden. Nur ein Drittel der Führungskräfte macht während der Arbeitszeit eine Pause, ein weiteres Drittel macht keine Pause (Hunzinger & Kersting, 2004).

Führungskräfte sind seltener krank und geben geringere Beschwerden an als Beschäftigte ohne Führungsverantwortung. Sie geben weniger Muskel-Skelett-, Herz-Kreislauf- und Magen-Darm-Beschwerden an als Beschäftigte ohne Führungsverantwortung. Auch unspezifische Beschwerden wie Schlaf- und Konzentrationsstörungen, Kopfschmerzen, Müdigkeit und allgemeine Abgeschlagenheit sind bei ihnen geringer ausgeprägt. Während ihrer Arbeit fühlen sie sich eher positiv beansprucht und haben das Gefühl, ihre Arbeit kontrollieren zu können (Barmer Gesundheitsreport, 2007).

Auch wenn Führungskräfte statistisch gesehen seltener krank sind als Personen ohne Führungsfunktion, sind jedoch auch bei ihnen gesundheitliche Beeinträchtigungen mit spezifischen Arbeitsbedingungen verbunden. Steinmetz (2006) weist darauf hin, dass die langen Arbeitszeiten, der Zeitdruck, quantitative Überforderung, häufige Arbeitsunterbrechungen und zunehmend unsichere Umfeldbedingungen auch bei Führungskräften vermehrt zu psychischen und vegetativen Beanspruchungsfolgen führen können. Hinzu kommen psychische Belastungen, die durch Konflikte mit Mitarbeitern und/oder eigenen Vorgesetzten verursacht sind. Allerdings gehört es weder zum Rollenverständnis noch zu den Rollenerwartungen an erfolgreiche Führungskräfte, die eigene Beanspruchung zu thematisieren. Das macht es schwer, den Stress und die Gesundheit von Führungskräften im Rahmen von Trainings zum Thema zu machen. Steinmetz schlägt aus diesem Grunde Einzelcoachings vor, um Führungskräften einen geschützten Raum zu geben, in dem sie über Belastungen und persönliche Beanspruchungen reflektieren können.

1.7.3 Einfluss von Führung auf die Gesundheit der Mitarbeiter

Zwischen Mitarbeitern und Führungskräften besteht ein Abhängigkeitsverhältnis. Auch unter den Bedingungen kooperativer Führung ist letztlich die Vorgabe der Führungskraft verbindlich und muss umgesetzt werden. Aus diesem Grunde haben Führungskräfte besondere Verantwortung dafür, dass die Kontextbedingungen so gestaltet sind, dass Arbeitsaufträge auch umgesetzt werden können. Die Verantwortung des Mitarbeiters besteht darin, innerhalb des vorgegebenen Rahmens die Aufgabe so gut wie möglich zu realisieren.

Stresstheoretisch betrachtet (vgl. Abschnitt 1.2) haben Führungskräfte neben ihrer Verantwortlichkeit für den betrieblichen Arbeitsschutz verschiedene Ansatzpunkte, um die Stresssituation der Mitarbeiter zu beeinflussen: Sie können Einfluss nehmen auf

- die Arbeitsorganisation (Aufgabengestaltung, Verteilung von Entscheidungsspielräumen, Informationsbereitstellung)
- die Arbeitszeit (Festlegung von Zeit- und Leistungsvorgaben)
- die Technik (Gewährleistung funktions- und leistungsfähiger Technik und Arbeitsmittel)
- das soziale Miteinander (Schaffung eines kooperativen und wertschätzenden Betriebsklimas, Förderung sozialer Unterstützung und wertschätzender Kommunikation)
- das eigene Verhalten (im Sinne der Vorbildfunktion selbst ein gesundheitsgerechtes Verhalten zeigen, Einhalten von Pausen)

Je nachdem, wie sie Einfluss nehmen, kann Führung für Mitarbeiter eine starke Belastung oder auch eine große Ressource sein. Zur Belastung wird sie, wenn durch Vorgaben der Führungskräfte Arbeitsbedingungen so gestaltet sind, dass nicht störungs- und behinderungsfrei gearbeitet werden kann, dass widersprüchliche Anforderungen bestehen, dass unerreichbare Ziele vorgegeben oder unzumutbare Aufgaben gestellt werden. Führung wird dann zur Belastung, wenn durch Vorgaben oder auch Nichthandeln der Führungskraft ein soziales Klima der Konkurrenz, der Missgunst, des Misstrauens oder gar der verdeckten Aggression entsteht (Münch, Walter & Badura, 2004).

Empirische Studien zeigen, dass negatives Führungsverhalten zu geringerer Arbeitszufriedenheit, erhöhtem Stresserleben und höheren Fehlzeiten der Beschäftigten führt. Positives Führungsverhalten, insbesondere ein partizipativer und transformationaler Führungsstil, differenzierte Unterstützung und Wertschätzung sowie Fairness, sind verbunden mit Wohlbefinden, Arbeitszufriedenheit und Gesundheit (Felfe, 2006; Klemens, Wieland & Krajewski, 2004; Rowold & Heinitz, 2008; Rutte & Messick, 1995).

- Mitarbeiter, die sich von Führungskräften akzeptiert, fair behandelt und wertgeschätzt fühlen, haben weniger körperliche Beschwerden, weniger depressive Verstimmungen und ein stärkeres Wohlbefinden als Mitarbeiter, die sich nicht oder nur gering akzeptiert und wertgeschätzt fühlen (Rixgens, Badura & Behr, 2008). Insbesondere erlebte Fairness und Gerechtigkeit im Verhalten der Führungskraft haben Einfluss auf die Arbeitszufriedenheit und das Befinden der Mitarbeiter. Erlebte Ungerechtigkeit kann zu Ärger und Aggressionen bis hin zu organisationschädigendem Verhalten führen (Zapf & Semmer, 2004).
- Mitarbeiter die sich von ihren Führungskräften sozial unterstützt fühlen, haben weniger psychische und körperliche Beschwerden als Mitarbeiter ohne oder mit nur geringer sozialer Unterstützung. Insbesondere die Kombination aus hohen Arbeitsanforderungen, geringem Handlungsspielraum und geringer sozialer Unterstützung fördern psychische Beschwerden, Muskel-Skelett- und Herz-Kreislauf-Erkrankungen und steigern

Fehlzeiten (Karasek & Theorell, 1990; Zapf & Semmer, 2004; Zimolong, Elke & Bierhoff, 2008).

- Bei mitarbeiterorientierter, partizipativer Führung sind bei Mitarbeitern positive Emotionen und seelische Gesundheit stärker ausgeprägt, Burnout und negative Emotionen sind geringer als bei autoritärer Führung (Barmer Gesundheitsreport, 2007; Zimber, 2001).

- Mitarbeiterorientierte, partizipative Führung ist mit weniger Arbeitsbehinderungen und mit geringeren körperlichen Beschwerden verbunden als autoritäre Führung (Scherrer, 2007).

- Mitarbeiter, die ihre Führungskraft negativ bewerten, haben ein 2,5-faches höheres Stresserleben als Mitarbeiter, die ihre Führungskraft positiv bewerten (Felfe, 2009).

Neuere Studien verweisen darauf, dass sich der Einfluss von Führung relativiert, wenn man gleichzeitig den Einfluss von Arbeitsbedingungen wie z.B. die Höhe des Handlungsspielraums berücksichtigt (Felfe, 2008). Der stärkere Einfluss von Arbeitsstrukturen gilt besonders für untere und mittlere Führungsebenen, da hier der gestaltende Einfluss der Führungskraft selbst begrenzt ist und das Verhalten der Mitarbeiter stärker durch Regeln und Strukturen gesteuert wird.

Insbesondere Wertschätzung von Vorgesetzten gegenüber ihren Mitarbeitern und die Anerkennung von Leistungen haben großen Einfluss auf das Engagement und die Gesundheit der Mitarbeiter. Laut einer aktuellen internationalen Studie geben 58% der Arbeitnehmer an, dass ihre Leistungen nicht ausreichende Anerkennung finden (Hewitt Associates, 2008). Es können drei Arten von Anerkennung (Gratifikationen) unterschieden werden: Finanzielle Belohnung (Lohn, Gehalt), Belohnung durch Wertschätzung und Anerkennung und Belohnung in Form von gewährtem Aufstieg bzw. gewährter Arbeitsplatzsicherheit. Menschen, die eine starke Diskrepanz erleben zwischen dem, was sie selber an Leistung verausgaben, und der Belohnung (Gratifikation), die sie dafür erhalten, haben ein größeres Krankheitsrisiko als Menschen, die ein ausgewogenes Verhältnis von eingebrachter Leistung und Belohnung erleben. Gratifikationskrisen (als erlebte Diskrepanz zwischen eingebrachter Leistung und Gratifikation) stellen nachweislich Risikofaktoren für koronare Herzerkrankungen, Beschwerden im Schulter-, Nackenbereich, für Depressionen und für Alkoholabhängigkeit dar (Siegrist, 2002; Rugulies, & Krause 2000; Joksimovic et al., 2002). Ob und wie stark Gratifikationskrisen erlebt werden, ist wesentlich durch das Führungsverhalten beeinflusst. Insbesondere die erlebte Wertschätzung spielt hier eine große Rolle, berufliche Statuskontrolle und finanzielle Belohnung sind der Wertschätzung nachgeordnet (Vegchel, de Jonge Bakker & Schaufeli, 2002).

Die aufgezeigten Forschungsbefunde legen nahe, dass Führungskräfte die Gesundheit ihrer Mitarbeiter sowohl durch die Gestaltung der konkreten technischen, organisatorischen Arbeitsbedingungen als auch durch die Beeinflussung des sozialen Klimas positiv beeinflussen können. Im Folgenden wird beschrieben, wie eine positive Einflussnahme im Sinne einer wertschätzenden Führung erfolgen kann.

1.7.4 Instrumente wertschätzender Führung

Wertschätzung kann über verschiedene Kanäle bzw. auf verschiedenen Ebenen vermittelt werden. Ein wichtiges Instrument ist die Kommunikation, darüber hinaus spielen aber auch die tatkräftige Unterstützung, die Gestaltung der Arbeitsbedingungen und der sozialen Situation sowie die Weitergabe von Informationen eine wichtige Rolle. Alle Elemente ergänzen sich gegenseitig und sind zusammen Ausdruck einer wertschätzenden Grundhaltung, die die Mitarbeiteranliegen und -leistungen respektiert und gleichzeitig Engagement und Eigenverantwortlichkeiten fördert.

1.7.4.1 Wertschätzung durch soziale Unterstützung

Führungskräfte können soziale Unterstützung instrumentell, informational, emotional und bewertungsbezogen gewähren. Instrumentelle Unterstützung beschreibt die tatkräftige Hilfe, z.B. wenn sich die Führungskraft schützend vor ihre Mitarbeiter stellt und unrealistische Anforderungen anderer Abteilungen zurückweist. Informationale Unterstützung heißt, dass durch das Geben von Informationen Situationen besser eingeschätzt und Entscheidungen sicherer getroffen werden können. Emotionale Unterstützung kommt zum Ausdruck, wenn die Führungskraft Verständnis zeigt, zuhört und beruhigt. Bewertungsbezogene Unterstützung äußert sich darin, einen Mitarbeiter in seinen Entscheidungen und seinem Verhalten zu bestärken und damit sein Selbstbewusstsein zu stärken (Zapf & Semmer, 2004). Emotionale und selbstwertbezogene Unterstützung sind besonders bedeutsam für die Stressreduktion und eng mit dem Thema Wertschätzende Kommunikation verbunden.

1.7.4.2 Wertschätzung durch Kommunikation

Wertschätzende Kommunikation erfolgt nach den generellen Regeln zwischenmenschlicher Kommunikation auf verschiedenen Ebenen. Basierend auf dem Modell von Watzlawik unterscheidet Schulz von Thun die Sach- und Beziehungsebene sowie die Ebenen des Appells und der Selbstdarstellung (Schulz von Thun, 2004). Glaubhafte und überzeugende Botschaften erfordern kongruente Teilaussagen auf allen vier Ebenen. Für die Äußerung von Wertschätzung bedeutet dies:

- Damit Wertschätzung als glaubhaft und kongruent wahrgenommen werden kann, muss sie sachlich richtig und angemessen sein und sich auf reale Begebenheiten beziehen.
- Auf der Beziehungsebene kommt Wertschätzung zum Ausdruck, indem der anderen Person sprachlich *und* nichtsprachlich Achtung und Anerkennung entgegengebracht wird und darüber ein respektvolles Beziehungsangebot unterbreitet wird.

- Auf der Ebene des Appells drückt sich Wertschätzung darin aus, dass der Wunsch nach Fortführung des wertgeschätzten Verhaltens konkret und spezifisch ausgedrückt wird. Das konkrete Benennen der positiven Folgen des wertgeschätzten Verhaltens fördert die Glaubwürdigkeit des Gesagten und motiviert zur Fortführung.
- Auf der Ebene der Selbstdarstellung zeigt sich Wertschätzung in einer Haltung des Respekts, die durch entsprechende Mimik, Gestik und Sprache zum Ausdruck kommt.

Tabelle 5: Gestaltungsbereiche und -empfehlungen zum Umgang mit Anerkennung

Gestaltungsbereich	Gestaltungsempfehlung
Anerkennende Person	unmittelbare Führungsperson
	keine Delegation an Dritte
Inhalt der Anerkennung	beobachtbares Mitarbeiterverhalten, damit verbundene Leistungen und positive Wirkungen des Mitarbeiterverhaltens
	Mitarbeiterverhalten gegenüber anderen Personen
Rahmen der Anerkennung	vorerst unter „vier Augen", um beschämende Situationen für den Mitarbeiter zu vermeiden
	in Anwesenheit anderer Personen, wenn Vorbildfunktion gewünscht ist
Form der Anerkennung	persönliche Vermittlung
	ausdrückliche Äußerung der Anerkennung
	Wortwahlanpassung an den beobachteten Tatbestand (Vermeidung von Übertreibungen)
	erwarteter Leistungsmaßstab des Mitarbeiters ist individuell
Zeitpunkt der Anerkennung	unmittelbar nach dem beobachteten positiven Verhalten
	klare Zuordnung der Anerkennung zum konkreten Verhalten

(modifiziert nach Mentzel, Grotzfeld & Haub, 2007; Stock-Homburg, 2008)

Eine Haltung, die auf allen vier Ebenen kongruent ist, verlangt Sensibilität in der (Selbst-) Wahrnehmung, sprachliche Differenzierungsfähigkeit, eine bewusste nichtsprachliche Ausdrucksfähigkeit sowie ein positives Selbstkonzept. Damit Wertschätzung ernst genommen wird, muss sie mit Kritik bzw. ehrlicher Konfrontation als einem positiven Gegenwert in Balance stehen. So wird verhindert, dass Wertschätzung zu Lobhudelei oder Schmeichelei verkommt (Schulz von Thun, 2004). Anerkennung sollte somit persönlich, sachorientiert und differenziert erfolgen; sich auf ein konkretes und situationsbezogenes Leistungsergebnis bzw. Mitarbeiterverhalten beziehen (Uzunsoy, 2009). Sie sollte zeitnah und aufrichtig vermittelt werden. Mit einem freundlichen Lob oder einer Anerkennungsgeste wird einem Mitarbeiter signalisiert, dass die Leistung zur Kenntnis genommen wurde und Beachtung verdient. Sie fördert das Selbstbewusstsein, die Motivation und die Zufriedenheit der Mitarbeiter und kann als Puffer im Stressgeschehen Belastungen abfedern. Die konkreten Gestaltungsbereiche und Gestaltungsempfehlungen zum richtigen Umgang mit Anerkennung sind in der folgenden Tabelle 5 zusammenfassend dargestellt.

1.7.4.3 Wertschätzung durch Transparenz und Partizipation

Transparenz und Partizipation lassen sich nicht in Form von alltäglicher Kommunikation vermitteln, sondern zeigen sich im konkreten Informations- und Entscheidungsverhalten der Führungskraft. Sie tragen wesentlich dazu bei, dass sich Mitarbeiter mit ihren Interessen und Positionen ernst genommen fühlen.

Durch regelmäßige und umfassende Informationen sowie Transparenz von Entscheidungen wird sichergestellt, dass Mitarbeiter den Sinn und Zweck ihrer Tätigkeiten sowie ihren Beitrag zur Gesamtleistung des Unternehmens nachvollziehen können. Transparenz schafft Vertrauen und fördert die Motivation, weil die Bedeutung jedes einzelnen Mitarbeiters in der Wertschöpfungskette veranschaulicht wird.

Voraussetzung für Transparenz ist eine Kommunikationskultur, welche durch die bereits dargestellten Kommunikationsinstrumente geprägt ist und in der relevante Informationen unfassend und frühzeitig an alle Mitarbeiter weitergeleitet werden. Informationen stellen in Betrieben ein kostbares Gut dar, über das die Wichtigkeit einer Person und ihre Zugehörigkeit zu bestimmten Kreisen festgelegt wird. Informationen sind ein wesentlicher mikropolitischer Machtfaktor (Scholl, 2004). Durch die Weitergabe relevanter Informationen wird festgelegt, ob Mitarbeiter als mündige Kooperationspartner oder als unmündige Auftragsvollstrecker betrachtet werden. Über sie wird das Betriebsklima als Vertrauens- oder Misstrauensklima geprägt. Umso wichtiger ist es, dass Vorgesetzte wesentliche Informationen innerhalb von wertschätzenden Dialogen vermitteln. Dabei sollten sowohl Informationen über bereits abgeschlossene Sachverhalte, als auch über zukünftige Entscheidungen berichtet werden, damit eine ganzheitliche Sichtweise und eine zukunftsorientierte Transparenz ermöglicht wird und Mitarbeiter befähigt werden, entscheidende Informationen zu filtern, zu verarbeiten und in ihrem Arbeitsprozess angemessen zu verwenden. Die Transparenz stellt zudem die wesentliche Grundlage für die Mitarbeiterpartizipation bei Planungs- und Entscheidungsprozessen dar.

Unter Mitarbeiterpartizipation ist die Teilhabe, Teilnahme bzw. Beteiligung an Entscheidungs-, Planungs- und Problemlösungsprozesse zu verstehen. Innerhalb eines Unternehmens sind direkte und indirekte Partizipationsformen auf verschiedenen Ebenen des Unternehmens möglich (Antoni, 1999). Partizipation fördert die Interaktion und Kooperation zwischen Führungskräften und Mitarbeitern und bestimmt zusammen mit der Informationspolitik innerbetriebliche Machtstrukturen und -kulturen. Durch Partizipation werden Bedürfnisse der Mitarbeiter und ihr Erfahrungswissen im Entscheidungsprozess berücksichtigt. Arbeitsbedingungen werden damit als beeinflussbar und kontrollierbar wahrgenommen, das eigene Verantwortungsgefühl wird gesteigert, was wiederum positive Effekte für die Stressreduktion der Mitarbeiter als auch für eine effizientere überwachungsärmere Führung hat. Wertschätzende Führung heißt damit, das individuelle Partizipationsverlangen jedes Mitarbeiters zu ermitteln und entsprechende Beteiligung zu ermöglichen. Besonders wichtig ist, dass direkte Mitarbeiterpartizipation bei Entscheidungen möglich wird, welche den Mitarbeiter selbst und seinen Arbeitsplatz bzw. seine eigene Tätigkeit betreffen.

Durch Informationen und Partizipation werden darüber hinaus die Urteils- und Entscheidungsfähigkeit der Mitarbeiter und damit Arbeitsqualität weiterentwickelt, was wiederum Überwachungs- und Steuerungsaufwand der Führungskräfte reduziert und die Arbeitseffektivität steigert (Scholl, 2004). Zukunftsgerichtete Informationen und klar kommunizierte Ziele fördern zudem Handlungssicherheit und Kontrollerleben, was einen wichtigen Stresspuffer darstellt (siehe Abschnitt 1.2).

1.7.5 Voraussetzungen wertschätzender Führung

Die Fähigkeit, wertschätzend zu führen wird durch persönliche Voraussetzungen, durch strukturelle und durch unternehmenskulturelle Einflüsse bestimmt.

1.7.5.1 Personale Voraussetzungen

Für die wertschätzende Haltung anderen Personen gegenüber ist zunächst eine kritische Selbstprüfung der eigenen Haltung und Verhaltensweisen notwendig, um sich eigener Voreinstellungen bewusst zu werden und eventuell bestehende Vorurteile oder Entwertungen des Gegenübers kritisch auf ihre Hintergründe zu überprüfen. Eigene negative bzw. fehlende Erfahrungen mit Wertschätzung, Rollenerwartungen an Führungskräfte sowie Geschlechterrollen beeinflussen die persönliche Haltung in Bezug auf wertschätzendes Verhalten. Wer selber nie Wertschätzung erlebt hat, hält sie oft für verzichtbar. Für manche Führungskräfte ist Loben ein Ausdruck von Schwäche, Männern fällt der verbale Ausdruck positiver Gefühle schwerer als Frauen. Gleichzeitig muss sprachlich geäußerte Wertschätzung kongruent mit der inneren Haltung sein, sonst wird sie als unaufrichtig vom Gegenüber wahrgenommen. Daher ist eine kritische Auseinandersetzung der Führungskräfte hinsichtlich ihrer eigenen Erfahrungen, Voraussetzungen und Einstellungen zum Thema Wertschätzung unbedingt erforderlich.

Eine weitere personale Voraussetzung betrifft das eigene Stressverhalten. Um den Stress ihrer Mitarbeiter angemessen wahrnehmen und beurteilen zu können, müssen Führungskräfte sich mit den eigenen Stressoren, Ressourcen, Vorstellungen zum Thema Stress sowie dem persönlichen Gesundheitsverhalten auseinandersetzen (Stadler & Spieß 2002). Dies ist auch wegen der Vorbildfunktion der Führungskräfte eine wichtige Voraussetzung: Führungskräfte können nicht von Mitarbeitern erwarten, dass sie z.B. Bewegungspausen machen, wenn sie selbst keine Pause machen oder sich in anderen Zusammenhängen abwertend über solche Aktivitäten äußern. Damit rückt die Selbstführung der Führungskräfte in den Mittelpunkt der Aufmerksamkeit (Bamberg, Busch & Ducki, 2003).

Die soziale Kompetenz der Führungskraft setzt sich aus der Bereitschaft und Fähigkeit zusammen, auf die einzelnen Mitarbeiter zuzugehen, ihnen zuzuhören sowie diese zu akzeptieren bzw. zu motivieren. In diesem Zusammenhang sind soziale Kompetenzen wie Toleranz und Respekt gegenüber Mitarbeitern genauso relevant wie die Verantwortungsübernahme für die unterstellten Mitarbeiter. Gleichzeitig muss die Führungskraft in der Lage sein, Grenzen zu setzen und diese eindeutig zu vermitteln, um Grenzüberschreitungen seitens der Mitarbeiter zurückzuweisen, Konflikte nicht eskalieren zu lassen und Sanktionen dort zu verhängen, wo es erforderlich ist.

1.7.5.2 Strukturelle und kulturelle Voraussetzungen

Selbst bei bester persönlicher Eignung bedarf es auch einer organisatorischen Struktur, um wertschätzende Grundhaltungen in konkretes Handeln zu überführen.

Strukturelle Bedingungen wertschätzender Führung betreffen u.a. die wirtschaftliche Situation des Unternehmens sowie die konkreten Bedingungen, unter denen Leistungen erbracht werden. In Zeiten wirtschaftlicher Rezession können beispielsweise Kündigungen unerwünscht, aber unvermeidbar sein oder die Gewährleistung bestimmter arbeitszeitlicher oder finanzieller Ressourcen ist nicht möglich. In solchen Fällen kann Wertschätzung nur bedingt strukturell verankert werden. Doch auch unter strukturellen Restriktionen ist wertschätzende Führung möglich. Insbesondere die aufgezeigten Elemente wertschätzender Transparenz, Partizipation und Kommunikation sind realisierbar und in besonders schwierigen Zeiten im Sinne einer Kompensation fehlender Sachleistungen unbedingt notwendig.

Ein weiterer wichtiger Einflussfaktor ist die Unternehmenskultur. Als Gesamtheit der ethischen Grundsätze eines Unternehmens bestimmt sie die Führungskultur sowie den internen zwischenmenschlichen Umgang. Um als Führungskraft eine wertschätzende Haltung zu realisieren, muss eine Unternehmenskultur existieren, die wertschätzendes Führungsverhalten gestattet und fördert. Die Unternehmenskultur bestimmt das Sollen, Wollen und Können innerhalb einer Organisation. Sie legt z.B. fest, inwieweit Führungskräften Zeit gewährt wird, sich mit den Belangen ihrer Mitarbeiter auseinanderzusetzen. Sie bestimmt, ob Mitarbeiterzufriedenheit und Gesundheit ein eigenständiges Zielkriterium betrieblichen Handelns darstellen und damit z.B. im Rahmen von Zielvereinbarungen überprüft werden können. Sie bestimmt, inwieweit gesamtbetrieblich eine Kultur des Vertrauens oder des Misstrauens besteht, in der man sich über die eigene Belastung angstfrei äußern kann oder nicht. Unternehmenskultur ist jedoch nicht von außen gesetzt und gegeben, sondern wird gelebt und besonders durch Führungskräfte beeinflusst. Hier sollte der Mut der einzelnen Führungskraft gestärkt werden, auf dem Hintergrund einer realistischen Analyse der eigenen Einflussmöglichkeiten kleine Veränderungen der Kultur aktiv anzugehen und zu gestalten.

Zusammengefasst kann festgehalten werden, dass es ausreichend empirische Belege dafür gibt, dass wertschätzende und unterstützende Führung einen relevanten Einfluss auf die Gesundheit der Mitarbeiter hat. Dabei hat die Führungskraft die oft schwierige

Aufgabe, eine Balance herzustellen zwischen konkreter praktischer Unterstützung, wertschätzender Kommunikation, Herstellung von Transparenz und Gewährung von Partizipation, insbesondere in den Belangen, die die Mitarbeiter unmittelbar selbst betreffen. Dabei spielen persönliche Fähigkeiten und Haltungen der Führungskraft eine ebenso große Rolle wie die strukturellen und kulturellen Bedingungen, unter denen geführt werden muss.

1.7.6 Besonderheiten/Bedeutung des Themas Führung für die Zielgruppe

Gerade von un- und angelernten Beschäftigten wird das Thema Führung als existentiell betrachtet, da die Führungskraft häufig als personifizierter Vertreter aller betrieblichen Anforderungen angesehen wird. Arbeitsorganisatorische wie auch sozialkommunikative Belastungen werden unmittelbar der Führungskraft zugeordnet, womit diese häufig überfordert wird. Gleichzeitig wird dieser Beschäftigtengruppe besonders selten Wertschätzung und Respekt entgegengebracht. Ihre Tätigkeit an sich ist gesellschaftlich gering bewertet, im Arbeitsalltag herrscht meistens ein rauer, einfacher Ton vor, der oft an Fehlern und Fehlervermeidung ausgerichtet ist. Kommunikation zwischen Führungskräften und Un- und Angelernten beschränkt sich oft auf das Geben von Anweisungen sowie auf das sachliche Weiterleiten von notwendigen Informationen. Teilweise kommt es auch zu offener Abwertung der Mitarbeiter durch die unmittelbaren Führungskräfte, die selbst nicht geübt sind in offener und wertschätzender Kommunikation.

Eine weitere Besonderheit ist, dass die Führungskräfte häufig aus der Gruppe kommen, die sie jetzt führen. Daraus ergeben sich besondere Verhaltensanforderungen: Sie sind einerseits der Gruppe (und ihrer eigenen Vergangenheit) verhaftet und müssen andererseits die Position des Managements vertreten. Aus ihrer eigenen Vergangenheit kennen sie die Möglichkeiten der Mitarbeiter, sich bestimmten Anforderungen zu entziehen, dies kann einerseits hilfreich sein, andererseits aber auch zu starken Abwertungstendenzen oder zu inneren Konflikten führen. Sie sind teilweise selbst gering qualifiziert, was die Reflexionsmöglichkeiten eigenen Verhaltens erschweren kann.

Eine reflektierte Auseinandersetzung mit Belastungen und Ressourcen, dem eigenen Stresserleben und dem eigenen Gesundheitsverhalten ist eher selten anzutreffen und gerade deswegen besonders wichtig. Führungskräften von Geringqualifizierten zu vermitteln, dass sie selbst einige Einflussmöglichkeiten auf die eigene Gesundheit und auf die Gesundheit ihrer Mitarbeiter haben, ist daher eine anspruchsvolle Aufgabe und Herausforderung.

1.8 Evidenzbasierung (Susanne Roscher)

Evidenzbasierung bezeichnet die Beurteilung von Erkenntnissen darüber, ob mit bestimmten Maßnahmen tatsächlich die erhofften Ziele erreicht werden.

Der Begriff der Evidenzbasierung hat seine Bedeutung Anfang der 1990er-Jahre mit dem Aufkommen des Konzepts der evidenzbasierten Medizin (EBM) erhalten. Dieses wird verstanden als der gewissenhafte, ausdrückliche und vernünftige Gebrauch der gegenwärtig besten externen Evidenz für Entscheidungen in der medizinischen Versorgung von Patienten (vgl. Sackett et al., 1996). Die externe Evidenz ergibt sich dabei aus der systematischen Zusammenstellung und Beurteilung wissenschaftlicher Studien. Hierbei werden vor allem Überblicksartikel (Reviews) und Metaanalysen genutzt. Mittlerweile gilt die Forderung der Evidenzbasierung auch für den Bereich der Gesundheitsförderung und Prävention. Eine Diskussion der Übertragbarkeit des Konzepts der evidenzbasierten Medizin auf die Gesundheitsförderung bzw. eine adäquate Vorgehensweise für die Evidenzbasierung in der Gesundheitsförderung liefert z.B. Elkeles (2006).

Das in diesem Buch vorgestellte Training erhebt den Anspruch auf Evidenzbasierung. In der Konzeption des Trainings wurden deshalb die Erkenntnisse zur Wirksamkeit von Stress- und Ressourcenmanagementtrainings sowie Maßnahmen zur Förderung körperlicher Aktivität berücksichtigt. Das Training wurde einer ausführlichen Erprobung mit verschiedenen Präventionsanbietern in sechs Betrieben unterzogen; aufgrund der Erprobungsergebnisse umfassend überarbeitet und anschließend in acht Betrieben wissenschaftlich evaluiert.

Im Folgenden werden zunächst die aktuellen wissenschaftlichen Ergebnisse zur Effektivität von Stress- und Ressourcenmanagementinterventionen vorgestellt. Im Anschluss daran werden die Erprobung des Trainings beschrieben sowie die Anpassungen und Verbesserungen, die aufgrund der Ergebnisse der Erprobung vorgenommen wurden. Abschließend werden praktische Empfehlungen für die Durchführung des Trainings abgeleitet.

1.8.1 Effektivität von Stress- und Ressourcenmanagementinterventionen

In der Beurteilung der Effektivität von Stress- und Ressourcenmanagementinterventionen werden in der Regel personen- und bedingungsbezogene Maßnahmen unterschieden.

Die bedingungsbezogenen Stress- und Ressourcenmanagementinterventionen beziehen sich auf äußere strukturelle Faktoren, die das betriebliche Stressgeschehen beeinflussen. Ziel ist es, Stressoren und Belastungen, die in der Arbeitsumgebung, der Arbeitsorganisation, Arbeitsgestaltung und der Arbeitsaufgabe selbst auftreten, zu reduzieren und Ressourcen, wie soziale Unterstützung und Handlungsspielräume, aufzubauen. Im Gegensatz zu personenbezogenen Stress- und Ressourcenmanagementinterventionen werden bedingungsbezogene Maßnahmen seltener eingesetzt.

Bei den bedingungsbezogenen Interventionen lassen sich positive Effekte vor allem hinsichtlich Arbeitszufriedenheit und Absentismus nachweisen; insgesamt sind die Ergebnisse jedoch widersprüchlich (vgl. Bamberg & Busch, 2006; Semmer, 2003, 2006). Während die Evaluationsergebnisse von personenbezogenen Interventionen klare Hinweise auf deren Effektivität liefern, gilt dies nicht für bedingungsbezogene Maßnahmen.

Viele Studien, die bedingungsbezogene Maßnahmen evaluieren, finden zwar zum einen positive Effekte, aber auch immer wieder Nulleffekte. So beschreiben z.B. Lemke und

Knauth (1997), dass 22 Monate nach Einführung teilautonomer Gruppenarbeit positive Effekte in Bezug auf Anforderungswechsel, Autonomie, Zufriedenheit mit Entfaltungsmöglichkeiten sowie soziale Beziehungen gemessen wurden. Keine signifikanten Verbesserungen zeigten sich hingegen in Bezug auf die Identifikation mit der Aufgabe, Wichtigkeit der Aufgabe, Rückmeldung sowie Fehlzeiten. Ein weiteres Beispiel ist die Studie von May et al. (2004). Hier wurde eine ergonomische Gestaltung der Arbeitsplätze vorgenommen. Nach acht Monaten konnte eine Verbesserung der Qualität der Arbeitsplätze, eine Steigerung der Zufriedenheit sowie eine Reduktion von Schmerzen im Nacken-Schulter-Bereich nachgewiesen werden. Allerdings zeigten sich weder Rückenschmerzen allgemein wie auch die Beanspruchung der Augen signifikant verbessert. Eine gute Zusammenfassung der Ergebnisse zu bedingungsbezogenen Gesundheitsförderungsmaßnahmen liefert Semmer (2006). Er hält folgende Punkte fest (vgl. Semmer, 2006, S. 518):

In Bezug auf das methodische Vorgehen in der Evaluation von bedingungsbezogenen Maßnahmen findet man eine große Bandbreite in der Qualität der angewendeten Forschungsdesigns – mit einer Dominanz schwacher Designs. Die Ergebnisse zur Effektivität bedingungsbezogener Maßnahmen sind sehr uneinheitlich (viel uneinheitlicher und weniger positiv als die Ergebnisse zur Effektivität personenbezogener Maßnahmen). Typischerweise zeigen sich mehr Kurz- als Langzeiteffekte. Es zeigen sich eher Effekte für diejenigen abhängigen Variablen, die direkt durch die Intervention verändert werden (z.B.: In einer Maßnahme zur Veränderung der Arbeitsbedingungen wird die Arbeitsbelastung der Mitarbeiter reduziert. In einer Fragebogenuntersuchung vor und nach der Intervention zeigte sich die subjektive Arbeitsbelastung der Mitarbeiter reduziert.). Hingegen zeigen sich sehr viel seltener Effekte für Variablen, die in der Folge der Veränderung der direkten Zielvariablen verbessert werden sollten, wie z.B. Gesundheits- und Wohlbefindensmaße. Bamberg und Busch (2006) zeigen bei den bedingungsbezogenen Stressmanagementinterventionen auf, dass Effekte davon abhängig sind, inwieweit die Beteiligten involviert sind und/oder inwieweit gesundheitsbezogene Interventionen als solche wahrgenommen werden. Positiv festzuhalten ist, dass sich insgesamt zahlreiche positive Effekte, zahlreiche Nulleffekte, aber nur wenige Negativeffekte bedingungsbezogener Maßnahmen zeigen.

Überblicksartikel und Metaanalysen zum Thema zeigen, dass personenbezogene Stress- und Ressourcenmanagementinterventionen, besonders in Form von Gruppentrainings, die populärsten Interventionen sind (vgl. Bamberg & Busch, 2006, 1996; Hek & Plomp, 1997; Murphy, 1996; Richardson & Rothstein, 2008; Roscher, 2002; Van der Klink et al. 2001). Die Grundlage der in der betrieblichen Praxis am häufigsten angebotenen personenbezogenen Stressmanagementtrainings stellt die kognitive Verhaltenstherapie dar. Oftmals werden diese kognitiv-behavioralen Trainings um eine Entspannungskomponente ergänzt, wie z.B. progressive Muskelrelaxation. Entspannungsmethoden werden aber auch als eigenständige Trainings angeboten. Sowohl die kognitiv-behavioralen Strategien als auch die Entspannungsverfahren setzen an den Stressreaktionen an mit dem Ziel, diese wahrzunehmen und zu regulieren. Sie zählen deshalb zu den emotionsorientierten Bewältigungsstrategien. Neben den emotionsorientierten Ansätzen personenbezogener Interventionen und deren Kombination werden auch problemorientierte Strategien eingesetzt. Hierbei handelt es sich vor allem um Problemlösetrainings oder um Zeit- oder Selbstmanagementtrainings. Die problemorientierten Verfahren werden eigenständig in Kombination untereinander oder auch in Kombination mit emotionsorientierten Strategien eingesetzt.

Generell kann festgehalten werden, dass eine Effektivität von personenbezogenen Stress- und Ressourcenmanagementinterventionen nachgewiesen ist. Überblicksartikel und Metaanalysen zeigen einheitlich kleine bis mittlere Effekte hinsichtlich psychischer, physiologischer und somatischer Stresssymptome von personenbezogenen Trainings auf (vgl. z.B. Bamberg & Busch, 2006, 1996; Murphy, 1996; Hek & Plomp, 1997; Van der Klink et al., 2001; Roscher, 2002). Die aktuelle Metaanalyse von Richardson und Rothstein (2008) berichtet sogar von mittleren bis großen Effekten. Metaanalysen, die verschiedene Trainingskategorien unterscheiden, zeigen auf, dass vor allem die kognitiv-behavioralen Trainings sehr wirksam sind (vgl. z.B. Van der Klink et al., 2001; Richardson & Rothstein, 2008). Besonders in Bezug auf psychische Stresssymptome, wie z.B. Angst, aber auch hinsichtlich somatischer Stresssymptome zeigt diese Art von Trainings eine hohe Effektivität. Entspannungstrainings sind ebenfalls sehr wirksam, insbesondere in Bezug auf physiologische Stressparameter (vgl. z.B. Murphy, 1996; Van der Klink et al., 2001). Multimodale Trainings, die emotions- und problemorientierte Inhalte miteinander verbinden, zeigen sich als sehr effektiv und dies nicht nur im Hinblick auf individuumszentrierte Effektvariablen, sondern auch in Bezug auf arbeitsbezogene Variablen (Murphy, 1996; Van der Klink et al., 2001). Generell scheinen multimodale emotions- und problemorientierte Trainings, kognitiv-behaviorale Trainings sowie Entspannungstrainings effektiver zu sein als multimodale Trainings, die rein emotionsorientierte Strategien miteinander verbinden (vgl. z.B. Roscher, 2002). Die Metaanalyse von Richardson und Rothstein (2008) weist explizit nach, dass die Effektivität von kognitiv-behavioralen Trainings abnimmt, je mehr weitere Trainingskomponenten hinzukommen.

Auf die Effektivität von Bewegungs- und Fitnessprogrammen wurde bereits im Abschnitt 1.5 „Bewegung und körperliche Aktivität" ausführlich eingegangen. Dies soll deshalb an dieser Stelle nicht im Detail wiederholt werden. Viele Studien und Metaanalysen bestätigen den Zusammenhang zwischen körperlicher Aktivität und Variablen der psychischen Gesundheit, speziell auch in Bezug auf Stress. Über die Dauer der Wirksamkeit der personenbezogenen Stress- und Ressourcenmanagementinterventionen können bisher nur eingeschränkte Aussagen gemacht werden. Die Follow-up Messungen der meisten Primärstudien berücksichtigen nur zu einem sehr geringen Teil einen Zeitraum, der über sechs Monate hinausgeht. Die Mehrheit führt ihre Posttestmessungen unmittelbar nach dem Training durch oder in einem Zeitraum von einem bis maximal sechs Monaten. Es bleibt ein Mangel an langfristiger Überprüfung der Effektivität von Stressmanagementtrainings festzustellen. Generell zeigen die Überblicksartikel und Metaanalysen zum Thema eine kurzzeitige Effektivität über alle Trainings hinweg vor allem auf psychische und somatische Stresssymptome, Bewältigungsfertigkeiten und den Gesundheitsstatus. Die Effektivität in Bezug auf psychische Stresssymptome steigt über die Zeit an und bleibt auch über sechs Monate nach dem Training stabil. Mittelfristig sind die personenbezogenen Trainings hinsichtlich physiologischer Variablen am effektivsten (vgl. Roscher, 2002).

Die Effektivität von personenbezogenen Stress- und Ressourcenmanagement-interventionen in Bezug auf organisationale Variablen (wie z.B. Fluktuation, Absentismus, Produktivität) ist bisher schlecht erforscht. In den meisten Primärstudien kommen nur sehr selten organisationale Effektvariablen zum Einsatz (vgl. Hek & Plomp, 1997; Roscher, 2002; Richardson & Rothstein, 2008). Richardson und Rothstein (2008) berichten von einer Effektivität aller Trainings auf Produktivität, weisen aber auch auf die sehr geringe Studienzahl hin, die diesem Ergebnis zugrunde liegt. Um haltbare Aussagen zur Effektivität von personenbezogenen Trainings auf organisationale Variablen treffen zu können, sind weitere zahlreichere Studien notwendig, die diese Effektvariablen untersuchen.

Als Fazit lässt sich festhalten, dass Evaluationsstudien sich oft auf Einzelmaßnahmen, deren kurz- und mittelfristige individuumsbezogene Effekte geprüft werden, beziehen. Langfristige Effekte werden nur sehr selten untersucht. Effekte, die über das teilnehmende Individuum hinausgehen und sich auf die Ebene der Organisation oder des Unternehmens beziehen, werden ebenfalls kaum berücksichtigt. Auch betriebswirtschaftliche Effekte spielen bei der Evaluation von Stress- und Ressourcenmanagement bisher kaum eine Rolle. Für eine betriebswirtschaftlich erfolgsneutrale Durchführung der Maßnahme sind die Verringerung der Arbeitsunfähigkeitstage sowie die Reduzierung unproduktiver Anwesenheitszeiten als Mindest-Wirksamkeit zu erfassen. Effizienzbewertungen von Stress- und Ressourcenmanagementinterventionen wurden bisher vernachlässigt.

Über diese Kritikpunkte hinaus ist eine Reihe von weiteren Mängeln der primären Evaluationsstudien zu nennen (vgl. Bamberg, Busch & Mohr, 1999; Busch, 2004): Es fehlt eine Manualisierung – d.h. erstens eine schriftliche Festlegung der Inhalte und des Ablaufs, zweitens ein Training der Trainer, um die Implementierung der Inhalte zu gewährleisten, und drittens eine empirische Überprüfung des manualgerechten Trainerverhaltens – sodass unklar ist, was eigentlich trainiert wurde. Weiter fehlen Studien, die neben einer Ergebnisevaluation auch eine Prozessevaluation aufweisen, damit Aussagen darüber möglich sind, worauf ein Erfolg bzw. Nicht-Erfolg einer Trainingsmaßnahme zurückzuführen ist. Nur dadurch wären systematische Moderatoranalysen möglich.

Weiter berichten die vorliegenden Evaluationsstudien selten von einer Effizienzbewertung der Interventionsmaßnahmen. Dies mag daran liegen, dass dies ein schwieriges Unterfangen darstellt. Die Quantifizierung vieler Größen in der Bewertung der Effizienz ist nicht immer einfach und wird oft mit Schätzgrößen oder komplizierten Formeln vorgenommen. Der Versuch einer Kosten-Nutzen-Analyse bei betrieblichen Gesundheitsförderungsmaßnahmen und Stressmanagementinterventionen gewinnt in der heutigen Zeit allerdings im-

mer mehr an Bedeutung. So liegen denn auch mittlerweile Studien vor, die positive betriebswirtschaftliche Effekte von betrieblicher Gesundheitsförderung nachweisen (vgl. z.B.
Aldana, 2001; Chapman, 2003, 2005; Pelletier, 2001, 2005).

1.8.2 Erprobung und Überarbeitung des Stress- und Ressourcenmanagementkonzepts

Das in diesem Buch vorgestellte Stress- und Ressourcenmanagementkonzept für Teams
in Service, Gewerbe und Produktion wurde im Rahmen des ReSuM-Projekts entwickelt,
in sechs Betrieben von verschiedenen Präventionsanbietern im Vorher-Nachher-Follow-
up (drei Monate)-Design erprobt und daraufhin umfassend unter Einbezug der Präventionsanbieter und Trainer überarbeitet. Dieses überarbeitete Konzept wurde anschließend
von verschiedenen Präventionsanbietern in weiteren acht Betrieben unterschiedlichster
Branchen im Vorher-Nachher-Follow-up (drei Monate)-Kontrollgruppendesign mit Mehrebenenanalysen evaluiert. Durch dieses Vorgehen wird die breite Gültigkeit des Konzepts
gesichert. Im Folgenden gehen wir lediglich auf die Erprobungsphase ein, da die Daten-
analyse der Evaluationsphase noch nicht vollständig abgeschlossen ist. Die Erprobung
des Multiplikatorenkonzepts fand mit verschiedenen Präventionsanbietern als Multiplikatoren in sechs Betrieben statt. Es konnten ein Produktionsbetrieb, eine Stadtreinigung
und Betriebe der Innenraumreinigung sowie des Entsorgungsgewerbes für die Erprobungsphase gewonnen werden. Es war wichtig, bereits in der Entwicklungs- und Erprobungsphase viele verschiedene Präventionsanbieter und Betriebe aus unterschiedlichen
Branchen einzubeziehen, um ein breite Gültigkeit des Konzepts zu gewährleisten. Der
enorme Arbeitsaufwand hat sich gelohnt, denn die betrieblichen Bedingungen und Perso-
nenmerkmale zwischen den Betrieben unterschieden sich beträchtlich.

Das Training in der Erprobung war wie folgt aufgebaut: Vier Module der Intervention bzw.
Sitzungen richteten sich an ein bzw. mehrere Teams bei max. 20 Trainingsteilnehmern,
ein Modul mit einer Sitzung an deren Führungskräfte. Jede Sitzung umfasste in der Erprobungsphase vier Zeitstunden mit Bewegungspausen. Jede Intervention wurde von jeweils zwei Trainern durchgeführt. Zwischen den Sitzungen lagen ein bis zwei Wochen.

Anhand eines Screenings (siehe Abschnitt 2.5) führten die Trainer eine Betriebsbegehung durch. Das Screening diente der Vorbereitung der Trainer auf das Training. Ein bis
zwei Wochen vor dem Beginn des Trainings wurden die Beschäftigten anhand eines im
ReSuM-Projekt entwickelten Fragebogens zu ihrer Teamarbeit, ihren individuellen und
kollektiven Bewältigungsstrategien im Team sowie ihrem Wohlbefinden und Gesundheit
befragt. Zusätzlich wurden physiologische Messwerte erhoben. Hierbei wurden Herzfrequenz, Blutdruck (systolisch und diastolisch) und empfundene Anstrengung während eines Ergometertests gemessen, ergänzt um ein Cortisol-Tagesprofil. Die Teilnehmer fuhren im Ergometertest auf dem Ergometer drei Minuten bei 50 Watt und weitere drei Minuten bei 100 Watt. Die Befragung und die physiologischen Messungen dienten der sum-
mativen Evaluation der Intervention, die im Vorher-Nachher-Design mit einer Follow-up-

Messung drei Monate nach Ende des Trainings realisiert wurde, um erste Aussagen über die Effektivität des Trainings machen zu können. Bei der Erprobung des Trainings stand eine ausführliche Prozessevaluation im Vordergrund. Die Prozessevaluationsmethodik umfasste qualitative und quantitative Methoden. Erfasst wurden der organisationale Kontext und der Implementierungsprozess, u.a. die Beteiligungsmotivation der Betroffenen und der betrieblichen Entscheidungsträger. Dies geschah durch Interviews zur Motivation der Beteiligung, die mit Trainingsteilnehmern und den betrieblichen Entscheidungsträgern geführt wurden. Weiter wurde eine Beobachtung aller Trainingsdurchgänge durchgeführt. Zum einen, um die manualgerechte Durchführung des Trainings zu überprüfen, zum anderen, um die praktische Durchführbarkeit der Trainingsinhalte und die angemessene Didaktik einzuschätzen. Die Beobachtungen wurden in speziell entwickelten Beobachtungsbögen protokolliert.

Weiterhin wurden sowohl das Gesamttraining wie auch die einzelnen Trainingssitzungen durch die Teilnehmer und die Trainer beurteilt. Die Teilnehmer wurden mit einem Fragebogen und in Interviews zum Gesamttraining befragt. Die Sitzungsbewertung erfolgte durch die Teilnehmer, die Führungskräfte und die Trainer. Dabei wurden sowohl die Einsicht ins Selbst bzw. ins Team, die aktive Hilfe zur Problembewältigung, die Beziehung zum Trainer, die Stimmung im Training und die Aktiviertheit durch die Sitzung erfasst. Die Trainer wurden über den Fragebogen hinaus auch qualitativ nach ihrer Einschätzung der einzelnen Trainingssitzungen gefragt. Sie machten Angaben dazu, welche Inhalte aus ihrer Sicht besonders wichtig für die Teilnehmer waren, über Länge und Didaktik des Trainings und äußerten Verbesserungsvorschläge.

Im Folgenden werden die Ergebnisse der Erprobungsphase umrissen. Eine ausführliche Darstellung der Erprobungsergebnisse findet sich bei Busch et al. (i.V.). Die Erprobung des Trainings lief in den Betrieben sehr gut. Schwierigkeiten in der Durchführung der Intervention traten in Betrieben auf, in denen ein hoher Anteil an Beschäftigten mit Migrationshintergrund anzutreffen war. Hier zeigten sich Sprach- und Verständnisprobleme, die zum Teil durch verstärkte Zuwendung und Rücksichtnahme der Trainer auf diese Teilnehmer kompensiert werden konnten. In einem der Betriebe, die an der Erprobung teilnahmen, war die Hälfte der trainierten Mitarbeiter nicht deutschsprachig, sodass auf eine betriebliche „Dolmetscherin" zurückgegriffen werden musste. Diese war während der gesamten Intervention anwesend und hat simultan übersetzt. Sie entwickelte sich zu einem betrieblichen Multiplikator in dem Sinne, dass sie nicht nur übersetzt, sondern die Inhalte im Betrieb weiter vorangetrieben und unterstützt hat. Sie hat sich als Vermittlerin zwischen den Beschäftigten und den Führungskräften entwickelt. Es kam im Rahmen der Intervention zu einem Austausch von kulturspezifischen Begriffen von Stress und Stressmanagement, und es zeigte sich, dass für die spezielle betriebliche Situation einer kulturell diversen Beschäftigtengruppe eine andere Intervention als das vorliegende Trainingsmanual angezeigt ist. In einem vom BMBF geörderten Folgeprojekt wird eine zielgruppenspezifische Intervention für kulturell diverse Belegschaften entwickelt werden.

Die Ergebnisse der Prozessevaluation zeigten weiter auf, dass die Intervention von den Teilnehmern sehr positiv aufgenommen wurde. Die Teilnehmer bewerteten das Training insgesamt als sehr gut und gaben an, gute Anregungen zur eigenen und zur Stressbewältigung im Team sowie zu mehr Bewegung erhalten zu haben. Die Bedeutsamkeit der Inhalte wurde von den Teilnehmern als hoch bis sehr hoch eingeschätzt. Die zwei Module, die sich auf Stressbewältigung im Team beziehen, wurden explizit als sehr wichtige Inhalte genannt. Insbesondere auf Grundlage der Beobachtungsprotokolle und der Sitzungsbewertungen sowie der qualitativen Rückmeldungen der Trainer konnte das Trainingskonzept verbessert werden. Die wichtigsten Veränderungswünsche betrafen die inhaltliche zu hohe Dichte des Trainings und die Länge der Module, die mit vormals vier Stunden als zu lang erlebt wurde. Die Beteiligungsmotivation der betrieblichen Entscheidungsträger kann zudem durch eine kürzere Intervention gefördert werden. Besonders die Freistellung der Mitarbeiter für insgesamt 16 Stunden wurde von den betrieblichen Entscheidungsträgern als Hindernis für eine Teilnahme genannt.

Es wurde weiter einheitlich (sowohl von den Trainern wie auch aufgrund der Beobachtungen) festgestellt, dass die Zielgruppe gute Visualisierungen und Veranschaulichungen benötigt, um die Inhalte des Trainings gut aufnehmen und für sich nutzen zu können. Die Bewertung des Führungskräftemoduls war einheitlich sehr positiv. In der Prozessevaluation zeigte sich, dass diesem Modul im Rahmen des Gesamtkonzepts eine große Bedeutung zukommt. Die Führungskräfte profitierten eigenen Angaben zufolge selbst sehr von dem Training. Darüber hinaus zeigte sich, dass das Führungsmodul sehr wichtig ist, da hier die notwendigen äußeren Rahmenbedingungen geschaffen werden, die ausschlaggebend sind, damit die Teilnehmer die in den anderen Trainingssitzungen gelernten Inhalte auch in ihren Arbeitsalltag integrieren können.

Das Konzept wurde dahin gehend überarbeitet, dass die vier Module für die Beschäftigten inhaltlich und zeitlich gekürzt wurden. Die Sitzungen für die Beschäftigten wurden von vier auf drei Stunden gekürzt. Durch die zeitliche Kürzung der Sitzungen für die Teilnehmer wurde verschiedenen in der Erprobung beobachteten Problemen entgegengewirkt. Die notwendige Freistellungszeit der Teilnehmer für das Training verkürzt sich. Dies kommt einer einfacheren Durchführung der Trainings in den Betrieben zugute. Weiter verkürzt sich die notwendige Vorbereitungs- und Durchführungzeit der Trainer für das Training. Das Führungskräftemodul wurde ausgeweitet, da sich dieses Modul als besonders wertvoll zeigte. Es wurde in zwei Teilmodule aufgeteilt, die vor Teammodul 1 und nach Teammodul 3 durchgeführt werden. Mit der zeitlichen Kürzung der Teammodule musste eine inhaltliche Kürzung und Konzentrierung vorgenommen werden. Für die verbleibenden Inhalte stand nun mehr Zeit zur Verfügung. Dies soll die Effektivität des Trainings weiter erhöhen.

Didaktisch wurde das Interventionskonzept dahin gehend überarbeitet, dass noch einmal verstärkt auf die Veranschaulichung und verständliche Vermittlung der Inhalte hingearbeitet wurde. Auf eine sprachliche Vereinfachung des Manuals wurde besonderer Wert gelegt, um Übersetzungsleistungen der Trainer zu vermeiden.

Die Evaluationsergebnisse zeigen die sehr unterschiedliche Effektivität der Intervention in den einzelnen Betrieben. Damit wird zum einen deutlich, wie unterschiedlich die betrieblichen Bedingungen für die Intervention sind, und zum anderen, welchen erheblichen Einfluss sie auf die Intervention haben. Wir möchten ausdrücklich darauf hinweisen, dass sich für die erfolgreiche Durchführung des Trainings die Integration in ein betriebliches Gesundheitsmanagement als einer der wichtigsten Faktoren herausgestellt hat. Nur auf diesem Wege kann eine Intervention effektiv sein und eine Nachhaltigkeit der Interventionseffekte gewährleistet werden. In den Informationen zur Vorbereitung des Trainings (Abschnitt 2) wird deshalb ein exemplarisches Vorgehen bezüglich der wichtigsten organisatorischen Rahmenbedingungen des Trainings vorgestellt (Abschnitt 2.4).

Über alle Betriebe hinweg zeigte sich bereits nach Beendigung der Intervention eine Verbesserung des Bewegungsverhaltens, ein wichtiger Inhalt des Trainings. Dieser Effekt blieb auch zum Follow-up-Zeitpunkt drei Monate nach Beendigung des Trainings bestehen. Weiterhin verbesserten sich Ressourcen und Merkmale der Zusammenarbeit im Team (vgl. Abschnitt 1.4), wie eine verbesserte gemeinsame Aufgabenbewältigung im Team und die gemeinsame Selbstwirksamkeitserwartung im Team. Diese Effekte sind besonders deutlich drei Monate nach Beendigung des Trainings. Auch die Fürsorge der Führungskraft wurde von den Beschäftigten nach der Intervention als verbessert bewertet.

2 Vorbereitung der Trainingsdurchführung

Zur Vorbereitung der Trainingsdurchführung dienen die Leitlinien der Trainingskonzeption. Sie sind im Folgenden aufgeführt (Abschnitt 2.1). Weiterhin wird der Aufbau des Trainings und der Module erläutert (Abschnitt 2.2). In Abschnitt 2.3 werden Hinweise zum Umgang mit dem Trainingsmanual gegeben. Anschließend geben wir Ihnen Empfehlungen zur Organisation der Trainingsdurchführung (Abschnitt 2.4) an die Hand. Diese Empfehlungen resultieren aus unseren Erfahrungen und den bisherigen Erfahrungen der Trainer mit der Durchführung des Trainings in vielen, verschiedenen Betrieben und Branchen im Rahmen des Projekts ReSuM. Die Vorbereitung des Trainings umfasst unbedingt eine Betriebsbegehung anhand unseres Screenings (Abschnitt 2.5), damit die Trainer die Zielgruppe und deren Arbeitssituation vor dem Training kennengelernt haben. Das Screening selbst befindet sich auf der beiliegenden CD.

2.1 Leitlinien des Trainings

Folgende zehn Leitlinien haben wir bei der Konzeption des Trainings verfolgt:

1. Das Training ist ein Teamtraining

Das Training zielt auf Teams in Service, Gewerbe und Produktion. Das hat verschiedene Gründe, insbesondere die Steigerung der Teilnahmemotivation, verbesserte Lernprozesse und die Transfersicherung in den Arbeitsalltag. Ein Teamtraining ist zudem sinnvoll, um das Team zur Stressbewältigung zu nutzen, wie Stresssituationen im Team gemeinsam abzubauen und teameigene Ressourcen zu stärken (vgl. Abschnitt 1.4). Daher behandelt das Training nicht nur Stress- und Ressourcenmanagement des Einzelnen, sondern auch gemeinsame Stressbewältigung und Ressourcen der Teamarbeit. In allen Modulen, auch in den Modulen, die individuelle Stressbewältigung thematisieren, sind Teamübungen integriert, um die Aufmerksamkeit der Beschäftigten auf die Zusammenarbeit im Team zu lenken.

2. Die Vorgesetzten spielen eine bedeutsame Rolle

Führungskräfte gewährleisten als wichtige Mitgestalter der Arbeitsbedingungen die Nachhaltigkeit und den Bedingungsbezug des Trainings. Insbesondere bei der Zielgruppe der Geringqualifizierten spielen sie eine zentrale Rolle für Stress- und Ressourcenmanagement. So können nur sie regelmäßige Teamsitzungen zum gemeinsamen Problemlösen garantieren. Zudem sind Anerkennung, Wertschätzung und Unterstützung durch die Führungskraft wichtige Ressourcen für die Beschäftigten (vgl. Abschnitt 1.7). Das Training umfasst daher neben einem Teamtraining für die Beschäftigten ein Führungskräftetraining für die direkten Vorgesetzten.

3. Bewegung ist ein zentraler Trainingsinhalt

Neben der Förderung der Zusammenarbeit im Team erscheint für diese Zielgruppe die Förderung alltäglicher Bewegung in Arbeit und Freizeit als Ressource und Bewältigungsstrategie angemessen. Das Training thematisiert daher im großen Umfang Bewegung. Den Teilnehmern soll im Training zum einen vermittelt werden, dass Bewegung Spaß machen kann. Zum anderen soll den Beschäftigten vermittelt werden, dass Bewegung eine große Bedeutung für ihre Gesundheit hat. Bewegung ist eine wichtige Ressource; sie kann vor Stress schützen und eine sehr effektive Stressbewältigungsmethode darstellen (vgl. Abschnitt 1.5). Um die Bedeutung der Bewegung im Training zu unterstreichen, wird in jedem Modul darauf Bezug genommen. In einigen Modulen (Teamodule 1 und 2) wird es explizit thematisiert. In Teammodul 1 wird Bewegung in der Freizeit thematisiert, in Teammodul 2 wird Bewegung am Arbeitsplatz thematisiert. In den anderen Modulen wird das Thema Bewegung in Form von kleinen Bewegungsübungen aufgegriffen. Ein Bewegungskatalog und Bewegungsspiele sind in den Materialien auf der beiliegenden CD ausgeführt.

4. Das Training ist konsequent ressourcenorientiert

Stressmanagement ist nach dem Verständnis der Autorinnen wesentlich geprägt von den zur Verfügung stehenden und genutzten Ressourcen. Diese können in der Person liegen, aber auch in der Umwelt, wie der Teamarbeit, den Vorgesetzten, der Arbeitsaufgabengestaltung, den Umgebungsbedingungen, der Familie usw. Das Training geht daher weniger auf die Belastungen als auf die Ressourcen ein, die in der Person und in der Umwelt vorhanden sind und gefördert werden können (vgl. Abschnitt 1.2). So werden z.B. in Teammodul 2 die Ressourcen der Zusammenarbeit bei der Aufgabenerledigung, wie gemeinsame Verantwortungsübernahme, und die sozialen Ressourcen im Team, wie gegenseitige Wertschätzung, bearbeitet und gefördert.

5. Das Training weist ein hohes Maß an Strukturierung auf

Für diese Zielgruppe hat sich ein hoch strukturiertes Training als didaktisch effektiv gezeigt. Die Beschäftigten haben oftmals noch nie an einer Präventions- oder Weiterbildungsmaßnahme teilgenommen. Ängste und Unsicherheiten sind bei den Teilnehmern vorzufinden. Ein hohes Maß an Strukturierung hilft, diese Ängste und Unsicherheiten abzubauen und einen Überblick bzw. einen roten Faden zu behalten. So beinhaltet jedes Modul und damit jeder Termin getrennte Inhalte, die aufeinander aufbauen. In Evaluationsstudien zeigt sich ein hohes Maß an Strukturierung für diese Zielgruppe als wirksam.

6. Das Training weist ein hohes Maß an Visualisierung auf

Inhalte sind für die Teilnehmer wesentlich leichter zu verstehen, wenn sie visualisiert werden. Je mehr Sinneskanäle angesprochen werden, umso besser können Informationen verstanden, behalten und wiedererkannt werden. Gering qualifizierte Beschäftigte sind es oftmals nicht gewohnt, viel zu lesen und zu schreiben, sodass die Trainingskonzeption einen hohen Grad an Visualisierung vorsieht. In Evaluationsstudien mit Geringqualifizierten zeigte sich die Visualisierung als sehr hilfreich.

7. Die Wissens- und Fähigkeitsvermittlung erfolgt durch erlebnisorientierte Übungen

Gerade für die angesprochene Zielgruppe ist es nicht sinnvoll, Informations- und Wissensvermittlung durch einen Vortrag bzw. ein Referat vorzunehmen. Vielmehr erfolgt die Wissensvermittlung und die Förderung von Stressmanagement anhand kurzer Inputs kombiniert mit erlebnisorientierten Übungen. Die Teilnehmer sollen die Inhalte in Übungen direkt erfahren und erleben. Dies fördert neben der Akzeptanz der Lerninhalte den Transfer in den Alltag.

8. Die Transferdistanz wird im Training gering gehalten

Die Umsetzung des Gelernten in den Alltag ist wesentlich für ein erfolgreiches Training. Daher sollen die Inhalte und Übungen des Trainings möglichst nah an den (beruflichen) Alltag der Beschäftigten angelegt sein. Der Trainer muss den Arbeitsalltag kennen, um die Übungen alltagsnah ausgestalten zu können. Um die Transferdistanz im Training gering zu halten, ist für die Trainer eine vorherige Betriebsbegehung anhand des Screenings unbedingt notwendig. Das Screening wird in Abschnitt 2.5 erläutert und befindet sich auf der beiliegenden CD. Die Teilnehmer werden zudem im Training immer wieder aufgefordert, Beispiele aus ihrem Arbeitsalltag zu nennen und zu bearbeiten.

9. Die einzelnen Module beginnen und enden positiv

Jedes Modul ist mit einem positiven Einstieg in das Thema und einem positiven Ende konzipiert. Durch einen positiven Beginn der Sitzungen, z.B. durch einen humoristischen Einstieg, wird die Neugier der Teilnehmer auf das Thema geweckt. Dies soll die Grundlage für eine gute und aktive Mitarbeit der Teilnehmer darstellen. Jedes Modul endet damit, dass die Teilnehmer in einer Abschlussrunde aufgefordert werden, darüber nachzudenken und laut auszusprechen, was sie einem Kollegen erzählen, der sie nach dem Gelernten fragt.

10. Jede Sitzung endet mit konkreten Ergebnissen

Die Teilnehmer sollen am Ende jeder Sitzung bzw. jedes Moduls „etwas in der Hand haben". Sie bekommen jeweils „Hausaufgaben" bis zur nächsten Sitzung. Sie sollen Auskunft darüber geben können, welche Inhalte in der Sitzung behandelt wurden und inwiefern sie diese für sich nutzen können bzw. welche weiteren Schritte (z.B. Handlungspläne) nach dem Modul bzw. Training folgen. Zu jedem Modul teilen die Trainer ein Informationsblatt aus, das kurz die Inhalte des Moduls wiedergibt. Dieses Informationsblatt wird mit den Arbeitsblättern in einen Hefter sortiert, sodass jeder Teilnehmer einen Hefter mit Trainingsunterlagen für sich persönlich aus dem Training mitnimmt.

2.2 Aufbau des Trainings

Das Training ist ein Teamtraining, d.h. es richtet sich an komplette Teams von Beschäftigten in Gewerbe, Produktion und Service und deren direkte Führungskräfte. In einem Training können mehrere Teams bei max. 20 Teilnehmern teilnehmen mit einem Trainer oder einer Trainerin und einem Co-Trainer bzw. einer Co-Trainerin. Es ist sinnvoll, ein geschlechtsgemischtes Trainerteam auszuwählen (vgl. Abschnitt 1.3). Im Trainingsmanual (Abschnitt 3) werden wir zur sprachlichen Vereinfachung ausschließlich von einem Trainer sprechen.

Das Training ist modular aufgebaut mit inhaltlich abgetrennten Modulen. Dies hat sich in der Evaluationsforschung zu Stressmanagementtrainings als effektiv gezeigt. Das Training besteht aus einem Teamtraining für die Beschäftigten, das von einem Führungskräftetraining begleitet wird. Wir sprechen im Folgenden von Modulen, wobei sich vier Module mit jeweils einer Sitzung über drei Stunden an die Beschäftigten richten (Teammodule 1 bis 4) und ein Modul mit zwei Sitzungen über jeweils drei Stunden an die direkten Vorgesetzten (Führungskräftemodul). Die vier Teammodule für die Beschäftigten lassen sich untergliedern in zwei Module zu individueller Stressbewältigung und Ressourcen (Teammodul 1 und 4) und in zwei Module zu gemeinsamer Stressbewältigung im Team und Ressourcen der Teamarbeit (Teammodul 2 und 3). Das Führungskräftemodul ist unterteilt in eine Sitzung, die vor dem ersten Modul der Beschäftigten durchgeführt wird und eine Sitzung, die nach dem dritten Beschäftigtenmodul durchgeführt wird. Die Vorgesetzten sollen vor dem Teamtraining über die Inhalte und den Ablauf des Trainings informiert werden. Die Trainer behandeln die Einflussmöglichkeiten der Führungskräfte auf den Stress der Beschäftigten und das Zusammenspiel von Stress der Führungskräfte und Stress der Teammitarbeiter. Nach dem dritten Teammodul erfolgt die zweite Sitzung für die Vorgesetzten. Hier geht es um das Thema Wertschätzung und Anerkennung.

Das Training beginnt mit der Betriebsbegehung anhand des Screenings. Es folgt der erste Teil des Führungskräftemoduls, um die Führungskräfte über das Training zu informieren und mit ihnen in das Thema Stress- und Ressourcenmanagement einzusteigen. Dann folgt das erste Teammodul, Teammodul 1, in dem es um eine Einführung in Stress und Stressbewältigung für die Beschäftigten geht. Die verschiedenen Formen der Stressbewältigung und die Bedeutung der Ressourcen werden erarbeitet. Bewegung wird als personale Ressource und Bewältigungsstrategie herausgestellt und Bewegung in der Freizeit anhand eines je individuellen Handlungsplans thematisiert. In Teammodul 2 werden die Aufgaben des Teams und die Zusammenarbeit im Team reflektiert. Soziale Ressourcen im Team werden aufgearbeitet und Möglichkeiten der Stärkung dieser wichtigen Ressourcen behandelt. Der Trainer schlägt Bewegungsübungen für den Arbeitsplatz auf der Grundlage seiner Arbeitsplatzbeobachtungen und unterstützt durch den Bewegungskatalog vor. Der Bewegungskatalog befindet sich auf der beiliegenden CD. Der Trainer übt sie im Training mit den Beschäftigten ein. Die Übungen sollen mit Unterstützung der Kollegen im Alltag durchgeführt werden. In Teammodul 3 wird gemeinsames, systematisches Problemlösen im Team zur Stressbewältigung kennengelernt und anhand eines gemeinsamen Problems geübt. Die Umsetzungsvorschläge für das ausgewählte Problem werden in das folgende Führungskräftemodul, Teil 2, eingebracht, um die wichtige Unterstützung der Führungskraft zu sichern. Daher folgt nach Teammodul 3 das zweite Teilmodul für die Führungskräfte. Zudem wird in der zweiten Sitzung des Führungskräftemoduls Wertschätzung und Anerkennung behandelt. Das Training endet mit Teammodul 4. Das Teammodul 4 ist wieder ein Modul, das sich um die individuelle Stressbewältigung bemüht. Hier geht es um die individuelle Work-Life-Balance und persönliche Entwicklungsmöglichkeiten. Zu Beginn wird eine Reflexion über die verschiedenen Lebensbereiche angeregt. Anschließend erfolgt eine Einführung in individuelle Zielsetzungen und die Erarbeitung je individueller Entwicklungspläne. Bewegung zieht sich durch das gesamte Training mit kleinen Bewegungsübungen, die zur Auflockerung eingesetzt werden. Die Teilnehmer sollen im Training Spaß an Bewegung erfahren.

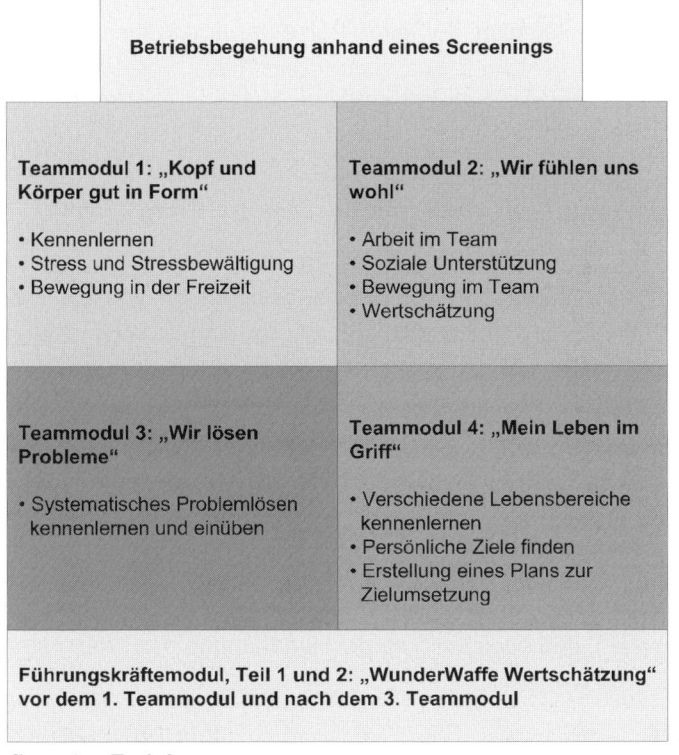

Abbildung 7: Aufbau des Trainings

Es kann aus organisatorischen Gründen sein, dass zunächst nur ein Teilteam trainiert wird, z.B. weil die Produktion weiterlaufen muss. Dann sollte das andere Teilteam zeitnah trainiert werden mit einer zusätzlichen gemeinsamen Sitzung des gesamten Teams, um die erarbeiteten Inhalte auszutauschen. Eine Follow-up Sitzung nach drei Monaten ist zur Auffrischung des Gelernten sinnvoll.

2.3 Hinweise zum Manual

2.3.1 Aufbau der Module im Manual

Jedes Modul gliedert sich in folgende fünf Abschnitte:

1. Ziele des Moduls

Jedes Modul hat eindeutige und erreichbare Ziele, an denen sich die Trainer in der Umsetzung orientieren können und deren Erreichung nach Durchführung des Trainings überprüft werden kann. Diese Ziele werden zu Beginn jedes Moduls dargestellt.

2. Der rote Faden

Der rote Faden zeigt auf, wie die Module in den Gesamtzusammenhang des Trainings einzuordnen sind und wie die Module untereinander zusammenhängen.

3. Ablaufplan

Hier befindet sich ein Ablaufplan, der jeden Punkt der praktischen Durchführung kurz vorstellt.

4. Checkliste

Mit Hilfe der Checkliste kann der Trainer überprüfen, ob alle Materialien für das jeweilige Modul vorhanden sind.

5. Praktische Durchführung

Die Darstellung der praktischen Durchführung stellt das Kernstück in jeder Modulbeschreibung dar. Hier wird detailliert und konkret beschrieben, wie das Training in der Praxis durchgeführt werden soll. Die Materialien, die für die praktische Durchführung des jeweiligen Moduls benötigt werden, z.B. Arbeitsblätter, sind auf der beiliegenden CD zum Manual digital zu finden. Ebenso befinden sich das Screening, der Bewegungskatalog und die Bewegungsspiele auf der CD zum Manual.

2.3.2 Symbole im Manual

Die folgenden Symbole (siehe Abbildung 8) tauchen im Verlauf der Beschreibung der praktischen Durchführung der einzelnen Module auf. Sie sollen dem Leser helfen, die Übersicht zu behalten, und erleichtern so die Handhabung des Trainermanuals.

	Humoristischer Einstieg/ Auflockerung		Arbeitsblatt
	Input auf Flip-Chart/ Folie/Metaplan		Roter Faden des Moduls
	Durchführung wenn Anzahl der Teams >1 mehrere Teilnehmer		Ziele
	Achtung! Wichtiger Durchführungshinweis		Bewegungseinheit

Abbildung 8: Symbole im Manual

2.3.3 Art der Präsentation von Inhalten

Im Verlauf der Beschreibung der praktischen Durchführung der einzelnen Module tauchen Abbildungen auf. Die Trainer sollen zu Beginn der Trainings entscheiden, ob sie diese Inhalte auf Flipchart oder im Rahmen einer Powerpoint-Präsentation darstellen möchten. Die Abbildungen liegen in digitaler Form auf der beiliegenden CD vor. Wir empfehlen den Trainern Flipcharts zu erstellen, da eine Powerpoint-Präsentation den Trainingsablauf stören kann.

2.3.4 Informationsblätter zu jedem Modul

Zu jedem Modul wurden Informationsblätter, sogenannte „Infoblätter" erstellt, die auf zwei Seiten kurz die wichtigsten Inhalte des Moduls für die Teilnehmer wiedergeben. Diese sollen den Teilnehmern am Ende jeder Sitzung ausgeteilt werden, damit sie die Trainingsinhalte zu Hause nachlesen können. Es empfiehlt sich, den Teilnehmern in Teammodul 1 einen Schnellhefter oder eine Mappe zu geben, in denen die Teilnehmer die Infoblätter und die Arbeitsblätter, die sie in jedem Modul bearbeiten, abheften können. Die Infoblätter zu jedem Modul sind auf der beiliegenden CD zu finden.

2.4 Organisation des Trainings

2.4.1 Organisatorische Rahmenbedingungen

Als Trainer haben Sie die Aufgabe, die Rahmenbedingungen für das Training zusammen mit dem Betrieb, in dem das Training durchgeführt wird, zu organisieren. Wir empfehlen Ihnen, dabei bestimmte Punkte zu berücksichtigen.

- Es hat sich gezeigt, dass es sinnvoll für die Durchführung des Trainings ist, einen Steuerkreis zu gründen. Dieser koordiniert den gesamten Ablauf des Trainings und kümmert sich um die organisatorischen Rahmenbedingungen.
- Es ist ratsam, eine Informationsveranstaltung vor Beginn des Trainings durchzuführen, bei der interessierte Beschäftigte, die Teilnehmer und die Führungskräfte anwesend sein sollten. Durch eine solche Veranstaltung werden frühzeitig alle Beteiligten „ins Boot" geholt, Erwartungen geklärt und mögliche Ängste und Befürchtungen seitens der Teilnehmer abgebaut.

Nach der Durchführung der fünf Module empfehlen wir eine sogenannte „Follow-Up"-Veranstaltung abzuhalten, die drei Monate nach Ende der letzten Trainingssitzung stattfindet. Wieder sollten alle Teilnehmer dabei sein und ggf. auch die Führungskräfte. In dieser Veranstaltung soll bilanziert werden, was die Teilnehmer in den drei Monaten nach dem Training im Alltag umsetzen konnten, welche Fortschritte sie gemacht haben, was aber vielleicht auch in Vergessenheit geraten ist. Auf diese Weise findet eine erneute Auffrischung der Trainingsinhalte statt, und der Transfer in den (Arbeits-)Alltag wird noch einmal gesichert. In der Follow-up-Veranstaltung können auch die Gewinne für den Bewegungswettbewerb (siehe Teammodul 1) sowie Zertifikate für die Trainingsteilnahme vergeben werden.

2.4.2 Exemplarischer organisatorischer Ablauf

Die nachfolgende Liste enthält alle Aktivitäten, die ein Trainer bei der Durchführung des Trainings berücksichtigen sollte. Nicht in jedem Fall wird eine Evaluation des Trainings durchgeführt. Die Aktivitäten, die sich auf eine Evaluation beziehen, sind extra gekennzeichnet.

Tabelle 6: Organisatorischer Ablauf

Zeitpunkt	To-Do
Direkt nach Erhalt des Auftrags, das Training abzuhalten	Trainingsmanual sowie den Bewegungskatalog einmal vollständig durchlesen, um Zusammenhänge zu erkennen
Frühstmöglicher Zeitpunkt nach Beauftragung zum Training	Einrichtung eines Steuerkreises (wenn bereits vorhanden: Kontaktaufnahme mit Steuerkreis)
	Festlegung der Trainingstermine (möglichst 14-tägige Abstände zwischen den Trainings; den zweiten Teil vom Führungskräftemodul nach Teammodul 3 einplanen)
	Nur bei Durchführung einer Evaluation: Zustimmung des Fragebogens durch den Betriebs- bzw. Personalrat einholen
Ca. 3 bis 4 Wochen vor Beginn des Trainings	Informationsveranstaltung
Ca. 2 bis 3 Wochen vor Beginn des Trainings	Durchführung der Betriebsbegehung mit dem Screening (vgl. Abschnitt 2.5)
	Auswahl von Bewegungsübungen für das Training (Teammodul 2) aufgrund des Screenings
	Räumlichkeiten und Getränke/Verpflegung während des Trainings klären
	In Absprache mit dem Betrieb Preise für den Bewegungswettbewerb im Training festlegen und besorgen
Ca. 1 bis 2 Wochen vor Beginn des Trainings	Nur bei Durchführung einer Evaluation: Datenerhebung vor dem Training
Vor jedem Trainingsmodul	Jedes Modul einzeln lesen
	Flipcharts, Metaplanwände vorbereiten bzw. Folien auswählen (ggf. Beamer besorgen)
	Arbeitsblätter und Infoblätter für das Modul vervielfältigen / Materialien zusammenstellen
	Durchführung des Trainings (alle fünf Module mit sechs Sitzungen und mit 1 bis 2 Wochen Pause dazwischen)
Ca. 1 bis 2 Wochen nach Ende des Trainings	Nur bei Durchführung einer Evaluation: Datenerhebung direkt nach dem Training
Ca. 3 Monate nach Ende des Trainings	Follow-up-Veranstaltung und Verleihung der Preise für den Bewegungswettbewerb
	Nur bei Durchführung einer Evaluation: Follow-up-Datenerhebung
Nach der Follow-up-Veranstaltung	Rückmeldung über das Training und, wenn vorhanden, über die Evaluationsergebnisse an den Steuerkreis

2.4.3 Organisation der Trainingssitzungen

Im Vorfeld der Durchführung der jeweiligen Module müssen diverse organisatorische Detailfragen geklärt werden. Dies betrifft z.B. die Räumlichkeiten, in denen das Training stattfinden soll, sowie deren Ausstattung. Für jedes Modul müssen eine Metaplanwand und ein Flipchart-Ständer vorhanden sein. Die genauen Materialien, die Sie für das jeweilige Modul benötigen, finden Sie im Überblick auf den Checklisten jedes Moduls. Aufgrund der Dauer von drei Stunden pro Modul ist es auch sinnvoll, wenn eine Kleinigkeit zum Essen und Trinken bereitgestellt wird. Dies trägt zu einer angenehmen Atmosphäre bei und wird von den Teilnehmern als Ausdruck der Wertschätzung wahrgenommen.

2.4.4 Checklisten für die Organisation des Trainings

Tabelle 7: Terminplanung für die Organisation des Trainings

Terminplanung	Datum	Uhrzeit	Raum
Führungskräftemodul (1. Teil):			
Teammodul 1:			
Teammodul 2:			
Teammodul 3:			
Führungskräftemodul (2. Teil):			
Teammodul 4:			

Tabelle 8: Checkliste zur Organisation des Trainings

Organisatorisches vor dem Training:	erledigt
Einrichtung eines Steuerkreises	☐
Informationsveranstaltung für die Belegschaft	☐
Festlegung der Trainingstermine (14-tägige Abstände zwischen den Trainings; den zweiten Teil vom Führungskräftemodul nach Teammodul 3)	☐
Follow-up-Veranstaltung terminieren	☐
Planung der Rückmeldung über das Training an den Steuerkreis	☐
Räumlichkeiten, Ausstattung, Getränke und Verpflegung klären	☐
Preise für den Bewegungswettbewerb besorgen	☐
Flipcharts, Metaplanwände vorbereiten bzw. Folien auswählen (Beamer besorgen)	☐
Arbeits- und Infoblätter vervielfältigen / Material zusammenstellen	☐
Inhaltliche Vorbereitung	
Trainingsmanual sowie den Bewegungskatalog einmal vollständig durchlesen Durchführung der Betriebsbegehung mit dem Screening	☐
Auswahl der Bewegungsübungen für das Training	☐
Rechtzeitig vor jedem Trainingsmodul jedes Modul ein zweites Mal einzeln lesen	☐
Nach dem Training	
Follow-up-Veranstaltung durchführen, Verleihung der Preise für den Bewegungswettbewerb	☐
Rückmeldung über das Training an den Steuerkreis	☐
Bei Durchführung einer Evaluation	
Zustimmung des Fragebogens durch den Betriebs- bzw. Personalrat einholen	☐
Festlegung der Termine und des Ortes für die Datenerhebungen (1 - 2 Wochen vor Beginn des Trainings, 1 - 2 Wochen nach Ende des Trainings, ca. 3 Monate nach Ende des Trainings)	☐

2.5 Das Screening – ein Instrument zur Vorbereitung des Trainers auf das Training

Im Rahmen des ReSuM-Projekts wurde ein Screening entwickelt, das ökonomisch, leicht verständlich und zuverlässig den Trainer auf das Training vorbereitet. Das Screening wird daher vom Trainer vor dem Training im Rahmen einer Betriebsbegehung ausgefüllt und verbleibt bei ihm.

Mit Hilfe des Screenings werden Informationen zu verschiedenen Aspekten erhoben, dazu gehören die Arbeitsbedingungen der teilnehmenden Beschäftigten, die Betriebsstruktur sowie Charakteristika der Teamarbeit und der Führungskultur.

Das Screening ist ein wichtiger Bestandteil der Trainingsvorbereitung. Das Screening ermöglicht eine Beurteilung der Arbeitsbedingungen im Betrieb, der Teamarbeit, der Belastungen und Ressourcen der Mitarbeiter, woraus sich Implikationen für die Durchführung des Trainings ergeben. Für den Aufbau eines tragfähigen Arbeitsbündnisses zwischen Trainer und Teilnehmer sind Kenntnisse des Trainers über die Arbeitsbedingungen der teilnehmenden Teams notwendig. Diese Kenntnisse verbessern die Qualität des Trainings, da die Inhalte besser auf die Teilnehmer abgestimmt werden können.

Das Screening soll den Trainer dabei unterstützen,

- das Training vorzubereiten,
- Belastungen, Ressourcen und Veränderungspotentiale zu erkennen,
- das Training in seinen möglichen Auswirkungen auf den Betrieb, Vorgesetzte und andere Kollegen zu verstehen und sich auf damit verbundene Probleme und Veränderungen einzustellen und
- ein vertieftes Wissen und Verständnis vom jeweiligen Betrieb, dessen Struktur und Organisation zu entwickeln, um dadurch besser auf die Trainingsteilnehmer eingehen zu können.

Das Screening beinhaltet folgende Themenkomplexe:

- Allgemeines zum Training und zu den Teilnehmern,
- Tätigkeitsbezogene Belastungen sowie Anforderungen und Ressourcen,
- Körperliche Belastungen,
- Aspekte des Führungsverhalten der Vorgesetzten,
- Hinweise zur Organisation des Trainings.

Um das Screening ausfüllen zu können, ist eine Betriebsbegehung dringend erforderlich, denn im Screening werden Fragen zum Betrieb und detaillierte Aspekte zu den Teams erhoben, die nur aufgrund von Hintergrundinformationen zum Betrieb beantwortet werden können. Im optimalen Fall hat der Trainer die Möglichkeit, einen Praxistag im Betrieb durchzuführen, um so die Tätigkeit der Teilnehmer kennenzulernen. Für jeden Trainingsdurchgang sollte ein Screening ausgefüllt werden.

Vorgehen

Lesen Sie sich das Screening einmal durch, um einen Überblick zu erhalten, welche Fragen Sie bereits jetzt beantworten können und für welche Fragen Sie gezielt in der Betriebsbegehung Antworten einholen sollten. Führen Sie anschließend die Begehung durch, um sich einen Vor-Ort-Eindruck von der Arbeit der Teilnehmer zu verschaffen und Fragen gezielt zu beantworten. Wenn mehrere Teams am Training teilnehmen, die unterschiedliche Aufgaben haben, sollte das Screening ab Abschnitt 3 kopiert und separat für jedes Team ausgefüllt werden. Das Screening befindet sich, wie alle anderen Materialien, auf der CD.

3 Das Trainingsmanual

Das folgende Trainingsmanual umfasst eine ausführliche Schilderung der einzelnen Module und deren Inhalte mit Ablaufplänen, Checklisten für Material und umfangreichen Moderationsanleitungen.

Das Training setzt sich aus fünf Modulen und sechs Trainingssitzungen zusammen. Die Module behandeln verschiedene Inhalte (☞Abschnitt 2.2). Vier Module und Trainingssitzungen richten sich an die Beschäftigten in ihren jeweiligen Teams. Sie werden Teammodule genannt. Ein Modul mit zwei Sitzungen richtet sich an die direkten Führungskräfte der Teams, die trainiert werden. Das Führungskräftemodul fügt sich in zwei Teilmodulen zu unterschiedlichen Zeitpunkten in den Trainingsablauf ein. Das erste Teilmodul wird vor dem Teammodul 1 trainiert, das zweite Teilmodul zwischen Teammodul 3 und Teammodul 4.

Das Training beginnt mit einer Betriebsbegehung anhand des Screenings (☞Abschnitt 2.5 und CD).

Ablauf des Trainings:

1. Betriebsbegehung anhand des Screenings (Abschnitt 2.5 und CD)
2. Führungskräftemodul Teil 1 „WWW: WunderWaffeWertschätzung" (Abschnitt 3.1)
3. Teammodul 1: „Kopf und Körper gut in Form" (Abschnitt 3.2)
4. Teammodul 2 „Wir fühlen uns wohl" (Abschnitt 3.3)
5. Teammodul 3 „Wir lösen Probleme" (Abschnitt 3.4)
6. Führungskräftemodul Teil 2 „WWW: WunderWaffeWertschätzung" (Abschnitt 3.5)
7. Teammodul 4 „Mein Leben im Griff" (Abschnitt 3.6)

3.1 Führungskräftemodul Teil 1: „WWW: WunderWaffeWertschätzung" - Wertschätzende Führung als Gesundheitsressource

3.1.1 Ziele des Moduls

Ziel dieses zweiteiligen Moduls ist es, die Führungskräfte der Teams für das Thema Stress zu sensibilisieren, ihre Rolle und Funktion im Stressgeschehen der Teams zu diskutieren und positive Unterstützungsmöglichkeiten zu erproben. Im Mittelpunkt steht das Thema „Respektvolle und wertschätzende Kommunikation mit Mitarbeitern". Es soll am Ende den Führungskräften deutlich werden, dass eine Stressreduktion der Mitarbeiter durch wertschätzende Kommunikation auch ihren eigenen Stresshaushalt positiv beeinflusst. Darüber hinaus werden die Führungskräfte darüber informiert, wie das Stress- und Ressourcentraining für die Teams aufgebaut ist und welche Inhalte dort vermittelt werden.

Das Führungskräftemodul ist in zwei dreistündige Teilmodule gegliedert. Im ersten Teil des Moduls wird ein Überblick über die Trainingsmodule gegeben und das Thema Stress und Einflussmöglichkeiten der Führungskräfte behandelt. Im zweiten Teil des Moduls geht es um wertschätzende Kommunikation. Das erste Teilmodul sollte vor dem ersten Teammodul für die Mitarbeiter „Kopf und Körper gut in Form" durchgeführt werden, das zweite Teilmodul nach Teammodul 3 „Wir lösen Probleme!". Diese Aufteilung ist sinnvoll, da im ersten Teilmodul die Führungskräfte einen Gesamtüberblick über das Training erhalten und für das Thema Stress der Teams sensibilisiert werden, im zweiten Teilmodul wird Bezug genommen auf Arbeitsergebnisse des Moduls 3, die die Führungskraft wertschätzend unterstützen soll.

Im ersten Teilmodul werden folgende Hauptziele definiert:

1. Vertrauensaufbau
2. Information über Ziele, Ablauf und Inhalte der Gesamtintervention
3. Motivation der Führungskräfte für diese Intervention
4. Einführung in das Thema Stress: Zusammenhänge von Individual- und Teamstress, Bedeutung der Führungskräfte für Teamstress
5. Ähnlichkeiten, Unterschiede und Zusammenhänge von eigenem Stress und Teamstress erkennen

Als Nebenziele gelten:

6. Schaffung von Veränderungsmotivation
7. Erkennen, dass das eigene Verhalten maßgeblichen Einfluss hat auf die Stimmung in den Teams

3.1.2 Der rote Faden des Trainings

Das zweigeteilte Führungskräftemodul ist eine Ergänzung zu den Teammo-

dulen. Es hat einerseits einen wichtigen informativen Charakter, weil es die
Führungskräfte in Kenntnis darüber setzen soll, was die Mitarbeiter/innen in
den Teammodulen 1 bis 4 vermittelt bekommen. Daneben steht die zentrale
Frage im Vordergrund, was Führungskräfte tun können, um den Teamstress
der Mitarbeiter positiv zu beeinflussen. Hierzu werden im ersten Teil des
Führungskräftemoduls die Belastungen und Ressourcen der Führungskräfte
und der Teams gegenübergestellt und die Einflussmöglichkeiten der Führungskräfte auf den Ebenen praktische Unterstützung, sprachliche Anerkennung und gefühlsmäßige Zuwendung behandelt. Als Vorbereitung auf das
zweite Teilmodul werden Auswirkungen von Stress auf die Kommunikation
zwischen Führungskräften und Mitarbeitern deutlich gemacht.

Dieses Modul ist – wie auch die Teammodule 1 bis 4 – stark ressourcenfokussiert aufgebaut: Im Mittelpunkt steht die Führungskraft als Ressource für
die Gesundheit der Mitarbeiter.

3.1.3 Ablaufplan

Führungskräftemodul, Teil 1

Nr.	Trainingseinheit	Ziele	Themen	Dauer in Min.	Form	Material	Wer
1.	Begrüßung und Vorstellung der Teilnehmer	Teilnehmer ankommen lassen	Begrüßung der Teilnehmer Vorstellung der Teilnehmer	20	Plenum	F1: Vorstellung der Teilnehmer	Trainer + Teilnehmer
2.	Orientierung und Überblick über die Gesamtmaßnahme	Überblick	Darstellung der Module Bedeutung der Führungskraft für Teamstress Ziele des Moduls	30	Plenum	F2: Ablauf des Gesamttrainings F3: Rolle und Funktion der Führungskraft F4: Ziele des Moduls F5: Ablaufplan des Moduls	Trainer
3.	Einflussmöglichkeiten der Führungskräfte auf Teamstress	Erkennen, dass Führungskräfte Einfluss auf Mitarbeiterstress haben	Einfluss der Führungskräfte auf Teamstress	50	Plenum	Metaplanwand: Einflussmöglichkeiten der Führungskräfte (entsprechend Struktur von F6)	Trainer + Teilnehmer

Führungskräftemodul, Teil 1

Nr	Trainingseinheit	Ziele	Themen	Dauer in Min.	Form	Material	Wer
4.	Mein Stress – Euer Stress	Zusammenhänge zwischen der eigenen Stresssituation und dem Stress der Beschäftigten erkennen	Belastungen und Ressourcen bei Führungskräften und Mitarbeitern Zusammenhänge von Führungsstress und Mitarbeiterstress „Kommunikative Teufelskreise"	50	Plenum	2 Metaplanwände mit Waage-Abbildungen (entsprechend der Struktur F8) Pinnnadeln Leere runde Karten F7: Kommunikativer Teufelskreis Stifte (Flipchart-Marker)	Trainer + Teilnehmer
5.	Abschluss	Zusammenfassung Feedback Orientierung über das zweite Teilmodul	Zusammenfassung Feedback Hausaufgabe	10	Plenum	Arbeitsblatt: „Gesundheitsbewusstes Handeln"	Trainer + Teilnehmer
	Variable Pause			20			

3.1.4 CHECKLISTE Führungskräftemodul Teil 1

Diese Materialien werden für das Modul benötigt!

Flipcharts/ Metapläne/ Power-Point-Präsentationen	
F1: Vorstellung	☐
F2: Ablauf des Gesamttrainings	☐
F3: Rolle und Funktion der Führungskraft	☐
F4: Ziele des Moduls	☐
F5: Ablaufplan des Moduls	☐
F6: Einflussmöglichkeiten der Führungskraft	☐
F7: Kommunikativer Teufelskreis	☐
F8: Waage-Abbildung	☐
Arbeitsblätter/ Infoblätter/ Beispielvorträge	
Arbeitsblatt: „Gesundheitsbewusstes Handeln"	☐
Beispielvortrag zur Einführung in das Modul	☐
Beispielvortrag zur Einführung in das Thema Stress	☐
Sonstiges	
Runde und eckige Karten	☐
Pinnnadeln	☐
Stifte (Kugelschreiber, Bleistifte, FlipChartmarker)	☐
Leere Metaplanwände, FlipCharts	☐
Leere Karten	☐

Bitte
abhaken!

3.1.5 Praktische Durchführung

3.1.5.1   Begrüßung und Vorstellung der Teilnehmer

➲ **Ziel:**   Teilnehmer ankommen lassen
⏰ **Zeit:** ca. 20 Min.
◇**Themen:**   Begrüßung der Teilnehmer   Vorstellung der Teilnehmer
✐ **Material:**   F1: Vorstellung der Teilnehmer

Um die Führungskräfte ankommen zu lassen, bittet der Trainer jede Person, ihren Namen und ihre Funktion zu nennen und kurz zu sagen, wie lange sie schon Führungskraft ist. Außerdem soll jeder kurz seine Erwartungen an die Veranstaltung benennen.

Beispiel für ein Vorstellungs-Flipchart:

Vorstellung   • Ihr Name   • Ihre Funktion   • Wie lange sind Sie Führungskraft   • Erwartungen an die Veranstaltung

Abbildung 1: Vorstellung der Teilnehmer (F1)

Nach der Vorstellung der Teilnehmer kann der Trainer darauf eingehen, dass Stress, den man mit einer Aufgabe (hier z.B. der Führungsaufgabe) hat, auch viel damit zu tun haben kann, wie viele Erfahrungen man hat und wie lange man schon die Aufgabe macht. Unerfahrene Führungskräfte fühlen sich zu Beginn manchmal unsicher, und Unsicherheit kann Stress auslösen. Dann leitet der Trainer anhand der Erwartungen der Teilnehmer zum nächsten Programmpunkt über.

3.1.5.2 Orientierung und Überblick über die Gesamtmaßnahme

➲ **Ziel:** Überblick über die gesamte Maßnahme, Einordnung des Führungskräftemoduls
⏱ **Zeit:** ca. 30 Min
◈ **Themen:** Darstellung der Module Bedeutung der Führungskräfte für Teamstress Ziele des Moduls
✎ **Material:** F2: Ablauf des Gesamttrainings F3: Rolle und Funktion der Führungskraft F4: Ziele des Moduls F5: Ablaufplan des Moduls

Überblick Gesamtmaßnahme

Die Führungskräfte sollen über die gesamte Trainingsmaßnahme und über die Ziele des Führungskräftemoduls informiert werden.

Hierzu wird vom Trainer ein Überblick über das gesamte Projekt gegeben: Module, Ziele, Nutzen und die Besonderheiten der Stresssituationen der Zielgruppe werden berichtet (z.B. hat diese Zielgruppe oft wenig Erfahrung mit Stressprävention oder damit, wie man Konflikte nicht eskalieren lässt). Die Besonderheiten von Stresssituationen sollten veranschaulicht werden an konkreten Beispielen der Teams des jeweiligen Betriebs. Hier kann der Trainer auf die Ergebnisse der Betriebsbegehung mit dem Screeninginstrument zurückgreifen. Bei den Besonderheiten des Trainings soll vor allem auf die Ressourcenorientierung und die Berücksichtigung von mehreren Teams in einem Training hingewiesen werden.

Es wird dann berichtet, was bisher schon geschehen ist. Hierbei dankt der Trainer den Führungskräften dafür, dass sie die Teilnahme der Mitarbeiter an den Trainings ermöglicht haben.

Danach wird die Bedeutung der Führungskräfte für die Gesundheit der Mitarbeiter erläutert. Dies erfolgt über die Beschreibung der Funktion und Rolle der Führungskräfte (☞ Abbildung 3). Beispielhafte Formulierungen für eine Einführung in das Thema Bedeutung der Führungskräfte für die Gesundheit der Beschäftigten.

<table>
<tr><td colspan="2">**Betriebsbegehung anhand eines Screenings**</td></tr>
</table>

Teammodul 1: „Kopf und Körper gut in Form" • Kennenlernen • Stress und Stressbewältigung • Bewegung in der Freizeit	**Teammodul 2: „Wir fühlen uns wohl"** • Arbeit im Team • Soziale Unterstützung • Bewegung im Team • Wertschätzung
Teammodul 3: „Wir lösen Probleme" • Systematisches Problemlösen kennenlernen und einüben	**Teammodul 4: „Mein Leben im Griff"** • Verschiedene Lebensbereiche kennenlernen • Persönliche Ziele finden • Erstellung eines Plans zur Zielumsetzung

Führungskräftemodul, Teil 1 und 2: „WunderWaffe Wertschätzung"
vor dem 1. Teammodul und nach dem 3. Teammodul

Abbildung 2: Module im Überblick (F2)

Beispiel für ein Flipchart zur Rolle und Funktion von Führungskräften:

 Führungskräfte sind:

• Übermittler guter und schlechter Botschaften

• Wunscherfüller oder - versager

• Blitzableiter

  Vermittler bei Ärger

• Drehkreuz für Beschwerden

Abbildung 3: Rolle und Funktion von Führungskräften (F3)

Nach der Behandlung der Rolle und Funktion der Führungskräfte werden die

Ziele für das Führungskräftemodul (Abbildung 4) und der Ablauf (Abbildung 5) vorgestellt.

Beispiel für ein Flipchart zu den Modulzielen:

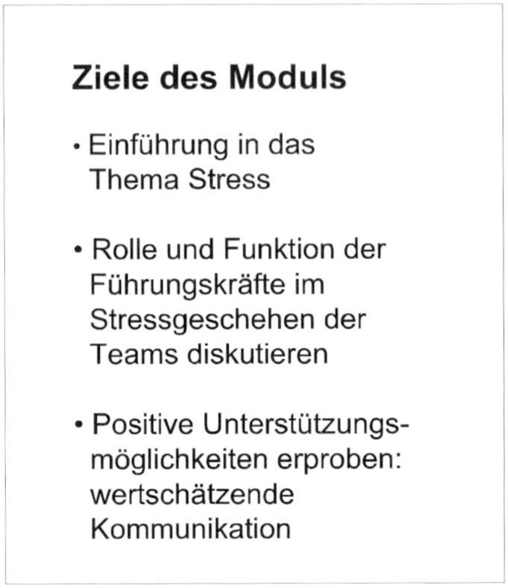

Ziele des Moduls
• Einführung in das Thema Stress
• Rolle und Funktion der Führungskräfte im Stressgeschehen der Teams diskutieren
• Positive Unterstützungs-möglichkeiten erproben: wertschätzende Kommunikation

Abbildung 4: Ziele des Moduls (F4)

Führungskräftemodul Teil 1
Einflussmöglichkeiten der Führungskraft auf Teamstress
Pause
Übersicht über Gesamtmaßnahme
Mein Stress – Euer Stress
Vorstellung
Abschluss

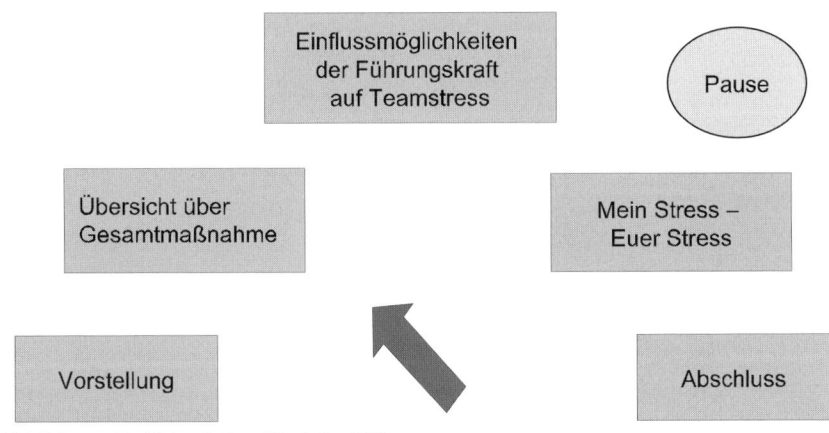

Abbildung 5: Ablauf des Moduls (F5)

Dabei muss der Trainer deutlich machen, dass in der zur Verfügung stehenden Zeit das Thema Führung und Gesundheit nicht umfassend behandelt werden kann. Besonders das Thema Gesundheit der Führungskräfte selber kommt zu kurz. Ziel dieses Moduls ist es, dafür zu sensibilisieren, was eine Führungskraft für die Gesundheit der Mitarbeiter tun kann. Bei der Zielklärung muss ein Abgleich mit den Erwartungen der Führungskräfte aus der Vorstellungsrunde vorgenommen werden.

Es sollte deutlich werden, dass das Training die Führungskraft nicht als „Stressverursacher" stigmatisiert, sondern sie in ihrer Funktion als „Ressource" ansprechen will.

3.1.5.3 Einflussmöglichkeiten der Führungskräfte auf Teamstress

➲ **Ziel:** Deutlich machen, dass gute Organisation der Arbeit Stress reduziert
⊘ **Zeit:** ca. 50 Min.
◇**Themen:** Einfluss auf Teamstress
✏ **Material:** Metaplanwand: Einflussmöglichkeiten der Führungskräfte (entsprechend Struktur von F6)

Auf der Basis eines gemeinsamen Verständnisses von Stress sollen die Führungskräfte erkennen, dass sie den Teamstress durch die Gestaltung der Arbeitssituation beeinflussen können.

Der Trainer führt zu Beginn kurz in das Thema Stress ein.

Als Einstieg kann er die Frage stellen, was für die Führungskräfte Stress bedeutet. Hierzu kann er den Anfangssatz: Ich gerate in Stress, wenn ... auf ein leeres Flipchart schreiben und die Teilnehmer den Satz beenden lassen. Die Antworten der Teilnehmer werden am Flipchart mitprotokolliert. Anhand der Teilnehmeraussagen wird dann zum allgemeinen Stressmodell übergeleitet.

Ein Trainer-Arbeitsblatt mit Beispielformulierungen und Visualisierungen für die Einführung in das Thema Stress (☞ Einführung zum Thema Stress) findet sich auf der CD. Die Einführung sollte nicht länger als zehn Minuten dauern. Danach stellt der Trainer den Führungskräften die Frage, was sie als Führungskräfte in der letzten Zeit für die Gesundheit ihrer Mitarbeiter getan haben.

Beispielfrage:

Hand aufs Herz: Was haben Sie in den letzten Wochen für die Gesundheit Ihrer Mitarbeiter getan?

Die Antworten der Führungskräfte werden am Flipchart protokolliert und diskutiert. Bezug nehmend auf die Nennungen der Teilnehmer stellt der Trainer im Anschluss daran die Frage, welche Einflussmöglichkeiten Führungskräfte grundsätzlich auf den Teamstress haben. Die Nennungen sollten auf einer Metaplanwand visualisiert werden. Bei der Strukturierung der Nennungen sollte der Trainer die Rubriken Einfluss auf Belastungen, Ressourcen und Gesundheit unterscheiden (☞ folgende Beispiel-Metaplanwand). Insgesamt sollte hier herausgearbeitet werden, dass es oft die kleinen Ärgernisse sind, die Stress und Spannung in den Teams erzeugen, die durch eine andere Arbeitsorganisation, bessere Arbeitsmittel oder durch die Übergabe von Eigenverantwortung in die Teams vermieden werden können.

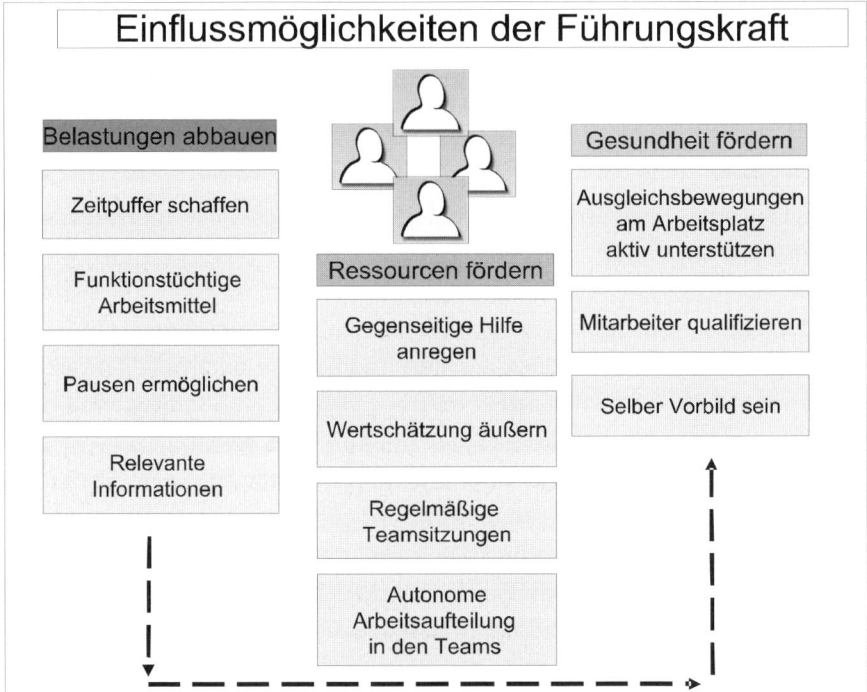

Abbildung 6: Flipchart: Einflussmöglichkeiten der Führungskraft (F6)

Bei der Bearbeitung der Einflussmöglichkeiten der Führungskräfte auf den Teamstress sollte der Trainer darauf achten, dass Führungskräfte möglichst konkrete Einflussmöglichkeiten nennen, wie die Arbeitsbedingungen, die Aufgabenteilung und die Organisation der Arbeit gesundheitsförderlich und belastungsarm gestaltet werden kann. Er sollte besonders die aktive Unterstützung der Bewegungsübungen und die Bedeutung von Teamsitzungen hervorheben. Nur wenn die Führungskraft deutlich macht, dass Bewegungsübungen betrieblich gewollt sind, werden sich Mitarbeiter „trauen", diese auch am Arbeitsplatz vorzunehmen. Regelmäßige Teamsitzungen sind eine organisatorische Notwendigkeit, um die Problemlösefähigkeit der Gruppe sicherzustellen.

Als Überleitung zum nächsten Programmpunkt weist der Trainer zusammenfassend darauf hin, dass Führungskräfte aufgrund ihrer Funktion viele Möglichkeiten haben, in das Stressgeschehen von Teams positiv einzugreifen, andererseits selber oft extremen Belastungen ausgesetzt sind, was die Umsetzung guter Vorsätze verhindert.

3.1.5.4 Mein Stress - Euer Stress

➲ **Ziel:**
Zusammenhang zwischen der eigenen Stresssituationen und dem Teamstress herausarbeiten

⏱ **Zeit:** ca. 50 Min.

◇**Themen:**
1. Erarbeitung von Belastungen und Ressourcen
   bei Führungskräften und Mitarbeitern
2. Kommunikation und Stress:
   Analyse der Zusammenhänge von Führungsstress und Mitarbeiterstress „Kommunikative Teufelskreise"

✐ **Material:**
2 Metaplanwände mit Waage-Abbildungen (entsprechend der Struktur F8)
Pinnnadeln
Leere runde Karten
F7: Kommunikativer Teufelskreis
Stifte (Flipchart-Marker)

In dieser Übungseinheit werden die Belastungen und die Gesundheit der Führungskräfte selbst angesprochen. Die Führungskräfte sollen Unterschiede und Gemeinsamkeiten der eigenen Stressbedingungen und der Stressbedingungen des Teams erkennen. Außerdem soll deutlich werden, dass Kommunikation unter Stress verkürzt ist und zu einer Eskalation des Stresses beitragen kann.

Nach einleitenden Worten (☞ Beispiel unten) werden an zwei vorbereiteten Metaplanwänden in zwei Waage-Bildern die wichtigsten Belastungen und Ressourcen der Führungskräfte und der Teams zusammengetragen. Auf der ersten Metaplanwand werden die Belastungen und Ressourcen der Führungskräfte erstellt, auf der zweiten Metaplanwand werden die Belastungen und Ressourcen der Mitarbeiter gesammelt. Gegebenenfalls können bei der Waage der Mitarbeiter vom Trainer Stressoren und Ressourcen ergänzt werden, die bei der Betriebsbegehung deutlich wurden. Bei der Erarbeitung der Waage-Bilder der Führungskräfte können ggf. gezielt Belastungen erfragt werden, die aus der Literatur bekannt sind (z.B. lange Arbeitszeiten, Zeitdruck, Unterbrechungen, zusätzliche Projekte). Die Waage-Bilder sollten möglichst so erstellt werden, dass sie in etwa der Realverteilung von Stressoren und Ressourcen entsprechen.

Beispiel:

Wie sieht es denn jetzt konkret bei Ihnen aus: Was stresst oder belastet Sie persönlich (als Führungskraft)?

Die Stressoren, die genannt werden, werden auf eckige Karten geschrieben und auf die Waagschale Stressoren geklebt.

Beispiel für eine Metaplanwand Stressoren und Ressourcen der Führungskraft

Erhebung der
Belastungen der
Führungskräfte

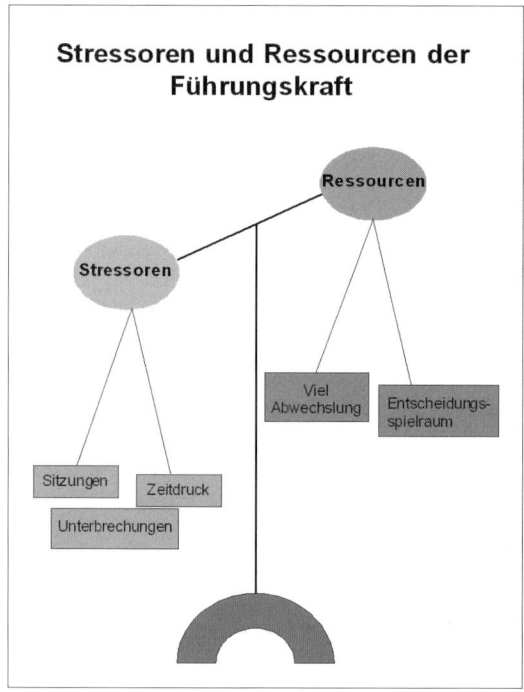

Abbildung 7: Metaplanwand mit Waagschale Stressoren – Ressourcen
Führungskraft (F7)

Danach wird in gleicher Weise mit der Erarbeitung der Ressourcen verfahren. Erhebung der Ressourcen der Führungskräfte

Beispiel:

Und was sind Ressourcen, die Sie nutzen? Was macht Sie zufrieden und sorgt dafür, dass Sie trotz des vielen Ärgers ganz gerne zur Arbeit gehen?

Im nächsten Schritt werden ebenfalls an der Metaplanwand die Belastungen und Ressourcen der Mitarbeiter zusammengetragen. Hier sollen zunächst die Führungskräfte ihre persönliche Sicht schildern, dann sollen sie die Sicht der Mitarbeiter schildern. Die unterschiedlichen Sichtweisen Führungskräfte/ Mitarbeiter sollten bei starken Abweichungen durch unterschiedliche Farben markiert werden. Danach werden die Ressourcen der Mitarbeiter ermittelt. Erhebung der Ressourcen der Mitarbeiter
Am Ende der Sammlung gibt es zwei Waagen, die daraufhin besprochen werden, wie ausgependelt die Waage der Führungskräfte und die der Mitarbeiter ist und welche Gemeinsamkeiten und welche Unterschiede es zwischen den Belastungen und Ressourcen der Mitarbeiter und der Führungskräfte gibt.

Die Abbildung sollte deutlich machen, dass

- die Mitarbeiter meistens über weniger Ressourcen verfügen als die Führungskräfte,
- es Gemeinsamkeiten in den Belastungen und Ressourcen der Führungskräfte und Mitarbeiter gibt (z.B. unfreundliche Kunden, neue Leistungsvorgaben),
- es Abhängigkeiten zwischen den Belastungen/Ressourcen der Führungskräfte und Mitarbeiter gibt: des einen Belastung wird evtl. zur Belastung des anderen. Das geschieht immer dann, wenn Stimmungen, vor allem Ärger und Wut, unkontrolliert von unten nach oben oder von oben nach unten weitergereicht werden.

Der Trainer benötigt für die Erstellung der zwei Waagen zwei Metaplanständer, damit später die Waage der Führungskräfte und die der Mitarbeiter nebeneinander gestellt und verglichen werden können (also nicht Vorder- und Rückseite eines Metaplanständers verwenden).

In einem weiteren Schritt wird nun das Thema des zweiten Führungskräftemoduls „Die wertschätzende Kommunikation" vorbereitet, in dem beispielhaft erarbeitet wird, wie unter Stress eine verkürzte und abwertende Kommunikation Stress eskalieren lässt:

Beispiel:

In Teams treffen nun viele Dinge aufeinander: Einer kommt zu spät, die Maschine funktioniert nicht, und der Kollege hat schlecht geschlafen und mault einen an ... Mein Stress kommt zu deinem dazu und die Stimmung verschlechtert sich. Andererseits kann auch mal der Ärger des einen Kollegen durch ein nettes Wort, einen Witz oder sonstige Geschichten abgebaut werden. Das heißt: Stress kann in Gruppen eskalieren oder deeskalieren. Ein Beispiel, wie Stress durch unzureichende Kommunikation eskalieren kann:

Beispiel für ein Flip Chart: zum kommunikativen Teufelskreis

Kommunikations-
verhalten unter
Stress –
Entstehung von
Teufelskreisen

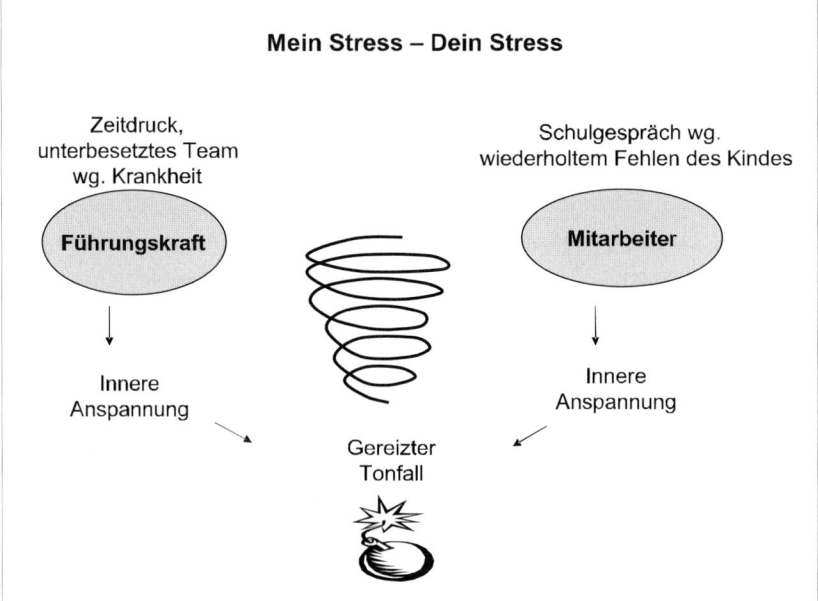

Abbildung 8: Mein Stress – Dein Stress (F8)

Anhand des Teufelskreises wird erläutert, dass eine typische Stressreaktion darin besteht, sich abzuschotten. Abschottung bedeutet, dass man nicht mehr richtig zuhört und vorschnell auf Anfragen mit Ablehnung reagiert. Häufig wird dies durch einen barschen unfreundlichen Ton begleitet. Dies führt bei der anderen Person meist dazu, dass sie sich <u>als Person</u> ungerecht behandelt und nicht wertgeschätzt fühlt. Solche Stressreaktionen sind normal und dann kein Problem, wenn sonst vertrauensvoll und wertschätzend miteinander umgegangen wird.

<u>Beispiel:</u>
Kommunikation unter Stress verläuft meistens so, dass man nicht mehr in der Lage ist, seinem Gegenüber wirklich zuzuhören. Man versucht zusätzliche Anforderungen einfach abzublocken und zurückzuweisen. Der Mitarbeiter, der sich vielleicht große Sorgen um seinen Sohn macht, will dieses Problem nicht benennen, steht aber innerlich unter Druck. Er wird daher seine

Anfrage nicht in freundlicher und offener Weise äußern, sondern knapp und ohne jede Begründung kurzfristig um einen freien Tag bitten. Beide treffen also aufeinander – der verbale Schlagabtausch wird wahrscheinlich zu gegenseitiger Enttäuschung führen –, die Führungskraft denkt: Unverschämt, so kurzfristig anzukommen. Der Mitarbeiter denkt: Von dem hab ich auch nichts anderes erwartet, der nimmt doch nie Rücksicht auf mich.

Der Trainer macht anhand des Teufelskreises deutlich, dass Stress auf das Kommunikationsverhalten einwirkt und dann wiederum die stressbedingte Kommunikation zu neuem Ärger und damit Stress führt.

Erfahrungs-austausch über „kommunikative Teufelskreise"

Danach fragt der Trainer, wie häufig die Führungskräfte im Arbeitsalltag mit solchen Teufelskreisen konfrontiert sind und was aus ihrer Sicht das Hauptproblem daran ist.

Hier wird vielleicht von den Führungskräften das Thema **Vertrauen** zwischen Führungskraft und Mitarbeitern angesprochen, d.h. dass bei einer vertrauensvollen Grundstimmung solche Stressspitzen gut kompensiert werden können.

Auch das Thema Vertrauen kann genutzt werden, um zum nächsten Themenpunkt der wertschätzenden Kommunikation überzuleiten, denn Vertrauen entsteht in der Regel dort, wo es einen respektvollen und fairen Umgang miteinander gibt. Der Trainer kann die Teilnehmer fragen, was denn aus ihrer Sicht die wichtigsten vertrauensbildenden Elemente in der Kommunikation zwischen ihnen und den Mitarbeitern sind. Diese werden genannt und daran wird dann das Thema Respekt und Wertschätzung herausgegriffen.

Thematisierung von Vertrauen

3.1.5.5 Abschluss

> ➲ **Ziel:**
> Vergegenwärtigen des Gelernten und Feedback der Teilnehmer, Orientierung über das zweite Teilmodul
>
> ⏱ **Zeit:** ca. 10 Min.
>
> ◈ **Themen:**
> Zusammenfassung wichtiger Ergebnisse der Sitzung
> Resümee der Teilnehmer
> Hausaufgabe
>
> ✎ **Material:**
> Arbeitsblatt: „Gesundheitsbewusstes Handeln"

Eines der Grundprinzipien der Intervention ist, dass die Sitzungen immer mit einem konkreten Ergebnis enden sollen. Als Abschluss des ersten Teilmoduls fasst der Trainer deshalb zusammen, was die Teilnehmer aus der Sitzung mitnehmen. Folgende Punkte, die den Teilnehmern klar geworden sein sollten, sollen vom Trainer in Bezug auf das Modul an dieser Stelle noch einmal explizit genannt werden:

- Führungskräfte und Mitarbeiter haben gemeinsame, aber auch unterschiedliche Stressquellen und Ressourcen.
- Die eigene Gesundheit und die Gesundheit der Mitarbeiter wird durch Stress im Arbeitsalltag beeinflusst.
- Führungskräfte haben für Mitarbeiter eine wichtige Vorbildfunktion im Umgang mit Stress.
- Stress führt häufig zu verkürzter und unfreundlicher Kommunikation.
- Führungskräfte haben unterschiedliche Möglichkeiten, den Stress und die Gesundheit der Mitarbeiter zu beeinflussen (praktisch z.B. durch gute Organisation, sprachlich, emotional).

Danach macht der Trainer ein kurzes Abschluss-Blitzlicht. Abschließend verteilt er das Arbeitsblatt „Gesundheitsbewusstes Handeln" und bittet die Teilnehmer, alles, was sie in den kommenden Wochen für ihre Gesundheit und für die Gesundheit der Mitarbeiter tun, auf dem Arbeitsblatt festzuhalten und das Arbeitsblatt zum zweiten Teilmodul mitzubringen. Er informiert die Teilnehmer, dass zu Beginn des zweiten Teilmoduls diese Fragen beantwortet werden sollen. Danach gibt er einen kurzen Themenüberblick über das kommende Teilmodul.

3.2 Teammodul 1: „Kopf und Körper gut in Form" - Stress und Bewegung

3.2.1 Ziele des Moduls

Ziel des ersten Teammoduls für die Beschäftigten ist zunächst, eine vertrauensvolle und kooperative Gruppenatmosphäre zu schaffen (1). Die erste Sitzung soll außerdem dazu genutzt werden, die Teilnahmemotivation bei den beteiligten Personen zu fördern und zu stärken (2). Weiter sollen die Teilnehmer über die Ziele, den Ablauf und die Inhalte des gesamten Trainings informiert und Gruppenregeln für den Umgang miteinander erarbeitet werden (3, 4).

Zu den inhaltlichen Zielen des ersten Moduls gehört, den Teilnehmern einen Einstieg in das Thema Stress- und Ressourcenmanagement zu verschaffen. Die Teilnehmer sollen ein (gemeinsames) Verständnis von Stress, Ressourcen und Stressbewältigung entwickeln und für die Wichtigkeit des Themas sensibilisiert werden (5). Einen wichtigen inhaltlichen Baustein stellt die Vermittlung der Bedeutung von Bewegung als personale Ressource und Stressmanagementstrategie dar und die Erarbeitung eines konkreten Handlungsplans für mehr Bewegung in der Freizeit, der während des Trainingszeitraums umgesetzt wird (6).

Zusammenfassend werden für Teammodul 1 **folgende konkrete Ziele** definiert:

1. Vertrauensaufbau
2. Motivation der Teilnehmer für das Training stärken
3. Information über Ziele, Ablauf und die Inhalte des gesamten Trainings geben
4. Gruppenregeln einführen und etablieren
5. Einführung in das Thema Stress- und Ressourcenmanagement
6. Vermittlung der Bedeutung von Bewegung; Erarbeitung eines konkreten Handlungsplans für mehr Bewegung in der Freizeit, der im Rahmen des Trainings umgesetzt werden soll

3.2.2 Der rote Faden des Trainings

Das Training für die Beschäftigten beginnt mit Teammodul 1. Die Teilnehmer werden darüber informiert, was Stress- und Ressourcenmanagement ist und warum es wichtig ist, sich damit auseinanderzusetzen. In Teammodul 1 geht es um individuelles Stress- und Ressourcenmanagement und dabei um Bewegung in der Freizeit, als Ressource und Bewältigungsstrategie. Der Teamansatz wird im ersten Modul lediglich für die Teilnahmemotivation, den verbesserten Lernprozess im Team und für den verbesserten Transfer des Gelernten in den Alltag genutzt. In den nachfolgenden Modulen 2 und 3 werden

126

Stress und Stressbewältigung im Team behandelt. Mit Teammodul 4 schließt sich der Kreis, indem wieder – wie in Teammodul 1 – individuelles Stress- und Ressourcenmanagement thematisiert wird.

3.2.3 Ablaufplan

Teammodul 1

Nr.	Trainingseinheit	Ziele	Themen	Dauer in Min.	Form	Material	Wer
1.	Begrüßung, Kennenlernen und Einstieg	siehe unten	siehe unten	35		siehe unten	siehe unten
1.1	Begrüßung und Vorstellung des Trainers	Vertrauensaufbau und Kennenlernen	Begrüßung Vorstellung des Trainers	5	Plenum		Trainer
1.2	Vorstellungsrunde der Teilnehmer	Kennenlernen Abfrage von Erwartungen	Vorstellung Abfrage von Erwartungen, Befürchtungen und Wünschen Verteilen von Namensschildern	15	Plenum	Namensschilder F1: Vorstellungsrunde	Trainer + Teilnehmer
1.3	Vorstellung des Gesamttrainings	Struktur geben	Erläuterung der Gesamtstruktur	10	Plenum	F2: Ablauf des Gesamttrainings auf Metaplan	Trainer

Teammodul 1

Nr.	Trainingseinheit	Ziele	Themen	Dauer in Min.	Form	Material	Wer
1.4	Vorstellung des Modulablaufs	Struktur geben	Ablauf von Teammodul 1	5	Plenum	F3: Ablauf des Moduls	Trainer
2.	Einführung Gruppenregeln	Festlegung von Gruppenregeln	Vorstellung der Gruppenregeln Ergänzung durch die Teilnehmer	10	Plenum	F4: Gruppenregeln	Trainer
3.	Aufstellungsübung als Warming-up	Kennenlernen und Bewegung		15	Plenum	Liste mit Fragen	Trainer + Teilnehmer
4.	Einstieg in das Thema Stress	Einstieg	siehe unten	50 inkl. Bewegungspause	Plenum	siehe unten	siehe unten
4.1	Input zu Stress	Gemeinsames Verständnis zum Begriff Stress und Ressourcen aufbauen	Vortrag zu Stress	10	Plenum	F5-F9: Input zu Stress	Trainer

Teammodul 1

Nr.	Trainingseinheit	Ziele	Themen	Dauer in Min.	Form	Material	Wer
	Bewegungspause	Auflockerung und Pause Bedeutung von Bewegung soll unterstrichen werden Vermittlung, dass Bewegung auch Spaß machen kann	Durchführung einer Bewegungsübung / eines Bewegungsspiels	10	Plenum	Katalog mit Bewegungsspielen	Teilnehmer
4.2	Typische Stresssituation finden	Vergegenwärtigung von persönlichen Stresssituationen	Persönliche Stresssituation Kategorien zu Stresssituationen	15	Plenum	Flipchart mit dem Halbsatz: „Ich gerate in Stress, wenn ..." Leere Karten Stifte (Flipchart-Marker) Karten mit Stresssituationskategorien	Trainer + Teilnehmer

Teammodul 1

Nr.	Trainingseinheit	Ziele	Themen	Dauer in Min.	Form	Material	Wer
4.3	Stressreaktionen und Stressbewältigung	Stressreaktionen und -bewältigung kennen lernen	Stressreaktionen Stressbewältigung	15	Plenum	Flipchart mit dem Halbsatz: „Wenn ich im Stress bin, dann …" Leere Karten Stifte (Flipchart-Marker) Karten mit den verschiedenen Stressbewältigungsformen	Trainer + Teilnehmer
5.	Bewegung	Bewegung als personale Ressource zur Stressbewältigung kennenlernen	siehe unten	40	siehe unten	siehe unten	siehe unten
5.1	Input zu Bewegung	Bedeutung von Bewegung zur Stressbewältigung	Vortrag zu Bewegung	10	Plenum	F10-F12: Input zu Bewegung	Trainer
5.2	Mehr Bewegung in der Freizeit – Partnerinterviews zu Bewegung	Analyse der Ist-Situation	Arbeitsblatt erläutern und durchführen Zusammentragen der Ergebnisse im Plenum	15	Zweiergruppen und Plenum	Arbeitsblatt: „Wie steht es um meine Bewegung" Stifte für die Teilnehmer (Kugelschreiber/ Bleistifte)	Trainer + Teilnehmer

Teammodul 1

Nr.	Trainingseinheit	Ziele	Themen	Dauer in Min.	Form	Material	Wer
5.3	Erstellung eines Handlungsplans für mehr Bewegung in der Freizeit	Planung von Bewegungsaktivitäten	Einführung des Bewegungspreises Austeilen und Erläuterung des Handlungsplans Ausfüllen des Handlungsplans	15	Plenum und Einzelarbeit	Arbeitsblatt: „Handlungsplan für mehr Bewegung – Mein Bewegungskalender" Stifte für die Teilnehmer (Kugelschreiber/ Bleistifte)	Trainer + Teilnehmer
6.	Abschluss	Vergegenwärtigung des Gelernten Feedback der Teilnehmer	Zusammenfassung Feedbackrunde	20	Plenum	Bilder zu den Tätigkeiten der Teilnehmer	Trainer + Teilnehmer
	Variable Pause			10			

3.2.4 CHECKLISTE Teammodul 1

Diese Materialien werden für das Modul benötigt!

Flipcharts/ Metapläne/ Power-Point-Präsentationen	
F1: Vorstellungsrunde	☐
F2: Ablauf des Gesamttrainings	☐
F3: Ablauf des Moduls	☐
F4: Gruppenregeln	☐
F5-F9: Präsentation zum Input über Stress	☐
F10-F12: Präsentation zum Input über Bewegung	☐
Flipchart mit dem Halbsatz: „Ich gerate in Stress, wenn …"	☐
Flipchart mit dem Halbsatz: „Wenn ich im Stress bin, dann…"	☐
Arbeitsblätter/ Infoblätter/ Beispielvorträge	
Arbeitsblatt: „Wie steht es um meine Bewegung"	☐
Arbeitsblatt: „Handlungsplan für mehr Bewegung – Mein Bewegungskalender"	☐
Infoblatt Modul 1	☐
Beispielvortrag: „Einführung in das Thema Stress"	☐
Beispielvortrag: „Einführung in das Thema Bewegung"	☐
Sonstiges	
Namensschilder	☐
Liste mit Fragen (für die Aufstellungsübung)	☐
Karten mit Stresssituationskategorien	☐
Karten mit Stressbewältigungsformen	☐
Stifte (Kugelschreiber, Bleistifte, Flipchart-Marker)	☐
Leere Metaplanwände	☐
Leere Karten	☐
Leere Flipcharts	☐
Katalog mit Bewegungsspielen	☐
Bilder (für die Wertschätzung der Tätigkeit der Teilnehmer)	☐

Bitte abhaken!

3.2.5 Praktische Durchführung

3.2.5.1 Begrüßung, Kennen lernen und Einstieg

Das Training beginnt mit der Begrüßung und Vorstellung des Trainers sowie einer Vorstellungsrunde der Teilnehmer. Zum Einstieg stellt der Trainer den Gesamtablauf des Trainings vor und den Ablauf des Moduls zum ersten Modul.

Begrüßung und Vorstellung des Trainers

➲ **Ziel:**   Vertrauensaufbau und Kennen lernen
⏱ **Zeit:** ca. 5 Min.
◈**Themen:**   Begrüßung der Teilnehmer   Selbstvorstellung des Trainers
✐ **Material:**

Der Trainer begrüßt die Teilnehmer und stellt sich kurz persönlich vor. Es ist wichtig, zu den Teilnehmern einen persönlichen Kontakt aufzubauen. Der erste Schritt hierzu wird getan, indem der Trainer für die Teilnehmer als Person greifbar wird und sie ihn näher kennenlernen.

Besonders die Anfangssituation des Trainings kann für die Teilnehmer eine Stresssituation darstellen. Sie sind in der Regel stark mit sich selbst beschäftigt, wissen nicht, wie sie sich verhalten sollen, und suchen nach Struktur. Es ist davon auszugehen, dass die meisten Teilnehmer wenig bis gar keine Erfahrung mit Weiterbildungsveranstaltungen und gesundheitsförderlichen Maßnahmen haben. Die Teilnehmer könnten Ängste haben, den Anforderungen der Situation nicht gewachsen zu sein. Abwehrreaktionen und Barrieren sind die Folge. In dieser Situation ist es deshalb besonders notwendig, Sicherheit zu geben. In dieser Phase ist es wichtig zu wissen, dass sich die Teilnehmer am Trainer orientieren und von ihm Struktur und Sicherheit benötigen. Der Trainer sollte für diesen Aspekt sehr sensibel sein.

Beispiel einer geeigneten Begrüßung und persönlichen Vorstellung:

Begrüßung und Vorstellung durch den Trainer

Ich begrüße Sie ganz herzlich zu der ersten Sitzung des Stress- und Ressourcentrainings.

Bevor wir beginnen, möchte ich mich Ihnen gern persönlich vorstellen. Mein Name ist Frau Müller. Ich bin 44 Jahre alt, verheiratet und habe 2 Kinder. Ich wohne nicht weit von hier in Buxtehude.

Ich wurde ausgewählt, das Training in Ihrem Betrieb durchzuführen. Ich bin seit 4 Jahren Mitarbeiterin der Krankenkasse im Bereich betriebliche Gesundheitsförderung und habe in meiner Funktion schon verschiedene Projekte in Betrieben betreut und Seminare und Trainings geleitet.
Ich freue mich sehr auf die Zusammenarbeit mit Ihnen!

Um den Teilnehmern zu zeigen, dass sie mit Unsicherheiten nicht allein sind, und um das Eis zu brechen, kann der Trainer offenbaren, was seine Erwartungen in Bezug auf die Sitzung sind, wie er sich vorbereitet hat, auf was er sich freut, aber auch welche Ängste und Unsicherheiten er mitbringt. Dies entschärft in der Regel die angespannte Anfangssituation und nimmt den Teilnehmern den Leistungs- und Erwartungsdruck.

3.2.5.2 Vorstellungsrunde der Teilnehmer

➲ **Ziel:**
Kennenlernen; Abfrage von Erwartungen und Befürchtungen

🕐 **Zeit:** ca. 15 Min.

◇**Themen:**
Persönliche Vorstellung der Teilnehmer
Abfrage von Erwartungen, Wünschen und Befürchtungen
Verteilen von Namensschildern

✐ **Material:**
Namensschilder
F1: Vorstellungsrunde

Der Trainer hat sich den Teilnehmern bereits vorgestellt. Nun wird eine Vorstellungsrunde der Teilnehmer durchgeführt. Hierbei teilen nun auch die Teilnehmer dem Trainer ihre Namen (vielleicht kurz ergänzt um einige Angaben zu ihrer Person, die sie dem Trainer über sich mitteilen wollen, und Teamzugehörigkeit, falls mehrere Teams anwesend sind) mit. Jeder erhält ein Namensschild, damit der Trainer die Namen in der nächsten Zeit lernen kann. Zusätzlich zu der persönlichen Vorstellung jedes einzelnen Teilnehmers sollte die Runde dazu genutzt werden, die Teilnehmer nach ihren Wünschen und Befürchtungen bezüglich des Trainings zu fragen. Dies kann mit einem Flipchart unterstützt werden (☞ Abbildung 1).
Der Trainer sollte im Anschluss an die Runde das Gesagte kurz kommentieren. Es sollte herausgestellt werden, welche Wünsche und Erwartungen durch das Training erfüllt werden können und welche nicht. Dies kann als

Vorstellungsrunde anhand von Flipchart

Trainer kommentiert Vorstellungsrunde

Überleitung zum nächsten Punkt genutzt werden. Auch zu den Befürchtungen der Teilnehmer sollte der Trainer kurz Stellung nehmen.

Vorstellungsrunde

1. Ich heiße...

2. Ich bin hier, weil...

3. Ich wünsche mir, dass...

Abbildung 1: Beispiel für ein Flipchart zur Vorstellungsrunde (F1)

3.2.5.3 Vorstellung des Gesamttrainings

➲ Ziel:
Information der Teilnehmer darüber, was auf sie zukommt; Struktur geben

⦿ Zeit: ca. 10 Min.

◈ Themen:
Vorstellung der 4 Teammodule des Trainings
Vorstellung des Führungskraftmoduls
Erläuterung der Gesamtstruktur

✎ Material:
F2: Ablauf des Gesamttrainings

Der Trainer stellt nun den Gesamtablauf des Trainings vor. Es ist wichtig, dass der Trainer klar aufzeigt, was für Themenbereiche im Training bearbeitet werden. Abbildung 2 zeigt eine Visualisierung des Gesamtüberblicks.

Vorstellung des Gesamtablaufs des Trainings

Der Trainer führt aus, welche Ziele mit dem Training verfolgt werden und welche spezifischen Inhalte in den jeweiligen Modulen bearbeitet werden sollen. Folgende Punkte sollte er den Teilnehmern erläutern:

Das Training besteht aus fünf Modulen, von denen sich vier (Teammodule 1 bis 4) an die Mitarbeiter und eines (Führungskräftemodul, Teil 1 und 2) an ihre direkte Führungskraft richten.

Betriebsbegehung anhand eines Screenings

Teammodul 1: „Kopf und Körper gut in Form" • Kennenlernen • Stress und Stressbewältigung • Bewegung in der Freizeit	**Teammodul 2: „Wir fühlen uns wohl"** • Arbeit im Team • Soziale Unterstützung • Bewegung im Team • Wertschätzung
Teammodul 3: „Wir lösen Probleme" • Systematisches Problemlösen kennenlernen und einüben	**Teammodul 4: „Mein Leben im Griff"** • Verschiedene Lebensbereiche kennenlernen • Persönliche Ziele finden • Erstellung eines Plans zur Zielumsetzung

Führungskräftemodul, Teil 1 und 2: „WunderWaffe Wertschätzung" vor dem 1. Teammodul und nach dem 3. Teammodul

Abbildung 2: Gesamtablauf und Themenbereiche des Trainings

Ziel des Trainings ist es, den Teilnehmern Kenntnisse über Stress und Ressourcen (Hilfsquellen) zu vermitteln sowie Stressbewältigungsstrategien vorzustellen und einzuüben. Berücksichtigt werden dabei sowohl individuelle Stressbewältigungsstrategien als auch gemeinsame Bewältigung im Team. Die Teilnehmer sollen in diesem Training erfahren, dass es sich lohnt, sich mit dem Thema Stressmanagement auseinanderzusetzen, und dass sie selbst in der Lage sind, etwas für sich zu tun und zu verbessern.

In Teammodul 1 (dem heutigen Modul) stehen ein gegenseitiges Kennen lernen und der Einstieg in das Thema auf dem Programm. Außerdem sollen die Teilnehmer ihren persönlichen Stress unter die Lupe nehmen und eine wichtige Hilfsquelle gegen Stress, Bewegung, kennen lernen. (Verweis auf den Ablauf des Modulplans).

In Teammodul 2 werden die Aufgaben und die Zusammenarbeit im Team betrachtet. Hierbei soll erarbeitet werden, wie die Teilnehmer sich bei Stress

Beschreibung des Trainings und der Module

gegenseitig unterstützen, helfen und wertschätzen können. Ausgleichsbewegungen am Arbeitsplatz bei gegenseitiger Unterstützung ist eine weiteres, wichtiges Thema des Teammoduls 2. Das Modul ist teambezogen ausgerichtet.

In Teammodul 3 geht es um das gemeinsame Problemlösen im Team. Die Teilnehmer erlernen die Methode des gemeinsamen, systematischen Problemlösens und wenden es auf ein aktuelles Problem in ihrer Arbeit an. Dabei erfahren sie, wie sie gemeinsam Stress problemorientiert abbauen können. Das Teammodul 3 ist wie Teammodul 2 teambezogen ausgerichtet.

In Teammodul 4 schauen sich die Teilnehmer die Balance zwischen verschiedenen Lebensbereichen an. Sie sollen praktisch die Bedeutung von Lebenszielen und Zielplanung kennen lernen, ein aktuelles und wichtiges persönliches Ziel finden und für dieses Ziel einen Umsetzungsplan erstellen. Das Modul ist wie Teammodul 1 wieder auf die einzelne Person ausgerichtet. Es hilft aber, gemeinsam im Team neues zu lernen und sich im sicheren Umfeld der Teamkollegen auszutauschen.

Das Führungskräftemodul richtet sich an die direkte Führungskraft der Teilnehmer. Diese soll aus zwei Gründen in das Training integriert werden. Zum einen ist es wichtig, die Führungskraft über die Inhalte des Trainings zu informieren. Zum anderen soll mit der Führungskraft erarbeitet werden, was ihre Rolle im Stressgeschehen der Mitarbeiter ist und wo die Führungskraft ihre Mitarbeiter unterstützen kann. Sie soll bei der Umsetzung der in Teammodul 3 erarbeiteten Problemlösungen die Mitarbeiter aktiv unterstützen.

3.2.5.4 Vorstellung des Modulablaufs

➲ **Ziel:**
Information der Teilnehmer darüber, was auf sie zukommt; Struktur geben
ⓧ **Zeit:** ca. 5 Min.
◇**Themen:**
Den Teilnehmern wird der Ablauf von Teammodul 1 vorgestellt (→ Was kommt heute auf die Teilnehmer zu?)
✎ **Material:**
F3: Ablauf des Moduls

Vorstellung des Ablaufs von Teammodul 1

Im Anschluss an die Vorstellung des Gesamttrainings ist es sinnvoll, die Teilnehmer über den Ablauf der aktuellen Sitzung zu informieren. Dies schafft wichtige Sicherheit für die Teilnehmer.

Den Leitlinien des Trainings folgend, soll der Ablauf visualisiert dargeboten werden. Nachfolgend ist ein Beispiel für eine Visualisierung des Ablaufplanes dargestellt.

Teammodul 1

Pause

Orga-
nisatorisches

Was ist Stress?
Wie gehe ich
damit um?

Pause

Kennenlernen

Bewegung

Einstieg

Abschluss

Abbildung 3: Beispiel für Ablaufplandarstellung (F3)

Die Darstellung sollte möglichst einfach sein und nicht zu viel vorwegnehmen. Anfangs- und Endzeiten können ergänzt werden. Eine genaue Zeitangabe für die verschiedenen Programmpunkte ist nicht zu empfehlen, da sonst die flexible Durchführung des Trainings eingeschränkt wird. Es ist wichtig, auf Pausen hinzuweisen. Eine feste größere Pause ist vorab eingeplant. Es sollte darauf hingewiesen werden, dass flexible Kurzpausen je nach Bedarf gemacht werden können.

3.2.5.5 Einführung Gruppenregeln

➲ **Ziel:**
Festlegung von Regeln des Umgangs miteinander im Training

🕐 **Zeit:** ca. 10 Min.

◇**Themen:**
Vorstellung der Gruppenregeln
Einverständniserklärung aller Teilnehmer
Ergänzung durch die Teilnehmer

✎ **Material:**
F4: Gruppenregeln

Einführung von
Gruppenregeln
für das Training

Im Anschluss an die Vorstellung und Erläuterung des Gesamttrainings und des Ablauf des Modulss führt der Trainer Gruppen- und Gesprächsregeln ein, die für das Training gelten sollen. Folgende Regeln werden aufgestellt:
Alles im Training Gesagte bleibt vertraulich („Käseglocke").
Wertschätzung im Umgang miteinander (gut zuhören, ausreden lassen).
Jeder darf und soll sagen, wenn ihn etwas stört (Störungen haben Vorrang).
Auch Regeln zu organisatorischen Rahmenbedingungen können sinnvoll sein:

- „Verbindlichkeit": Dieses Stichwort steht dafür, dass sich die Teilnehmer auf eine verbindliche Teilnahme an allen Modulen verpflichten. Es kann vereinbart werden, dass, wenn ein Teilnehmer einmal nicht kommen kann, z.B. wegen Krankheit, er sich beim Trainer telefonisch abmeldet.
- „Pünktlichkeit": Dieses Stichwort steht dafür, dass die Teilnehmer sich darauf verpflichten, pünktlich zu Trainingsbeginn zu erscheinen und auch vereinbarte Pausenzeiten einzuhalten.

Die Regeln sollten den Teilnehmern visualisiert dargeboten werden. Das Einverständnis der Teilnehmer zu jeder Regel wird vom Trainer explizit eingeholt. Die individuelle Zustimmung zu den Gruppenregeln schafft ebenfalls Zusammenhalt und Vertrauen und stärkt die Verbindlichkeit der Teilnahme. Die Teilnehmer können weitere Regeln, die ihnen sinnvoll erscheinen, ergänzen.

3.2.5.6 Aufstellungsübung als Warming-up

➲ **Ziel:** Kennenlernen
⏱ **Zeit:** ca. 15 Min.
◈**Themen:** Erläuterung der Übung Durchführung der Übung
✐ **Material:** Liste mit Fragen

Warming-up

Eine aktive Kennenlernübung baut Anspannungen und Unsicherheiten der Teilnehmer ab und fördert den Zusammenhalt der Gruppe. Das Ziel der Kennenlernübung besteht darin, eine kooperative und lockere Atmosphäre zu schaffen.
Die Teilnehmer sollen dabei aktiviert werden. Bei dieser Übung können die

Teilnehmer Dinge übereinander erfahren, die sie noch nicht voneinander wussten, und überraschende Gemeinsamkeiten feststellen. Im Folgenden ist die Übung dargestellt.

Aufstellungsübung:

Die Teilnehmer stellen sich zunächst beliebig im Raum verteilt auf. Der Trainer gibt Ordnungskategorien vor, nach denen sich die Teilnehmer zu Gruppen zusammenfinden sollen. Er stellt der Gruppe Fragen wie: „Wie viele Kinder haben Sie?" Die Teilnehmer sollen sich daraufhin nach Antwortkategorien sortiert in Gruppen zusammenfinden (z.B. alle, die keine Kinder haben, die ein Kind haben, die zwei Kinder haben, die drei oder mehr Kinder haben). Nach fünf bis zehn Durchgängen endet die Aktivität.

Durch gezielte Abfrage kann der Trainer in dieser Übung bereits für ihn relevante Informationen für den weiteren Verlauf des Trainings gewinnen (z.B. „Wer hat schon einmal an einem Stressmanagementtraining teilgenommen?" oder „Wer macht in seiner Freizeit regelmäßig Sport?").

Mögliche Themen, die abgefragt werden können:
- Entfernung Wohnort – Betrieb
- Dauer Betriebszugehörigkeit in Jahren
- Anzahl der Kinder (und ggf. auch Enkelkinder)
- Schuhgröße
- Haustiere

Falls mehrere Teams in der Trainingsgruppe anwesend sind, sollte die Übung leicht abweichend durchgeführt werden:
Für jede Frage, die gestellt wird, sollen sich die Teilnehmer zuerst individuell aufstellen. Anschließend wird die Frage dann noch einmal teambezogen gestellt. Z.B. „Welches Team hat insgesamt die meisten Kinder?" Auf diese Weise wird der angestrebte Teamcharakter des Trainings unterstrichen.

3.2.5.7 Einstieg in das Thema Stress

Diese Einheit soll dazu dienen, sich gemeinsam mit den Teilnehmern dem Thema Stress zu nähern und ein gemeinsames Verständnis für Stress zu entwickeln, auf dessen Basis nachfolgende Einheiten aufbauen können. Möglicherweise können einzelne Teilnehmer noch gar nichts mit dem Begriff anfangen, da sie ihn für sich selten verwenden. Sie sprechen vielleicht von „Ärger" oder „Druck". Auch unter dem Begriff Ressourcen können die Teilnehmer sich vielleicht nicht viel vorstellen.

Einführung ins Thema Stress

Input zu Stress

➲ **Ziel:** Informationsvermittlung, gemeinsames Verständnis zum Begriff Stress und Ressourcen aufbauen
⏱ **Zeit:** ca. 10 Min.
◇**Themen:** Vortrag zu Stress
✐ **Material:** F5-F9: Präsentation zum Input über Stress

Kurzer
Vortrag zum
Thema Stress

Der Trainer erläutert den Teilnehmern kurz, worum es im Folgenden gehen soll. Jeder kennt Situationen, in denen er sich überfordert fühlt, in denen er gereizt, hektisch oder nervös reagiert. Man ärgert sich, ist wütend oder fühlt sich ohnmächtig und niedergeschlagen. Stress kann viele Formen annehmen und in verschiedenen Situationen auftreten.

Der Trainer gibt im Folgenden eine kurze Einführung zum Thema Stress in Form eines kurzen Vortrags. Ziel ist es, die Teilnehmer an das Thema heranzuführen und erste Informationen zu vermitteln. Die Teilnehmer sollen verstehen, warum es wichtig ist, dass jeder Einzelne und das Team gemeinsam sich mit Stress und Stressmanagement auseinandersetzen.

Ein Beispielvortrag zur Einführung in das Thema Stress ist auf der CD zu finden.

Typische Stresssituation finden

⮕ Ziel:

Vergegenwärtigung von persönlichen Stresssituationen; Entdeckung der Vielfalt von Stresssituationen, aber auch von Gemeinsamkeiten

⏱ Zeit: ca. 15 Min.

◈ Themen:

Vorstellung der Aufgabe durch den Trainer

Vervollständigung des Halbsatzes

Einführung und Erläuterung von Kategorien zu Stresssituationen

Verbindung zum Gesamttraining herstellen

✒ Material:

Flipchart mit dem Halbsatz: „Ich gerate in Stress, wenn …"

Leere Karten

Stifte (Flipchart-Marker)

Karten mit den verschiedenen Stresssituationskategorien

Im Folgenden sollen sich die Teilnehmer an persönliche Stresssituationen erinnern, um so einen persönlichen Einstieg in das Thema zu finden. Dies kann vom Trainer wie folgt eingeleitet werden.

Beispiel zur Erläuterung des Trainers:

Das, was den einen stresst, kann für den anderen kein Problem sein und umgekehrt. Jeder hat seine „persönlichen Stresssituationen", die es zu erkennen gilt, um sie wirksam bewältigen zu können. Bestimmte Dinge belasten aber auch fast jeden – damit stehen wir nicht allein.

Der Trainer hat für die Übung ein Flipchart vorbereitet, auf das der Halbsatz „Ich gerate in Stress, wenn …" geschrieben steht (☞ folgende Abbildung 4). Die Teilnehmer werden vom Trainer der Reihe nach aufgefordert, den Satz zu vervollständigen – so wie es für ihn persönlich passt. Jeder sollte drankommen. Die Antworten, die die Teilnehmer geben, werden vom Trainer auf Karten mitgeschrieben und an die Metaplanwand gepinnt.

Die Teilnehmer werden vom Trainer der Reihe nach aufgefordert, den Satz zu vervollständigen – so wie es für ihn persönlich passt. Jeder sollte drankommen. Die Antworten, die die Teilnehmer geben, werden vom Trainer auf Karten mitgeschrieben und an die Metaplanwand gepinnt.

Ich gerate in Stress, wenn...

Abbildung 4: Flipchart zur Vergegenwärtigung von Stresssituationen

 Das entstandene Flipchart mit den Stresssituationen der Teilnehmer sollte vom Trainer aufbewahrt werden. Es soll in Teammodul 3 den Teilnehmern erneut gezeigt werden.

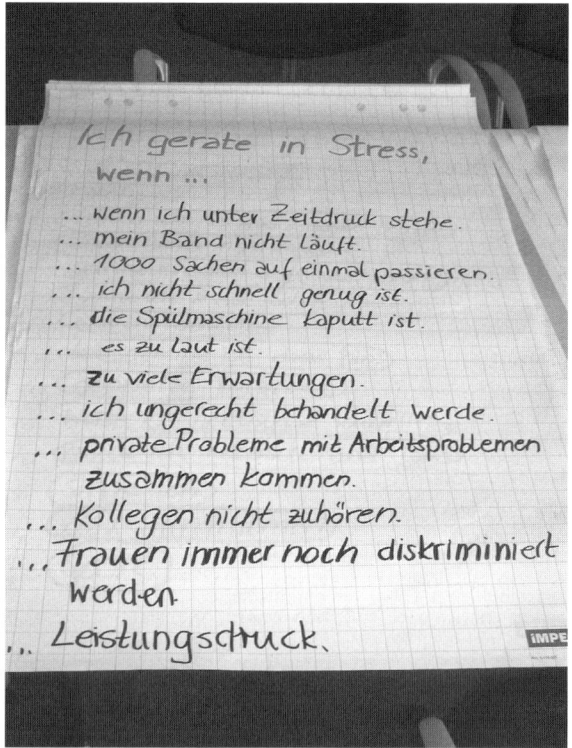

Abbildung 5: Beispiel aus der Erprobung des Trainings im Rahmen des ReSuM-Projekts

Auf dem Flipchart stehen nun verschiedene Situationen, in denen die Teilnehmer Stress erlebt haben, bzw. Dinge und Umstände, die die Teilnehmer in Stress versetzt haben. Abbildung 5 zeigt ein Beispiel aus der Erprobung des Trainings im Rahmen des ReSuM-Projekts. Der Trainer sollte zunächst die Unterschiedlichkeit der genannten Situationen kommentieren. Der Trainer kommentiert das Ergebnis

Beispiel:
Es gibt verschiedene Dinge, die uns stressen, und bestimmte Situationen sind für den einen stressend, für den anderen nicht. Wir sehen aber auch, dass es Dinge und Situationen gibt, die jeden von Ihnen gleichermaßen stressen.

Im Folgenden werden vom Trainer Kategorien für Stresssituationen eingeführt. Die Kategorien sind auf Karten geschrieben und werden nach und nach an das Flipchart mit den gesammelten Stresssituationen gepinnt und erläutert. Kategorisierung der Stresssituationen
Folgende Kategorien werden vom Trainer eingeführt:

1. Stresssituationen bei der Erwerbsarbeit
Diese sind noch einmal zu unterteilen in:
Soziale Stresssituationen (z.B. Streit mit Kollegen oder Vorgesetzten, fehlende gegenseitige Unterstützung bei Stress, Isolation von Kollegen, im schlimmsten Fall Mobbing).
Strukturelle Stresssituationen (Umgebungsbedingungen, wie z.B. Zugluft; Probleme in der Arbeitsorganisation, wie z.B. Unklarheiten bei der Aufgabenrotation; Probleme bei der Aufgabenbewältigung, wie z.B. Zeitdruck durch fehlerhafte/schlechte Arbeitsmittel oder durch fehlende Informationen).

2.Stresssituationen in der Freizeit
Der Trainer ordnet, nachdem er die verschiedenen Kategorien erläutert hat, gemeinsam mit den Teilnehmern die von ihnen genannten Stresssituationen den Kategorien zu. Die Karten der Teilnehmer werden entsprechend unter die Stresskategorien gepinnt.
Der Unterschied zwischen sozialen und strukturellen Stresssituationen bei der Arbeit ist für die Teilnehmer eventuell nicht sofort nachzuvollziehen. Oft wird nicht verstanden, warum hier eine Differenzierung vorgenommen wird.

Zur Erläuterung des Unterschieds zwischen sozialen und strukturellen Stresssituationen bei der Arbeit kann folgendes Beispiel herangezogen werden:
Wenn z.B. bei der Arbeit ein hoher Zeitdruck herrscht (Zeitdruck = strukturelle Stresssituation), dann kann das dazu führen, dass ein Kollege auf die An-

145

frage eines anderen Kollegen, ihm zu helfen, gereizt und ablehnend reagiert – vielleicht kommt es sogar zum Streit. Die Reaktion des Kollegen und der resultierende Streit ist ein sozialer Stressor. Er trat aber als Folge des Zeitdrucks auf. Würde kein Zeitdruck herrschen, hätten sich die Kollegen nicht gestritten. Der eigentliche Auslöser für den Stress war also der Zeitdruck und nicht der Streit.

Erfolgreiche Stressbewältigung baut darauf auf, dass der eigentliche Auslöser für den Stress erkannt und genau dort angesetzt wird. Ist der eigentliche Auslöser wie in diesem Beispiel der Zeitdruck, dann sollte Zeitdruck reduziert werden. Liegt der Auslöser aber daran, dass sich die beiden Kollegen generell nicht mögen und immer wieder aneinander geraten, sollte hier angesetzt werden. Dies wird in Teammodul 3, wo es um konkretes Problemlösen geht, noch einmal relevant.

Erläuterung des Zusammenhangs zwischen den Kategorien der Stresssituationen und den Inhalten des Trainings

Die Kategorien der Stresssituationen beziehen sich auf die Inhalte, die im Laufe des Trainings mit den Teilnehmern behandelt werden. Der Trainer sollte hierauf Bezug nehmen und dies den Teilnehmer explizit erläutern:

In Teammodul 1, „Kopf und Körper gut in Form", erfolgt eine Einführung in das Thema Stress. Die Teilnehmer sollen Bewegung als individuelle Ressource und Stressbewältigungsstrategie kennen lernen. Bewegung in der Freizeit wird explizit behandelt. Sie kann sowohl den Umgang mit Stresssituationen bei der Erwerbsarbeit als auch Stresssituationen in der Freizeit erleichtern.

In Teammodul 2, „Wir fühlen uns wohl"", werden soziale Aspekte bei der Arbeit behandelt. Es wird thematisiert, wie die Teilnehmer im Team zusammen arbeiten. Gegenseitige soziale Unterstützung im Team und Wertschätzung werden gestärkt. Darüber hinaus Ausgleichsbewegungen bei der Arbeit eingeübt, um einseitigen, körperlichen Belastungen entgegen zu wirken. Diese sollen mit gegenseitiger Unterstützung im Alltag eingeübt werden.

In Teammodul 3, „Wir lösen Probleme", lernen die Teilnehmer gemeinsam Stress problemorientiert zu bewältigen. Die Teilnehmer sollen in Teammodul 3 erfahren, wie sie Stresssituationen gemeinsam verändern und somit Stress bei der Arbeit abbauen können. Bei den Problemen, die bearbeitet werden, handelt es sich um Stresssituationen bei der Erwerbsarbeit.

Nur wenn der Ausnahmefall vorliegt, dass die Teamarbeit keine Möglichkeiten zum gemeinsamen Problemlösen bietet, wird individuelles Problemlösen in Teammodul 3 durchgeführt. In diesem Fall können auch Stresssituationen aus der Freizeit bearbeitet werden (☞ Teammodul 3).

In Teammodul 4, „Mein Leben im Griff", werden die Balance zwischen den Lebensbereichen behandelt. Es werden individuelle Ziele zur besseren Balance erarbeitet und eine Handlungsplanung vorbereitet. Dabei können Stresssituationen bei der Erwerbsarbeit und in der Freizeit thematisiert werden.

Genannte Stresssituationen bei der Erwerbsarbeit können vom Trainer in Teammodul 3 aufgegriffen werden.

Stressreaktionen und Stressbewältigung

> ➲ **Ziel:**
> Stressreaktionen sammeln; Einführung von Kategorien der Stressbewältigung, aktive Auseinandersetzung der Teilnehmer mit Stressbewältigung
>
> ⏲ **Zeit:** ca. 15 Min.
>
> ◈ **Themen:**
> Vorstellung der Aufgabe durch den Trainer
> Vervollständigung des Halbsatzes „Wenn ich im Stress bin, dann …"
> Kommentierung der Stressreaktionen
> Einführung und Erläuterung von Stressbewältigungskategorien
>
> ✐ **Material:**
> Flipchart mit Halbsatz „Wenn ich im Stress bin, dann …"
> Leere Karten
> Stifte (Flipchart-Marker)
> Karten mit den verschiedenen Stressbewältigungsformen

Im Folgenden soll es um Stressreaktionen und Stressbewältigung gehen. Die körperliche Stressreaktion wurde den Teilnehmern bereits erläutert. Die Teilnehmer sollen sich nun vergegenwärtigen, wie sie in einer Stresssituation reagieren. Dies kann sich sowohl auf ihre unmittelbare Reaktion beziehen wie auch darauf, was sie getan haben, um die Situation zu bewältigen. Auch hier kann dies von Person zu Person ganz unterschiedlich sein bzw. wird es wieder auch Gemeinsamkeiten zwischen den Teilnehmern geben.

Der Trainer hat für die Übung wieder ein Flipchart vorbereitet, auf das der Halbsatz „Wenn ich im Stress bin, dann …" geschrieben steht (☞ folgende Abbildung 6).

> ### *Wenn ich im Stress bin, dann...*

Abbildung 6: Flipchart zur Vergegenwärtigung von Stressreaktionen bzw. -bewältigungen

Die Teilnehmer werden vom Trainer der Reihe nach aufgefordert, den Satz zu vervollständigen – so wie es für sie persönlich passt. Jeder soll drankommen. Die Antworten, die die Teilnehmer geben, werden vom Trainer auf Karten mitgeschrieben und an die Metaplanwand gepinnt.

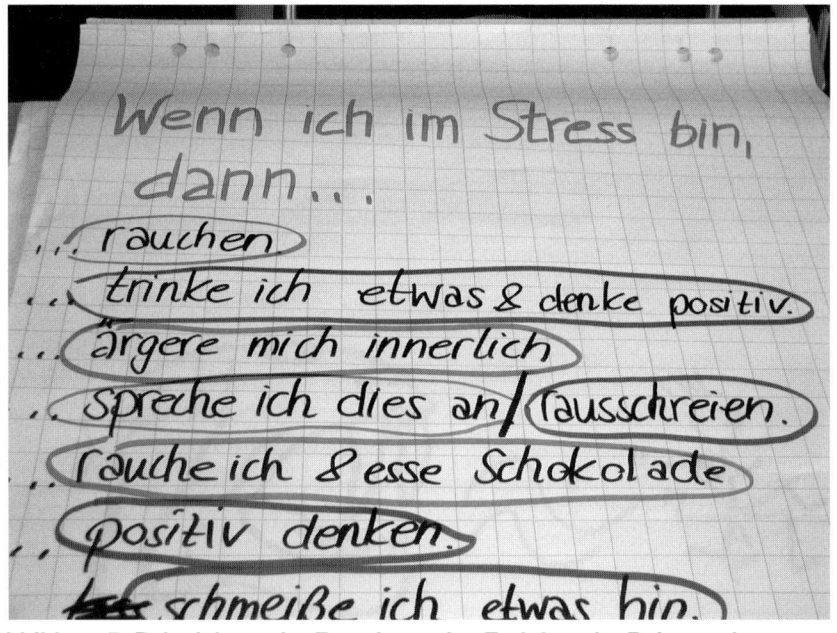

Abbildung 7: Beispiel aus der Erprobung des Trainings im Rahmen des ReSuM-Projekts:

Die auf der Metaplanwand gesammelten Antworten der Teilnehmer werden

148

verschieden ausfallen. Der Satz ist so formuliert, dass Reaktionen auf Stress abgefragt werden. Diese können sehr vielfältig sein und sich auf verschiedene Ebenen beziehen (☞ Abschnitt 1.2). Abbildung 7 zeigt ein Beispiel aus der Erprobung des Trainings im Rahmen des ReSuM-Projekts. Die Teilnehmer werden sowohl Stressreaktionen (z.B. „Wenn ich im Stress bin, dann fängt mein Herz an zu klopfen") wie auch Stressbewältigungen (z.B. „Wenn ich im Stress bin, dann rede ich mit einer Kollegin darüber") nennen.

Zusammenfassung und Kommentar zu den gesammelten Stressreaktionen

Der Trainer sollte zunächst kurz die Liste mit Antworten kommentieren, indem er wie bei den Stresssituationen die Vielfältigkeit, aber auch Gemeinsamkeiten herausstreicht und an den Input zu Stress erinnert.

Im Folgenden soll der Trainer die Teilnehmer genauer über <u>Stressbewältigung</u> informieren.

Bevor er die verschiedenen Formen/Möglichkeiten zur Stressbewältigung einführt, sollte er die Antworten (auf den Halbsatz „Wenn ich im Stress bin, dann …") der Teilnehmer, die sich auf Stressbewältigung beziehen, vorlesen (z.B. „Wenn ich im Stress bin, dann versuche ich erst mal tief durchzuatmen" oder „Wenn ich im Stress bin, dann versuche ich, mich daran zu erinnern, wie ich eine ähnliche Situation in der Vergangenheit gelöst habe"). Er sollte herausstellen, dass es sich hierbei um Stressbewältigung handelt. Er kann noch einmal in die Runde fragen, ob die anderen Teilnehmer weitere Beispiele haben, was sie tun, um ihren Stress zu bewältigen. Die Antworten sollten vom Trainer explizit gewürdigt werden. Dies kann dann als Überleitung genutzt werden, um die verschiedenen Formen von Stressbewältigung einzuführen.

<u>Beispiel zur Erläuterung des Trainers:</u>
Jeder von Ihnen verfügt bereits über Verhaltensweisen und Möglichkeiten, mit Stress umzugehen und damit fertig zu werden. Manche machen das bewusst, andere vielleicht eher unbewusst. Wir haben hier bereits viele gute Beispiele gehört. Jetzt möchte ich Ihnen einmal vorstellen, welche verschiedenen Möglichkeiten es gibt, Stress zu bewältigen.

Folgende Möglichkeiten zur Stressbewältigung werden nun vom Trainer eingeführt. Diese sind auf Karten geschrieben und werden nach und nach an eine Metaplanwand gepinnt und erläutert:

Einführung verschiedener Formen der Stressbewältigung

Problemorientierte Stressbewältigungsstrategien (= Veränderung der Situation) → Schlagwort auf der Karte: „Problem verändern"
In diese Kategorie fallen alle Bewältigungsstrategien, die sich damit beschäftigen, die stressende Situation zu verändern. Ein Beispiel wäre, sich bei Stress, der durch den Ausfall eines dringend gebrauchten Arbeitsgerätes

entstanden ist, aktiv darum zu kümmern, dass dieses möglichst schnell repariert wird. Die hier angewandte Bewältigungsform ist aktives Problemlösen und damit die Veränderung der Stresssituation. Problemorientierte Stressbewältigungsstrategien müssen nicht immer alleine durchgeführt werden. <u>Gemeinsam im Team kann manches Problem einfacher beseitigt werden.</u> Darauf wird in Teammodul 3 eingegangen.

Gefühlsorientierte Stressbewältigungsstrategien (= Abbau von Erregung und Anspannung) → Schlagworte auf der Karte: „<u>Stress abbauen</u>"

Diese Kategorie umfasst Bewältigungsstrategien, die auf die Reduktion der Anspannung und Erregung in Stresssituationen zielen. Ziel ist, Gefühle, die unter Stress auftreten, wie Ärger, Wut, Schuld, Neid, Kränkung, abzubauen und den damit einhergehenden quälenden Spannungszustand sowie die körperliche Stressreaktion positiv zu beeinflussen. Hierbei sind Bewältigungsstrategien, die auf kurzfristige Erleichterung und Entspannung in akuten Stresssituationen abzielen (z.B. sich „gut zureden", sich kurz entspannen, bewusst ausatmen, entlastende Gespräche führen, Trost und Ermutigung holen), und längerfristige Bemühungen, die der regelmäßigen Erholung und Entspannung dienen (erfüllendes Hobby, Freundschaften pflegen, regelmäßige Entspannungsübungen, Sport), zu unterscheiden.

Vermeidungsorientierte Stressbewältigungsstrategien (= Flucht vor der Realität, Ablenkung) → Schlagwort auf der Karte: „<u>Vermeiden</u>"

In diese Kategorie fallen Bewältigungsstrategien, die zum Ziel haben, sich von der Stresssituation abzulenken und vor dem Stress zu flüchten. Sie sind dadurch gekennzeichnet, dass die betreffende Person vermeidet, sich mit der Stresssituation auseinanderzusetzen, und vor der Realität flieht.

Beispielreaktionen sind eine Zigarette zu rauchen, um sich abzulenken und sich besser zu fühlen.

Der Trainer sollte die Strategien gut beschreiben und mit einem einfachen Schlagwort benennen. Der Trainer sollte für jede Strategie konkrete Beispiele nennen.

Die gefühls- und vermeidungsorientierten Stressbewältigungsstrategien liegen in manchen Fällen dicht beieinander und sind schwer voneinander zu unterscheiden. Beispiel: „Ich habe mir etwas Gutes getan, um mich wieder wohlzufühlen" (= gefühlsorientierte Strategie) vs. „Ich habe eine Zigarette geraucht, um mich besser zu fühlen"(= vermeidungsorientierte Strategie). Die Teilnehmer könnten argumentieren, dass etwas Gutes für sich tun und eine Zigarette rauchen in ihren Augen das Gleiche ist. Hier sollte der Trainer erläutern, dass der entscheidende Unterschied darin liegt, dass die gefühlsorientierten Strategien gut für die Gesundheit sind, weil sie die Anspannungsreduktion zum Ziel haben. Die vermeidungsorientierten Strategien sind dagegen schlecht für die Gesundheit, da sie lediglich von der Stresssituation ablenken. Zigaretten rauchen oder Alkohol trinken, kann vielleicht ganz kurzfristig Entspannung bringen. Es erwachsen daraus aber neue Probleme. Ich „flüchte" mich sozusagen in ein neues Problem, im schlimmsten Fall in eine Abhängigkeit von Alkohol, Zigaretten oder Ähnlichem.

Der Trainer ordnet, nachdem er die verschiedenen Stressbewältigungsformen eingeführt und erläutert hat, gemeinsam mit den Teilnehmern die von ihnen genannten Stressbewältigungen den Kategorien zu. Die Karten der Teilnehmer werden entsprechend unter die Stressbewältigungskategorien gepinnt. Die Antworten der Teilnehmer (auf den Halbsatz „Wenn ich im Stress bin, dann …"), die sich auf reine Stressreaktionen und nicht auf Stressbewältigung beziehen, werden getrennt angepinnt und vom Trainer noch einmal von Stressbewältigung abgegrenzt.

Abschließend kann der Trainer in die Runde fragen, aus welcher Kategorie die Stressbewältigungen, die sie am häufigsten anwenden, kommen und welche Verhaltensweisen sie selten anwenden.

Nun ist es sinnvoll, mit den Teilnehmern zu besprechen, dass bestimmte Stressbewältigungsstrategien geeignete gute Lösungen im Umgang mit Stress darstellen und andere Strategien nicht geeignet und eher ungünstig sind. Folgende Punkte sollen den Teilnehmern an dieser Stelle vermittelt werden:

Eine Bewältigungsstrategie ist nicht per se geeignet oder ungeeignet.

Die Eignung einer Bewältigungsstrategie ist von der jeweiligen Situation abhängig.

In Situationen, in denen die Möglichkeit zur Veränderung der Situation besteht, sollte dies auch genutzt werden. In diesen Situationen sind problemorientierte Bewältigungsstrategien besonders geeignet.

In Stresssituationen, in denen keine Kontrollmöglichkeit für den Betroffenen gegeben ist, sind gefühlsorientierte Strategien am besten geeignet.

Jeder Mensch sollte möglichst sowohl über problem- wie auch gefühlsorientierte Bewältigungsstrategien verfügen und diese auch anwenden. Eine zu einseitige Stressbewältigung ist nicht sinnvoll.

Vermeidungsorientierte Bewältigungsstrategien sind in der Regel generell ungeeignete Strategien. In Ausnahmesituationen, wie z.B. in einer akuten Stresssituation, die im Moment nicht geändert werden kann, kann es sinnvoll sein, sich zunächst einmal abzulenken. Allerdings ist es nicht sinnvoll, Ab-

Erläuterung, wann Bewältigungsstrategien geeignet und wann ungeeignet sind + Diskussion

lenkung dauerhaft in jeder Situation als Bewältigungsstrategie einzusetzen. Dieses Vorgehen schafft in der Regel weitere Probleme (wenn ich z.B. schwierige Aufgaben, die anstehen und mir Stress bereiten, nicht angehe und immer weiter vor mir herschiebe). Vor allem auch Alkohol- oder anderer Drogenkonsum, der zur Flucht vor Problemen eingesetzt wird, verschärft die Problemsituation, statt sie zu lösen.

Gemeinsam können mit den Teilnehmern die genannten Punkte diskutiert werden.

Bewegungspause

➲ **Ziel:** Auflockerung und Pause; Bedeutung von Bewegung soll unterstrichen werden; Vermittlung, dass Bewegung auch Spaß machen kann
⓪ **Zeit:** ca. 10 Min.
◇**Themen:** Durchführung einer Bewegungsübung / eines Bewegungsspiels
✐ **Material:** Katalog mit Bewegungsspielen

In dieser Pause soll eine Bewegungsübung durchgeführt werden. Diese soll zum einen der Auflockerung dienen.

Zum anderen sollen die Bewegungspausen den Teilnehmern zeigen, dass Bewegung Spaß machen kann.

3.2.5.8 Bewegung

Input zu Bewegung

➲ **Ziel:** Vermittlung der Wichtigkeit von Bewegung für die Gesundheit der Teilnehmer sowie die Bedeutung von Bewegung zur Stressbewältigung
⓪ **Zeit:** ca. 10 Min.
◇**Themen:** Vortrag zu Bewegung
✐ **Material:** F10-F12: Präsentation zum Input über Bewegung

Information über Bewegung als Stress-Management-strategie

Diese Einheit verfolgt das Ziel, die Teilnehmer mit den Notwendigkeiten und

152

Möglichkeiten von Bewegung als personale Ressource und als Stressbewältigungsstrategie vertraut zu machen und konkrete Bewegungsaktivitäten in verschiedenen Situationen zu planen und umzusetzen.

Der Trainer gibt im Folgenden eine kurze Einführung zum Thema Bewegung in Form eines Vortrags (☞ CD: Beispielvortrag zur Einführung in das Thema Bewegung). Ziel ist es, die Teilnehmer an das Thema heranzuführen und erste Informationen zu vermitteln. Die Teilnehmer sollen verstehen, warum es wichtig ist, dass jeder Einzelne sich über sein Bewegungsverhalten Gedanken macht und dass Bewegung eine wichtige Rolle dabei spielt, Stress vorzubeugen und zu bewältigen.

Kurzer Vortrag zu Bewegung

Ein Beispielvortrag zur Einführung in das Thema Bewegung findet sich auf der CD.

Mehr Bewegung in der Freizeit - Partnerinterviews zu Bewegung

➲ **Ziel:** Analyse der Ist-Situation: Wie viel Bewegung haben die Teilnehmer?
⏱ **Zeit:** ca. 15 Min.
◇**Themen:** Vorstellung der Übung durch den Trainer Erläuterung des Arbeitsblattes Durchführung der Übung Zusammentragen der Ergebnisse im Plenum
✏ **Material:** Arbeitsblatt: „Wie steht es um meine Bewegung" Stifte für die Teilnehmer (Kugelschreiber/Bleistifte)

Zur Erfassung und Reflexion des eigenen Bewegungsverhaltens und zur weiteren Planung von Bewegungsaktivitäten soll in Form von Partnerinterviews eine Bestandsaufnahme zum aktuellen Bewegungsverhalten erstellt werden.

Der Trainer erläutert den Teilnehmern, dass es im Folgenden darum gehen soll, die eigene Ist-Situation in Bezug auf Bewegung festzustellen. Jeder soll für sich herausfinden, wie viel er sich zurzeit bewegt und welche Art von Bewegung bzw. welche Bewegungsaktivitäten ihm Spaß machen. Herauszufinden, was einem Spaß macht, ist besonders wichtig, wenn man mehr Bewegung in sein Leben aufnehmen möchte. Es ist schwer genug, etwas in seinem Leben zu verändern und sich mehr zu bewegen. Wir alle kennen den

Erfassung des aktuellen Bewegungsverhaltens jedes Teilnehmers

lästigen „inneren Schweinehund". Der Schritt zu einer neuen Bewegungsaktivität fällt uns umso leichter, wenn die Aktivität uns Spaß macht.

 Der Trainer erläutert nun die Übung, die durchgeführt werden soll. Hierzu sollen sich die Teilnehmer in Zweiergruppen zusammenfinden (teamintern, d.h., wenn mehr als ein Team teilnimmt, sollen immer Personen, die im selben Team arbeiten, Zweiergruppen bilden). In Form von Partnerinterviews wird das aktuelle Bewegungsverhalten der einzelnen Teilnehmer (☞ CD: Arbeitsblatt) mit Inhalt gefüllt: Person A befragt Person B über ihre Aktivitäten und trägt in Stichworten die Ergebnisse in das Arbeitsblatt „Aktuelles Bewegungsverhalten" ein und umgekehrt.

Haben sich die Teilnehmer in Zweiergruppen zusammengefunden, teilt der Trainer das Arbeitsblatt „Aktuelles Bewegungsverhalten" aus. Bevor die Teilnehmer diese nun im gegenseitigen Gespräch ausfüllen, erläutert er noch einmal genau das Arbeitsblatt. Folgende Inhalte werden mit Hilfe des Arbeitsblattes ermittelt:

- Eine Liste von Bewegungsaktivitäten ist vorgegeben. Es soll bewertet werden, wie gern die Person die einzelnen Aktivitäten ausführt und wie oft sie sie ausführt.

- Gibt es Aktivitäten, die die Person sehr gern mag, aber zurzeit nicht häufig ausführt?

Der Trainer teilt den Teilnehmern mit, dass ihnen 15 Minuten für die Aufgabe zur Verfügung stehen. Er weist sie ebenfalls darauf hin, dass er nach der Hälfte der Zeit den Teilnehmern signalisieren wird, dass sie jetzt die Rollen im Partnerinterview tauschen sollen.

Zusammentragen der Ergebnisse im Plenum

Die Ergebnisse der Übung werden kurz im Plenum zusammengetragen (ca. drei Teilnehmer stellen ihr Ergebnis kurz vor). Alle Teilnehmer sollen für sich persönlich klargemacht haben, welche Bewegungsaktivitäten sie zwar gern machen, aber zurzeit selten oder nie durchführen. Diese Erkenntnis dient als Grundlage für die konkrete Planung von Bewegungsaktivitäten in einem Handlungsplan.

 Bei dieser Übung ist es wichtig, das Arbeitsblatt vor Beginn den Teilnehmern ausführlich zu erläutern, damit die Teilnehmer genau wissen, wie sie es ausfüllen sollen.

Außerdem sollte der Trainer die Teilnehmer explizit darauf hinweisen, dass diese Übung dazu dienen sollte, dass jeder Teilnehmer sich vor Augen führt, welche Bewegungsaktivitäten ihm eigentlich Spaß machen, er aber zurzeit selten durchführt. Es ist nicht einfach, sich zu mehr Bewegung und Sport in

154

seiner Freizeit „aufzuraffen". Deshalb ist es wichtig, Aktivitäten zu planen, die einem Spaß machen.

Erstellung eines Handlungsplans für mehr Bewegung in der Freizeit

> ➲ **Ziel:**
> Konkrete Planung der Durchführung der Bewegungsaktivitäten
>
> ⏱ **Zeit:** ca. 15 Min.
>
> ◇**Themen:**
> Einführung des Bewegungspreises
> Austeilen und Erläuterung des Handlungsplans (Laufzeit des Trainings berücksichtigen)
> Ausfüllen des Handlungsplans
>
> ✐ **Material:**
> Arbeitsblatt: „Handlungsplan für mehr Bewegung – Mein Bewegungskalender"
> Stifte für die Teilnehmer (Kugelschreiber/Bleistifte)

Nachdem auf der Basis der Analyse der Ist-Situation eine Zielvorstellung entwickelt wurde, sollen die Teilnehmer nun überlegen, in welcher Art und Weise sie ihre Ziele von mehr Bewegung umsetzen wollen.

Die Teilnehmer sollen Bewegung in ihren Alltag einplanen und dies in einen persönlichen Handlungsplan eintragen.

Zur Motivationssteigerung wird ein Bewegungspreis ausgerufen, den das Team gemeinsam gewinnt, wenn alle Teilnehmer des Teams sich ausreichend bewegt haben. Das Protokollieren der durchgeführten Bewegungsaktivitäten soll ab sofort (*„also ab heute!"*) über die gesamte Laufzeit des Trainings erfolgen, damit die Teilnehmer sich daran gewöhnen, dies regelmäßig zu tun. Der Trainer kündigt den Teilnehmern an, in jedem Modul zu erfragen, ob und welche Probleme die Teilnehmer beim Ausfüllen der Bögen hatten und in welchem Ausmaß sie die geplanten Bewegungsaktivitäten auch wirklich umgesetzt haben. In Teammodul 4 werden die Protokollbögen eingesammelt, um den Sieger feststellen zu können. Der Preis kann in Teammodul 4, besser aber bei der Follow-up Veranstaltung drei Monate nach Beendigung der Intervention vergeben werden.

Wettbewerb zur Steigerung der Motivation

Der Trainer teilt nun das Arbeitsblatt „Handlungsplan für mehr Bewegung – Mein Bewegungskalender" (☞ CD) aus und erläutert den Teilnehmern, wie es ausgefüllt werden soll. Auf der ersten Seite ist ein Beispiel aufgeführt, anhand dessen der Trainer den Handlungsplan erklärt (Abbildung 8).

Erklärung, wie der Handlungsplan ausgefüllt werden soll

Die Teilnehmer sollen nun in das Arbeitsblatt „Handlungsplan für mehr Bewegung – Mein Bewegungskalender" eine oder mehrere Bewegungsaktivitäten in die Spalte „Meine Bewegung" eintragen und zwar die Aktivitäten, die sie sich konkret vornehmen, regelmäßig in der nächsten Zeit in ihrer Freizeit umzusetzen. In den kommenden Wochen sollen die Teilnehmer dann eintragen, wann und wie lange sie diese Bewegungsaktivität ausgeführt haben (so wie im Beispiel verdeutlicht).

Ausfüllen des Handlungsplans

Meine Bewegung	Mo	Di	Mi	Do	Fr	Sa	So
Fahrrad fahren	1 Std.			30 Min.			
Schwimmen		1 Std.			20 Min.		

Abbildung 8: Beispiel, wie der Handlungsplan ausgefüllt werden soll

Der Trainer sollte die Teilnehmer bei der Findung der Aktivitäten unterstützen, indem er auf zwei Dinge verweist:
Die Teilnehmer sollten die Erkenntnisse aus dem vorangegangenen Arbeitsblatt „Aktuelles Bewegungsverhalten" heranziehen, speziell: Welche Aktivitäten mag ich sehr, führe ich aber nur selten aus? Dies könnte eine Aktivität sein, die die Teilnehmer vielleicht für ihre Zukunft planen wollen.
Der Trainer sollte die Teilnehmer explizit darauf hinweisen, dass nicht nur Sport als Bewegungsaktivität geplant werden soll, sondern auch ganz einfache alltägliche Aktivitäten geplant werden können und sollen. Ziel ist es ja, die Teilnehmer zu mehr Bewegung in ihrem Alltag zu motivieren. Dies kann auch das simple Treppensteigen statt Fahrstuhlfahren sein. Vorteil solcher Aktivitäten ist zudem, dass sie kein oder nur wenig Geld kosten und wenig Zeit in Anspruch nehmen bzw. in den Alltag integriert werden können, z.B. mit dem Fahrrad zur Arbeit fahren.
Der Trainer sollte die Teilnehmer weiter darauf hinweisen, dass sie sich beim Aufstellen ihres Handlungsplanes realistische Ziele setzen sollen, damit kein Frust entsteht, wenn der Plan nicht eingehalten werden kann. Hingegen schafft es Erfolgserlebnisse, wenn man in seinem Plan viel eintragen kann, da man sich erreichbare Ziele gesetzt hatte.
Bewusst werden in der Bewertung keine Unterschiede zwischen verschiedenen Bewegungsaktivitäten gemacht (z.B. Joggen oder Spazieren gehen). Jeder Teilnehmer sollte auf dem Bewegungsniveau, auf dem er sich zurzeit befindet, Aktivitäten planen. Derjenige, der sich bisher fast gar nicht bewegt und überhaupt keinen Sport treibt, muss langsam anfangen und profitiert

schon von regelmäßigen Spaziergängen, die er vorher nie gemacht hat. Ein anderer, der bereits regelmäßig Sport treibt, wird wenig profitieren, wenn er nur zusätzlich noch spazieren geht. Er sollte sich neue Herausforderungen suchen. Der Trainer sollte an die Teilnehmer appellieren, sich für sie passende Aktivitäten in ihren Handlungsplan zu schreiben.

Der Trainer erläutert zum Abschluss die genauen Regeln, nach denen der Bewegungspreis für das Team vergeben wird:

Den Teams wird ein Mindestmaß an Bewegung vorgegeben, dass sie schaffen müssen. Als Maß wird festgelegt, das sich jedes Teammitglied mindestens zwei Stunden pro Woche bewegen sollte. Bei zehn Teammitgliedern sollte das Team auf 20 Bewegungsstunden pro Woche kommen. Die Teilnehmer können diese Bewegungszeit völlig frei über die Woche verteilen. Hat sich ein Teammitglied mal etwas weniger bewegt, kann ein anderes Teammitglied, das sich mehr bewegt hat, die Zeit ausgleichen.

Regeln für den Bewegungspreis des Teams

Die Überprüfung erfolgt anhand des Arbeitsblattes „Handlungsplan für mehr Bewegung – Mein Bewegungskalender". Hier haben die Teilnehmer eingetragen, welche Aktivität sie zu bestimmten Zeiten wie lange durchgeführt haben. Die Dauer der Bewegungsaktivitäten, die von den Teilnehmern durchgeführt wurden, wird aufsummiert. So erhält man eine individuelle Gesamtdauer an Bewegung, die pro Woche durchgeführt wurde. Diese Dauer wird mit der vorgegebenen Dauer von zwei Stunden pro Woche abgeglichen.

Als wichtige Vorbereitung für den Bewegungspreis sollte vom Trainer im Vorfeld geklärt werden, was für ein Preis zur Verfügung steht. Es ist sinnvoll, einen möglichst attraktiven Preis zu finden, der zur Zielgruppe passt.

3.2.5.9 Abschluss

> ➲ **Ziel:**
> Vergegenwärtigung des Gelernten und Feedback der Teilnehmer
>
> 🕐 **Zeit:** ca. 20 Min.
>
> ◈**Themen:**
> Vergegenwärtigung des Gelernten und Feedback der Teilnehmer
>
> ✎ **Material:**
> Bilder (für die Wertschätzung der Tätigkeit der Teilnehmer)

Eine der Leitlinien des Trainings (☞ Abschnitt 2.1) ist, dass die Sitzungen immer positiv und mit konkreten Ergebnissen enden sollen. Als Abschluss des ersten Moduls fasst der Trainer deshalb zusammen, was die Teilnehmer aus der Sitzung mitnehmen. Folgende Punkte, die den Teilnehmern klar geworden sein sollten, sollen vom Trainer an dieser Stelle noch einmal deutlich genannt werden:

- Vielfältige <u>Stresssituationen</u> können unterschieden werden. Es gibt Stresssituationen, die für alle Menschen Stress darstellen. Es gibt aber auch Stresssituationen, die sehr persönlich sind und den Einen stressen, den Anderen nicht. Stresssituationen können danach unterschieden werden, ob sie bei der Erwerbsarbeit entstehen oder in der Freizeit. Es können sozial bedingte Stresssituationen sein oder auch strukturelle, wie Zeit- und Termindruck.
- Die Teilnehmer haben über ihre persönlichen <u>Stressreaktionen</u> und Bewältigungsstrategien nachgedacht. Auch diese sind individuell sehr unterschiedlich.
- Es gibt sehr vielfältige <u>Bewältigungsstrategien</u>. Sie können <u>problemorientiert</u> sein, um die Stresssituation zu verändern. Sie können <u>gefühlsorientiert</u> sein, um die Anspannung bei Stress zu reduzieren. Sie können aber auch <u>vermeidungsorientiert</u> sein, um von der Stresssituation abzulenken und zu verdrängen. Letztere sind oftmals gesundheitsschädlich.
- <u>Bewegung</u> ist ein wichtiger Ansatzpunkt zur Förderung der Gesundheit und zum Abbau von Stress. Sie stellt eine Ressource bzw. Hilfsquelle gegen Stress dar, die einen weniger stressanfällig macht und sie dient der Stressbewältigung, indem man mit Bewegung Anspannung reduzieren kann.
- Ein konkreter Handlungsplan zur Umsetzung von mehr Bewegung in der Freizeit wurde von jedem Teilnehmer erstellt. Dieser muss nun umgesetzt werden. Ein Bewegungspreis unterstützt die Umsetzungsmotivation.
- Den Teilnehmern sollte deutlich geworden sein, dass sie selbst und als Team etwas für ihre Gesundheit tun können.

Resümee der Teilnehmer

Anschließend ist es notwendig, die Teilnehmer selbst noch einmal zu Wort kommen zu lassen und in einer Abschlussrunde ein Feedback zur ersten Sitzung abzufragen. Die Runde wird mit der Frage eingeleitet: **„Wenn mein Kollege mich fragt, was ich heute hier gelernt habe, würde ich Folgendes sagen:"** Damit wird unterstützt, dass sich die Teilnehmer noch einmal eigenständig vor Augen führen, was sie persönlich aus der ersten Sitzung mitnehmen.

Die Sitzung soll, wie die Leitlinien der Trainingskonzeption es vorsehen, positiv beendet werden. Zu diesem Zweck wurden im Vorfeld Bilder

gesucht/gemalt (z.B.: von Kindern), die den Wert der Tätigkeit der Teilnehmer deutlich machen. Nachfolgend sind Beispiele aufgeführt für Bilder zum
Thema „Wie sähe die Welt aus, wenn es uns nicht gäbe":

Abbildung 9: Beispiel Pumpenfabrik (keine Klimaanlagen mehr)

3.3   Teammodul 2: „Wir fühlen uns wohl!" - Soziale Unterstützung im Team

3.3.1 Ziele des Moduls

Ziel des zweiten Moduls ist es, die Teilnehmer für soziale Aspekte der Teamarbeit zu sensibilisieren (1). Dabei sollen die Teilnehmer in diesem Modul gemeinsam reflektieren, wie es um die Zusammenarbeit im Team bestellt ist (2). Darauf aufbauend sollen folgende wichtige Aspekte im Team bearbeitet werden: soziale Unterstützung (3), Ausgleichsbewegungen bei gegenseitiger sozialer Unterstützung (4) und gegenseitige Wertschätzung im Team (5).

Zusammenfassend werden im zweiten Modul **folgende konkrete Ziele** definiert:

1. Sensibilisierung der Teilnehmer für Ressourcen der Zusammenarbeit
2. Analyse der Ist-Situation in Bezug auf die Zusammenarbeit im Team
3. Förderung der sozialen Unterstützung im Team
4. Ausgleichsbewegungen, die bei der Arbeit gemeinsam ausgeführt werden
5. Sensibilisierung für und Aufbau von Wertschätzung der einzelnen Teammitglieder untereinander

3.3.2 Der rote Faden des Trainings

Mit dem Teammodul 2 beginnt der Teil des Trainings für die Beschäftigten, der sich auf die Teamarbeit bezieht. Hier soll es darum gehen, wie die Teilnehmer zusammenarbeiten, welche gemeinsamen Stresssituationen sie haben, aber auch, über welche gemeinsamen Ressourcen sie verfügen. Teammodul 2 widmet sich dabei den sozialen Aspekten der Zusammenarbeit im Team: Wie arbeiten wir zusammen? Wie gehen wir miteinander um? Wie können wir uns unterstützen? Bewegung als wichtige Stressbewältigungsstrategie und Maßnahme zur Förderung der eigenen Gesundheit wird hier in der Form wieder aufgegriffen, dass erarbeitet wird, wie die Teilnehmer Ausgleichsbewegungen bei der Arbeit durchführen und sich dabei gegenseitig unterstützen können.

3.3.3 Ablaufplan

Teammodul 2

Nr.	Trainingseinheit	Ziele	Themen	Dauer in Min.	Form	Material	Wer
1.	Begrüßung	Einstieg in das Team-modul 2 Aufgreifen der Inhalte aus Teammodul 1	Begrüßung Aufgreifen des Hand-lungsplans zu Bewe-gung aus Teammodul 1 Ablaufplan der Sitzung	10	Plenum	F2: Ablauf des Moduls F1: Ablauf des Ge-samttrainings	Trainer
2.	Warming-up	Einstieg in das Thema Zusammenarbeit im Team	„Ausflug ins All"	10	Plenum	Mehrere Metaplanpa-piere Stoppuhr	Trainer + Teilnehmer
3.	Nachdenken über die Aufgaben im Team	Reflexion der wichtigs-ten Aufgaben im Team	Sammlung von Aufga-ben im Team	10	Plenum	Stifte (Flipchart-Mar-ker) Metaplan zur Aufga-benreflexion	Trainer + Teilnehmer

Teammodul 2

Nr.	Trainingseinheit	Ziele	Themen	Dauer in Min.	Form	Material	Wer
4.	Nachdenken über die Zusammenarbeit	Reflexion der Zusammenarbeit	Einführung von Ressourcen der Teamarbeit Einzelbewertung Zusammentragen mit Punkten Trainer fasst Ergebnisse zusammen	25	Plenum Einzelarbeit	Arbeitsblatt: „Ressourcen der Teamarbeit" Metaplan mit den Ressourcen der Teamarbeit Klebepunkte Stifte für die Teilnehmer (Kugelschreiber/ Bleistifte)	Trainer + Teilnehmer
	Bewegungspause	Auflockerung und Pause Bedeutung von Bewegung soll unterstrichen werden Vermittlung, dass Bewegung auch Spaß machen kann	Durchführung einer Bewegungsübung / eines Bewegungsspiels	10	Plenum	Katalog mit Bewegungsspielen	Teilnehmer

Teammodul 2

Nr.	Trainingseinheit	Ziele	Themen	Dauer in Min.	Form	Material	Wer
5.	Gegenseitige soziale Unterstützung im Team	Reflexion von Situationen zu sozialer Unterstützung	Trainer führt in das Thema ein Sammlung von konkreten Situationen in Zweiergruppen	15	Zweiergruppen		Teilnehmer
6.	Zusammentragen der Situationen und Strukturierung	Sammlung und Strukturierung der Situationen zu sozialer Unterstützung	Unterscheidung verschiedener Formen und Zuordnung Thematisierung eines „Jammerklimas"	15	Plenum	Leere Metaplanwand leere Karten und Stifte (Flipchart-Marker)	Trainer + Teilnehmer
7.	Konkrete Verbesserungsmöglichkeiten im Team erarbeiten	Verbesserungsmöglichkeiten	Verbesserungsmöglichkeiten für eine vorgegebene Situation („neuer Mitarbeiter") werden gesammelt	20	Plenum	F3: Leitfragen 2 leere Flipcharts Stifte (Flipchart-Marker)	Trainer + Teilnehmer
8.	Ausgleichsbewegungen bei der Arbeit	Ausgleichsbewegungen einüben	siehe unten	35	siehe unten	siehe unten	siehe unten
8.1	Sammlung von einseitigen Belastungssituationen bei der Arbeit	Vergegenwärtigung der körperlichen Belastungen	Erhebung der Belastungspunkte	10	Plenum	F5: menschliche Silhouette Klebepunkte	Trainer + Teilnehmer

Teammodul 2

Nr.	Trainingseinheit	Ziele	Themen	Dauer in Min.	Form	Material	Wer
8.2	Vorstellung und Einübung von geeigneten Bewegungsübungen	Vorstellung und Einübung von geeigneten Bewegungsübungen	Vorstellung und Austeilen der Übungen in Papierform Einübung	10	Plenum	Ausgewählte Bewegungsübungen (max. 3-5 Stück, vervielfältigt für Teilnehmer, aber: kompletten Bewegungskatalog parat haben)	Trainer + Teilnehmer
8.3	Planung organisatorischer Aspekte	Verankerung im Arbeitsalltag planen	Auswahl eines Verantwortlichen im Team Klärung der Durchführung	15	Plenum	Ball F4: Organisation der Bewegungsübungen Stifte (Flipchart-Marker)	Trainer + Teilnehmer
9.	Gegenseitige Wertschätzung im Team	Gegenseitige Wertschätzung im Team erfahren	Teilnehmer geben sich gegenseitig Wertschätzung Wertschätzung für die Führungskraft	10	Plenum	Ball leeres Flipchart Stifte (Flipchart-Marker)	Teilnehmer
10.	Abschluss	Vergegenwärtigung des Gelernten und Feedback der Teilnehmer	Zusammenfassung Feedbackrunde	10	Plenum		Trainer + Teilnehmer
	Variable Pause			10			

3.3.4 CHECKLISTE Teammodul 2

Diese Materialien werden für das Modul benötigt!

Flipcharts/ Metapläne/ Power-Point-Präsentationen	
F1: Ablauf des Gesamttrainings	☐
F2: Ablauf des Moduls	☐
F3: Leitfragen	☐
F4: Organisation der Bewegungsübung	☐
F5: menschliche Silhouette	☐
Metaplan mit den Ressourcen der Teamarbeit	☐
Metaplan zur Aufgabenreflexion	☐
Arbeitsblätter/ Infoblätter/ Beispielvorträge	
Arbeitsblatt: „Ressourcen der Teamarbeit"	☐
Infoblatt: Modul 2	☐
Sonstiges	
Stoppuhr	☐
Stifte (Kugelschreiber, Bleistifte, Flipchart-Marker)	☐
Leere Metaplanwände und Metaplanpapier	☐
Leere Karten	☐
Klebepunkte	☐
Leere Flipcharts	☐
Bewegungsspiele	☐
Katalog mit Bewegungsspielen	☐
Ball (x Anzahl Teilnehmer)	☐
Ausgewählte Bewegungsübungen aus dem Bewegungskatalog (x Anzahl Teilnehmer)	☐

Bitte abhaken!

3.3.5 Praktische Durchführung

3.3.5.1 Begrüßung und Einstieg ins Thema

➲ **Ziel:**

Einstieg in das Teammodul 2, Aufgreifen der Inhalte aus Teammodul 1

🕐 **Zeit:** ca. 10 Min.

◈**Themen:**

Begrüßung der Teilnehmer

Aufgreifen des Handlungsplans zu Bewegung aus Teammodul 1

Vorstellung Ablaufplan der Sitzung (kurzer Verweis auf Gesamtablauf)

✐ **Material:**

F2: Ablauf des Moduls

F1: Ablauf des Gesamttrainings

Aufgreifen der Inhalte aus Teammodul 1

Der Trainer begrüßt zunächst die Teilnehmer und stellt den Bezug zur ersten Sitzung her, indem er die Teilnehmer nach ihren Handlungsplänen zu mehr Bewegung in ihrer Freizeit, die sie während des ersten Moduls ausgefüllt haben, fragt. Aus der Runde sollen einige Teilnehmer vorstellen, wie es ihnen ergangen ist, ob sie umsetzen konnten, was sie sich vorgenommen hatten, und wobei Schwierigkeiten auftraten. Offene Fragen aus dem ersten Modul werden ebenfalls bei Bedarf an dieser Stelle geklärt.

Einordnung des Moduls in den Gesamtablauf

Der Trainer verweist auf den Gesamtablauf des Trainings (dieser ist auf einer Metaplanwand während jedes Moduls aufgehängt) und ordnet die aktuelle Sitzung ein. Es ist von besonderer Bedeutung für die Teilnahmemotivation der Beschäftigten, dass sie das gesamte Training mit allen vier Modulen, an denen sie teilnehmen, als „zusammenhängendes Ganzes" wahrnehmen.

Vorstellung des Ablaufs von Modul 2

In Teammodul 2, „Wir fühlen uns wohl", sollen soziale Unterstützung und Wertschätzung im Team (soziale Ressourcen) behandelt werden. Thema dieser Sitzung ist, wie die Teilnehmer im Team miteinander umgehen und wie sie Stresssituationen bei der Arbeit gemeinsam im Team abbauen oder ganz vermeiden können. Besonders soll besprochen werden, welche gemeinsamen Ressourcen (Hilfsquellen) die Teilnehmer haben (z.B. Zusammengehörigkeitsgefühl und soziale Unterstützung im Team, gemeinsame Bewegungsaktivitäten bei der Arbeit). In Teammodul 2 soll daran gearbeitet werden, diese Ressourcen weiter zu stärken und auszubauen.

Anschließend stellt der Trainer den Teilnehmern den Ablaufplan für das zweite Modul vor. Den Teilnehmern ist die Art und Weise der Visualisierung des Ablaufplans bereits aus Teammodul 1 geläufig. Es sollte jedoch trotzdem noch einmal auf die eingeplanten Pausen hingewiesen werden, die flexibel je nach Bedarf eingebaut werden können.

Teammodul 2

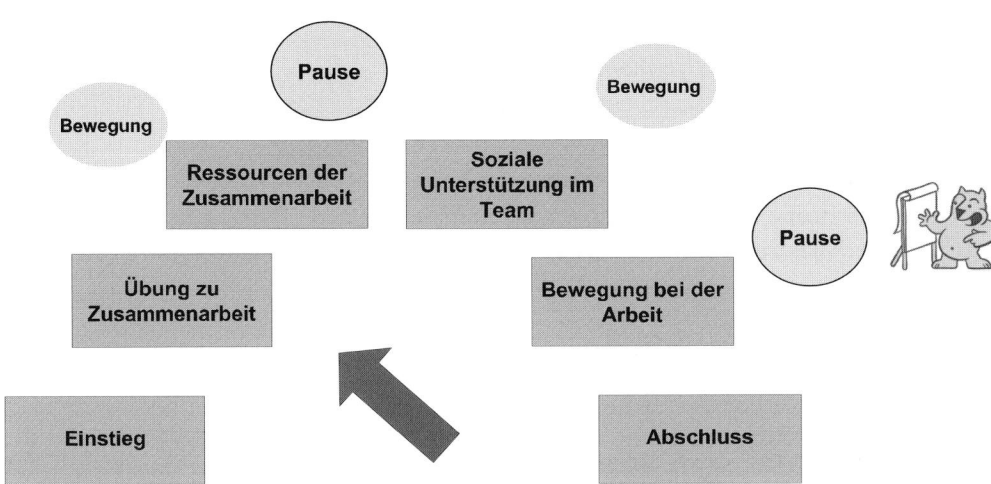

Abbildung 1: Beispiel für Ablaufplandarstellung Teammodul 2 (F2)

3.3.5.2 Warming-up-Übung

➲ **Ziel:** Einstieg in das Thema Zusammenarbeit im Team
⏱ **Zeit:** ca. 10 Min.
◇**Themen:** „Ausflug ins All"-Übung Instruktion der Teilnehmer Durchführung Kurze Nachbereitung (Reflexionsfragen)
✐ **Material:** Mehrere Metaplanpapiere Stoppuhr

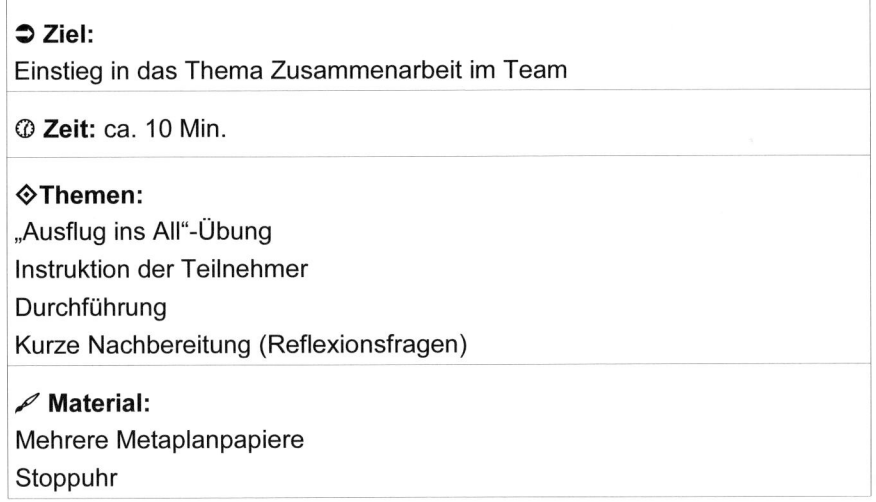

Die Teilnehmer sollen aktiviert und ins Thema der zweiten Sitzung eingeführt werden. Zu diesem Zweck wird eine Einstiegsübung gemacht.

Die Übung soll dazu dienen, dass die Teilnehmer erfahren wie sie zusammen an einer gemeinsamen Aufgabe arbeiten und speziell, wie sie miteinander umgehen (Helfen sie sich untereinander? Arbeiten wir gut zusammen?

Behandeln wir einander mit Respekt und Wertschätzung?). Dies führt direkt zu den Inhalten, die in diesem Modul thematisiert werden.

Der Trainer beschreibt den Teilnehmern die Aufgabenstellung, die wie folgt lautet:

<u>Beispiel für die Erläuterung des Trainers:</u>

Die Übung heißt Ausflug ins All. Wir schreiben das Jahr 2345. Die Zahl der Erdenbewohner ist rasant gestiegen, und die Erde ist zu klein geworden. Der einzige Ausweg ist die Besiedlung neuer Planeten. Deshalb wird eine Marsmission organisiert mit xx Forschungsmitgliedern. Diese sollen den Mars auf Möglichkeiten zur Bewohnung (Ansiedelung) durch Menschen überprüfen. Der Mars ist sehr heiß!!!! Zum Schutz der Teammitglieder vor der unheimlichen Bodenhitze wurde eine Folie mit Wärmeschutzschild mitgenommen. Nach der Landung des Raumschiffes stellen sich alle Forscher sofort auf die Folie. Leider bemerken sie zu spät, dass die Folie verkehrt herum auf dem Boden liegt.

Die Folie muss also innerhalb von fünf Minuten umgedreht werden, um die Forscher vor der ungeheuren (weil tödlichen) Hitze zu schützen. Dabei darf jedoch keiner der Forscher den Boden betreten! Sonst ist die Mission verloren!

Die Gruppe wird in Kleingruppen mit ca. fünf bis sechs Personen aufgeteilt (bei mehreren Teams teamweise aufteilen). Jede Kleingruppe erhält ein Metaplanpapier und stellt sich darauf. Der Trainer gibt den Startschuss. Das Team, das als Erstes mit der Aufgabe fertig ist, hat gewonnen. Nach spätestens fünf Minuten pfeift der Trainer die Übung ab. Wer bis dahin nicht geschafft hat, die Aufgabe zu lösen, hat verloren.

Mögliche Reflexionsfragen:

- Wie war die Kooperation untereinander?
- Wie erfolgte die Kommunikation der Teilnehmer untereinander?
- Wie war die Rollenverteilung? / Waren Rollen erkennbar?
- Hatte jedes Teammitglied eine Aufgabe?
- Wurden alle Meinungen/Einwände gehört?
- Wer übernahm die Führung?

Der Trainer sollte für die Nachbereitung der Übung zwei bis drei Reflexionsfragen auswählen, die er mit den Teilnehmern bearbeitet. Alle angegebenen Reflexionsfragen zu bearbeiten würde den Rahmen sprengen.

3.3.5.3 Nachdenken über die Aufgaben im Team

> **➲ Ziel:**
>
> Reflexion der wichtigsten Aufgaben im Team und der Kooperationsanforderungen
>
> Entscheidung des Trainers, ob die Vermittlung gemeinsamen Problemlösens in Teammodul 3 Sinn macht (falls nicht schon im Rahmen der Betriebsbegehung anhand des Screenings entschieden wurde)
>
> **⏱ Zeit:** ca. 10 Min.
>
> **◇Themen:**
>
> Sammlung von Aufgaben im Team
>
> Einschätzung, ob Informationen oder Material ausgetauscht werden müssen
>
> Frage nach Aufgabenrotation und Teamsitzungen
>
> **✎ Material:**
>
> Metaplan zur Aufgabenreflexion
>
> Stifte (Flipchart-Marker)

Die Teilnehmer sollen zunächst die verschiedenen Aufgaben bzw. Funktionen im Team sammeln. Diese Übung dienst dazu, dass die Teilnehmer gezielt über ihre Teamarbeit nachdenken und somit einen Einstieg in die Thematik Teamarbeit finden. Sowohl in Teammodul 2 wie auch im nachfolgenden Teammodul 3 wird es um die Teamarbeit gehen. *(Sammlung von Aufgaben)*

Der Trainer stellt hierzu den Teilnehmern folgende Fragen. Die Antworten werden auf dem vorbereiteten Metaplan mitgeschrieben (☞ folgende Abbildung 2):

- „Welche Aufgaben (Arbeitsplätze oder Funktionen) gibt es bei Ihnen im Team?" → Hier soll **jeder** Teilnehmer nacheinander kurz sagen, welche Aufgaben er selbst zu bewältigen hat bzw. welche Funktion er im Team erfüllt.
- „Sind die Aufgaben der Mitarbeiter im Team alle gleich, oder gibt es verschiedene Aufgaben und Funktionen im Team?" → Ein wichtiges Merkmal von qualitativ guter Teamarbeit ist, dass es unterschiedliche Aufgaben und Funktionen gibt (☞ Abschnitt 1.4).

Sind die **wichtigsten Aufgaben** gesammelt, soll angekreuzt werden, ob bei der Aufgabenbewältigung Informationen untereinander oder Material ausgetauscht werden müssen. Der Trainer fragt: *(Bewertung der Aufgaben)*

„Benötigen Sie zur Aufgabenerledigung Informationen oder Material von anderen Kollegen?" → Hier wird deutlich, ob Kooperationsanforderungen vorliegen, ebenfalls ein Merkmal guter Teamarbeit (☞ Abschnitt 1.4).

- Weiterhin soll angekreuzt werden, ob Aufgabenrotation vorliegt und ob es Teamsitzungen gibt. „Wechseln Sie im Team Aufgaben?" → Hier wird deutlich, ob Aufgabenrotation vorliegt, ein für die Gesundheit wichtiges Gestaltungsmerkmal von Teamarbeit (☞ Abschnitt 1.4).

Aufgaben im Team	Müssen Informationen oder Material ausgetauscht werden?

Gibt es Aufgabenrotation? (ja/nein/teilweise)	
Gibt es regelmäßige Teamsitzungen? (ja/nein)	

Abbildung 2: Vorbereitetes Metaplan „Aufgabenreflexion"

Abbildung 3 zeigt ein Beispiel eines ausgefüllten Metaplans aus der Trainingserprobung im Rahmen des ReSuM-Projekts.

Gibt es mehr als ein Team in der Trainingsgruppe, sammelt jedes Team getrennt voneinander die wichtigsten Aufgaben und beantwortet die oben genannten Fragen selbstständig. Zu diesem Zweck setzen sich die Personen, die einem Team angehören, in einer Kleingruppe zusammen und überlegen gemeinsam, welche Aufgaben/Arbeitsplätze, Funktionen in ihrem Team anfallen.

Anschließend kommen alle Teilnehmer wieder im Plenum zusammen, und jedes Team berichtet, welches ihre Aufgaben sind, ob sie zur

172

Aufgabenbewältigung Informationen/Material austauschen müssen und ob Aufgaben rotieren.

Der Trainer hilft den Teilnehmern, die Aufgaben zu benennen. Er kann sich dabei auf die Beobachtungen im Screening beziehen. Ist bei mehreren Teams mehr als ein Trainer vorhanden, sollten sich die Trainer auf die Teams verteilen.

Aufgaben im Team	Müssen Information oder Material ausgetauscht werden?
Kochen, Zubereitung Vorbereitung	Ja
Wok, Ausgabe	Ja
Erwärmen	Ja
Auffüllen, Nachfüllen Zusammenstellen	Ja
Kasse	Ja
Abrechnung	Ja
Gibt es Aufgabenrotation?	Ja, teilweise für manche Mitarbeit
Gibt es Teamsitzungen?	Nein, Infos werden zwischendurch ausgetauscht.
Spülküche	fehlendes Material + Info
Catering	Ja
Aufräumen	Ja

Abbildung 3: Beispiel eines ausgefüllten Metaplans aus der Trainingserprobung im Rahmen des ReSuM-Projekts

Es ist sinnvoll, die Metaplanwand mit den Aufgaben aufzuheben und sie in Teammodul 3 den Teilnehmern noch einmal zu zeigen. Im Anschluss an Teammodul 2 entscheidet der Trainer, ob die Vermittlung des gemeinsamen Problemlösens im Team in Teammodul 3 für die Teilnehmer sinnvoll ist. Unter folgenden Rahmenbedingungen ist gemeinsames Problemlösen im Team nicht sinnvoll:

- Die Teilnehmer benötigen zur Aufgabenbewältigung weder Informationen noch Materialien von anderen Kollegen des Teams.
- Es gibt keine Aufgabenrotation.
- Es besteht keine Möglichkeit, Teamsitzungen abzuhalten.

Treffen die genannten Punkte zu, sollte in Teammodul 3 statt des gemeinsamen Problemlösens individuelles Problemlösen vermittelt und geübt werden.

3.3.5.4 Nachdenken über die Zusammenarbeit

> **Ziel:**
> Reflexion der Zusammenarbeit
>
> **Zeit:** ca. 25 Min.

> **Themen:**
> Einführung von Ressourcen der Teamarbeit
> Jeder Teilnehmer bewertet die einzelnen Ressourcen im Stillen
> Ergebnisse werden zusammengetragen: jeder Teilnehmer klebt Punkte
> Trainer fasst Ergebnisse zusammen: Probleme werden aufgedeckt, Divergenzen (Unstimmigkeiten) besprochen

> **Material:**
> Arbeitsblatt: „Ressourcen der Teamarbeit"
> Metaplan mit den Ressourcen der Teamarbeit
> Klebepunkte
> Stifte für die Teilnehmer (Kugelschreiber/Bleistifte)

Die Teilnehmer sollen sich im Folgenden darüber Gedanken machen, wie sie im Team zusammenarbeiten. Damit soll der Fokus noch einmal vertiefend zur vorangegangenen Übung auf die Teamebene gelenkt werden, die in diesem und dem folgenden Modul thematisiert wird.

<u>Beispiel für die Trainererklärung, warum die Zusammenarbeit für Stress bedeutsam ist:</u>

Erklärung, warum Zusammenarbeit für Stress bedeutsam ist

Es ist sehr wichtig, dass man sich einmal die Zeit nimmt und genauer hinschaut, wie man eigentlich bei der Arbeit miteinander umgeht und wie die Zusammenarbeit aussieht. Wenn die Zusammenarbeit schlecht läuft, kann das Stress auslösen, die Stressbewältigung behindern oder bereits vorhandenen Stress weiter verstärken. Ist die Zusammenarbeit jedoch gut, ist dies eine wichtige Ressource gegen Stress, d.h. es entsteht erst gar kein Stress bzw. Stress wird in seiner Wirkung auf den Einzelnen abgepuffert. Außerdem kommt hinzu, dass eine gute Zusammenarbeit bereits für sich genommen das Wohlbefinden jedes Teammitglieds steigern kann.

Jeder von Ihnen kennt das sicherlich. Wenn Sie Stress bei der Arbeit haben, z.B. Zeitdruck, dann wird es umso schlimmer, wenn keiner im Team einem hilft, man vielleicht noch zusätzlich Streit mit einem Kollegen hat oder durch schlechte Absprachen und Koordination der Arbeitsaufgaben zusätzlich Zeit verloren geht. Andererseits können in der gleichen Situation eine helfende Hand oder aufmunternde Worte des Kollegen dazu führen, dass man sich gleich besser fühlt und weniger Stress empfindet. Eine gute Organisation der Arbeitsabläufe untereinander kann den Zeitdruck abmildern. Und in einem Team, in dem man miteinander lacht, sich wohlfühlt und sich gegenseitig auch mal auf die Schulter klopft und feststellt, „das haben wir gut gemacht", haben Stress und Ärger, die von außen kommen, sowieso eine viel kleinere Chance, Schaden anzurichten.

Der Trainer stellt den Teilnehmern nun folgende Fragen, die sich auf die Zusammenarbeit in ihrem Team beziehen:
a) Helfen Sie sich im Team untereinander?, b) Hören sie sich gegenseitig bei Problemen zu?, c) Bringen Sie sich gegenseitig Anerkennung und Wertschätzung entgegen, wenn etwas gut gemacht wurde?, d) Reden Sie im Team regelmäßig darüber, wie sie arbeiten?, e) Übernehmen alle Verantwortung für das gemeinsame Arbeitsergebnis?, f) Werden Probleme gemeinsam im Team angegangen? und g) Haben Sie das Gefühl, das Team kann gute Leistungen bringen, wenn alle sich anstrengen? Mit anderen Worten: Trauen Sie Ihrem Team etwas zu?

Reflexion der Zusammenarbeit im Team

Ziel der folgenden Übung ist es, eine Reflexion der genannten Merkmale auf Teamebene anzustoßen, die sowohl die gemeinsame Wahrnehmung als auch die Wahrnehmungen jedes einzelnen Teammitgliedes berücksichtigt.

Der Trainer deckt eine Metaplanwand auf (siehe Abbildung 4), auf der die vorgestellten Merkmale aufgelistet sind. Dabei erläutert der Trainer, dass es heute um die ersten drei Merkmale geht, die sich alle auf soziale Unterstützung bei der Teamarbeit beziehen (sich helfen; zuhören; wertschätzen). Diese geben darüber Aufschluss, wie die Teammitglieder miteinander bei der Arbeit umgehen.

Konkrete Bewertung der Zusammenarbeit

Die verbleibenden vier Merkmale (über die Arbeit reden; gemeinsame Verantwortungsübernahme für das Arbeitsergebnis; Probleme angehen, wenn sie auftauchen; sich als Team etwas zutrauen) sind Ressourcen der Teamarbeit, auf in Teammodul 3 vertiefend eingegangen wird.

Die Teilnehmer sollen nun zunächst **jeder für sich allein** überlegen, wie stark die sieben Merkmale in ihrem Team ausgeprägt sind. Hierzu erhalten sie ein Arbeitsblatt, auf dem die Bewertungsmatrix der Metaplanwand abgebildet ist (☞ CD Arbeitsblatt).

Für die Bearbeitung des Arbeitsblattes soll den Teilnehmern ca. fünf Minuten Zeit zur Verfügung gestellt werden. Der Trainer teilt den Teilnehmern die Zeit, die sie zur Bearbeitung des Arbeitsblattes zur Verfügung haben, zu Beginn der Übung mit.

Ressourcen	Bewertung			
	sehr selten/ fast nie	*selten*	*manchmal*	*sehr oft/ fast immer*
Wir helfen uns.	1	2	3	4
Wir hören uns bei Problemen zu.	1	2	3	4
Wir zeigen uns Wertschätzung.	1	2	3	4
Wir reden regelmäßig über unsere Arbeit.	1	2	3	4
Bei uns übernimmt jeder Verantwortung.	1	2	3	4
Wir gehen Probleme an.	1	2	3	4
Wir trauen uns was zu.	1	2	3	4

Abbildung 4: Metaplanwand zur Bewertung der Merkmale

Nachdem die Teilnehmer die Merkmale allein für sich bewertet haben, werden die Ergebnisse an der Metaplanwand zusammengetragen, indem jeder Teilnehmer für jedes Merkmal einen Punkt entsprechend seiner Bewertung klebt.

Zusammen-
fassung und
Kommentar
des Trainers
zum Ergebnis

Der Trainer kommentiert das entstandene Bild. Er berücksichtigt dabei positive Auffälligkeiten (z.B. alle im Team finden, dass sie sich untereinander bei Problemen zuhören), sichtbar gewordene Probleme (z.B. alle Teilnehmer bewerten die gegenseitige Wertschätzung als sehr gering) und Unterschiede

176

in den Bewertungen (z.B. finden zwei Teilnehmer, dass sich im Team sehr viel geholfen wird, zwei andere Teammitglieder bewerten allerdings das gegenseitige Helfen als sehr gering ausgeprägt).

Der Trainer befragt die Teilnehmer zu den Ergebnissen. Ist das Bild für alle nachvollziehbar? Wie kommt es zu den unterschiedlichen Sichtweisen? Eine abschließende Diskussion im Plenum erfolgt.

Die Teilnehmer sollen sich der Probleme und Stärken bewusst werden, die von allen Teilnehmern ähnlich bewertet worden sind. Sie sollen sich aber auch der individuell unterschiedlichen Wahrnehmungen bewusst werden und Gründe für diese diskutieren.

Der Trainer weist die Teilnehmer darauf hin, dass die Ressourcen der Teamarbeit, die die Teilnehmer in dieser Übung kennengelernt haben, in diesem und dem nachfolgenden Teammodul 3 gestärkt werden sollen. Deshalb bleibt die Metaplanwand in Teammodul 2 und 3 immer sichtbar hängen.

Der Trainer sollte darauf achten, dass die Diskussion nicht darauf hinausläuft, sofort Lösungen für die aufgezeigten Probleme finden zu wollen. Auch  sollte er Schuldzuweisungen (z.B. „Kollege xy hilft uns anderen Kollegen nie!" oder auch „Wenn wir nicht mal von unserem Vorgesetzten wertgeschätzt werden, dann können wir es auch nicht untereinander!" etc.) frühzeitig unterbinden! Kommt es zu derartigen Situationen, sollte der Trainer die Teilnehmer daran erinnern, dass dies erst die Analyse der Ist-Situation war und in den nachfolgenden Schritten die einzelnen Punkte genauer bearbeitet werden (die ersten drei Merkmale in Teammodul 2; die weiteren vier Merkmale in Teammodul 3). Vorschnelle Urteile und Lösungen sind nicht gewinnbringend! Erst in der genaueren Betrachtung ist es sinnvoll, Lösungen und Verbesserungsmöglichkeiten zu erarbeiten.

Bei bestehenden größeren Konflikten, die nicht im Rahmen des Trainings bearbeitet werden können, sollte der Trainer darauf hinweisen, dass dies außerhalb des Trainings geschehen muss. Der Trainer kann in einer solchen Situation anbieten, bei der Bearbeitung der Probleme außerhalb des Trainings zu unterstützen (im Rahmen seiner Möglichkeiten).

Ist mehr als ein Team in der Trainingsgruppe vorhanden, muss für jedes Team eine eigene Metaplanwand vorbereitet sein. Die Bewertung der Ressourcen der Teamarbeit erfolgt auf das jeweilige Team bezogen, also aufgeteilt nach Teams. Wenn mehr als ein Trainer vorhanden ist, sollten sich die Trainer auf die Teams verteilen.

Die Zusammenfassung der Ergebnisse durch den Trainer und die anschließende Diskussion darüber wird ebenfalls noch in den Teams verbleibend durchgeführt (nicht im Plenum).

3.3.5.5 Bewegungspause

➲ Ziel: Auflockerung und Pause; Bedeutung von Bewegung soll unterstrichen werden; Vermittlung, dass Bewegung auch Spaß machen kann
⏱ Zeit: ca. 10 Min.
◈ Themen: Durchführung einer Bewegungsübung / eines Bewegungsspiels
✎ Material: Katalog mit Bewegungsspielen

In dieser Pause soll eine Bewegungsübung durchgeführt werden. Diese soll zum einen dazu dienen, dass die Teilnehmer eine kurze Pause vom Training haben und Auflockerung stattfindet. Dann haben die Teilnehmer für nachfolgende Inhalte den Kopf wieder frei.

Zum anderen sollen die Bewegungspausen den Teilnehmern zeigen, dass Bewegung Spaß machen kann. Dadurch, dass im Laufe des Trainings Bewegung immer wieder aufgegriffen wird, soll die Bedeutung von Bewegung unterstrichen werden.

3.3.5.6 Gegenseitige soziale Unterstützung im Team

➲ Ziel: Vergegenwärtigung und Reflexion von Situationen zu sozialer Unterstützung
⏱ Zeit: ca. 15 Min.
◈ Themen: Trainer führt in das Thema Soziale Unterstützung ein   Teilnehmer finden sich in Zweiergruppen zusammen   Sammlung von konkreten Situationen, in denen soziale Unterstützung stattgefunden hat (aus ihrem Arbeitsalltag)   Besprechung der Situationen
✎ Material:

Im Folgenden soll es um gegenseitige soziale Unterstützung bei der Teamarbeit gehen. Sozialer Unterstützung kommt besonders bei der Zielgruppe der Geringqualifizierten eine große Bedeutung als Ressource im Stresserleben zu (☞ Abschnitt 1.1 zur Zielgruppe der Geringqualifizierten, 1.2 zu Stress- und Ressourcenmanagement und 1.4 zu Teamarbeit und teambasiertes Stress- und Ressourcenmanagement).

Der Trainer beginnt diesen Teil damit, dass er noch einmal auf die Merkmale der Zusammenarbeit aus der vorangegangenen Übung verweist, die sich speziell auf soziale Unterstützung beziehen („Wir helfen uns", „Wir hören uns gegenseitig bei Problemen zu", „Wir geben uns untereinander Anerkennung und Wertschätzung"). Darauf Bezug nehmend, führt er kurz in das Thema Soziale Unterstützung ein und erläutert deren Bedeutung. Dies kann wie folgt aussehen.

Bedeutung von sozialer Unterstützung

Beispiel für die Erläuterung des Trainers zu sozialer Unterstützung:
Sich gegenseitig helfen, sich bei Problemen zuhören und sich gegenseitig Anerkennung und Respekt entgegenbringen, sind Merkmale der Zusammenarbeit, die sich auf soziale Unterstützung beziehen. Wie wir sehen, haben Sie diese für Ihr Team als ………… (z.B. schon recht gut ausgeprägt; unterschiedlich ausgeprägt; nicht sehr hoch ausgeprägt) bewertet. Im Folgenden wollen wir uns soziale Unterstützung einmal etwas genauer anschauen.

Erläuterung zu sozialer Unterstützung

Unter sozialer Unterstützung am Arbeitsplatz versteht man das Ausmaß an Hilfe, das jemand in belastenden Situationen von Menschen erfährt, mit denen er in Verbindung steht, wie Partner, weitere Familienmitglieder, Freunde, Kollegen und Vorgesetzte. In dem Moment, wo ich soziale Unterstützung erhalte, fühle ich mich nicht mehr allein und die Arbeit geht mir viel leichter von der Hand. Diese Unterstützung kann sich dann positiv auf verschiedene Bereiche wie Arbeitszufriedenheit, Lebenszufriedenheit und letztendlich auf mein Selbstwertgefühl auswirken. Die soziale Unterstützung stellt daher eine der wichtigsten Hilfsquellen bzw. Ressourcen bei Stress dar.

Der Trainer leitet nun eine Übung zum Einstieg in das Thema ein. Die Teilnehmer sollen an konkrete Situationen aus ihrem Arbeitsalltag denken, in denen sie soziale Unterstützung erlebt haben. Dies umfasst zum einen Situationen, in denen ihnen selbst durch Kollegen und Vorgesetzte, aber auch durch nicht bei der Arbeit anwesende Freunde oder Familienangehörige Hilfe zuteil wurde. Zum anderen sollten die Teilnehmer an Situationen denken, in denen sie selbst anderen geholfen haben. Es können auch Situationen sein, in denen sie beobachtet haben, wie jemand einer dritten Person geholfen hat. Um den Teilnehmern den Einstieg in diese Übung zu erleichtern, kann es sinnvoll sein, dass der Trainer einige Beispiele aus seiner Arbeit erzählt (Beispiel: Mein Kollege hat mir in der Vorbereitung auf dieses Training geholfen, indem er mit mir einige Übungen des Trainings noch einmal durchgesprochen hat. Oder: Wenn ich Stress bei der Arbeit habe, spreche ich mit

Sammlung von Situationen zu sozialer Unterstützung

meinem (Ehe-)Partner darüber und dann geht es mir schon besser.). Die gesammelten Situationen sollen später im Plenum zusammengetragen werden, um damit anschließend weiter zu arbeiten. Dies teilt der Trainer den Teilnehmern mit.

Zweiergruppen:
Situationen
erzählen

Die Teilnehmer setzen sich in Zweiergruppen zusammen und erzählen sich gegenseitig die Situationen, die ihnen einfallen. Für diese Gruppenarbeit sind 15 Minuten vorgesehen, d.h. jeder der Teilnehmer hat sieben bis acht Minuten, um die Situation zu erzählen, die ihm einfällt. Der Trainer teilt den Teilnehmern zu Beginn die Zeitvorgabe mit.

Es ist sinnvoll, dass der Trainer in die verschiedenen Zweiergruppen geht und überall kurz reinhört. Er kann die Teilnehmer durch Fragen und kurze Gespräche zu besseren Arbeitsergebnissen führen.

3.3.5.7 Zusammentragen der Situationen und Strukturierung

> ➲ **Ziel:**
> Sammlung und Strukturierung der Situationen zu sozialer Unterstützung
>
> ⏱ **Zeit:** ca. 15 Min.
>
> ◈**Themen:**
> Die verschiedenen gefundenen Situationen werden im Plenum zusammengetragen
> Würdigung der Ergebnisse
> Der Trainer führt Unterscheidung von emotionaler und instrumenteller Unterstützung ein
> Trainer und Teilnehmer ordnen die Situationen den verschiedenen Formen zu
> Thematisierung eines „Jammerklimas"
>
> ✐ **Material:**
> Leere Metaplanwand
> Leere Karten
> Stifte (Flipchart-Marker)

Die Teilnehmer kommen wieder im Plenum zusammen. Der Trainer fordert die Teilnehmer auf, ihre Situationen kurz zu schildern. Das Vortragen von Situationen sollte aber freiwillig gehandhabt werden. Der Trainer schreibt die genannten Situationen stichwortartig auf Karten mit und pinnt sie an die leere Metaplanwand.

Bei der Formulierung der Situationen sollte der Trainer darauf achten, möglichst in dem Sprachgebrauch und in den Begriffen der Teilnehmer zu bleiben bzw. ihre Formulierungen zu übernehmen. Er sollte keine abstrakten Wörter zur Umschreibung der Situation verwenden (z.B. sollte er eher „Ausheulen bei der Kollegin" schreiben und nicht „emotionale Unterstützung durch die Kollegin").

Der Trainer würdigt ausführlich alle gesammelten und vorgestellten Situationen. Er stellt dabei heraus, welche verschiedenen Situationen genannt wurden und wie zahlreich die Situationen sind. Gleichzeitig gibt er aber zu bedenken, dass es immer Verbesserungsmöglichkeiten gibt.

Würdigung der Ergebnisse

Der Trainer informiert die Teilnehmer darüber, dass es verschiedene Formen von sozialer Unterstützung gibt: tatkräftige Unterstützung und emotionale Unterstützung (aus Gründen der Vereinfachung werden nur diese zwei grundlegenden Formen der sozialen Unterstützung für die Teilnehmer unterschieden). Er erläutert beide Formen und erklärt die Unterschiede. Verschiedene Formen der sozialen Unterstützung zu unterscheiden ist deshalb wichtig, damit die Teilnehmer erfahren, wie vielfältig soziale Unterstützung sein kann. Ähnlich wie bei den unterschiedlichen Stressbewältigungsformen, die die Teilnehmer in Teammodul 1 kennengelernt haben, können in unterschiedlichen Situationen auch unterschiedliche Formen der sozialen Unterstützung geeigneter sein (z.B.: Kann eine stressende Situation durch aktives Eingreifen verändert werden, so ist tatkräftige Unterstützung sinnvoller.). Gemeinsam mit den Teilnehmern werden nun die angepinnten Karten nach den beiden Formen sozialer Unterstützung auf der Metaplanwand gruppiert.

Einführung instrumentelle und emotionale soziale Unterstützung

Gruppierung der Situationen nach Formen der sozialen Unterstützung

Abschließend kann der Trainer noch auf wenig hilfreiche soziale Unterstützung eingehen. Er thematisiert dabei das Beispiel des „Jammerklimas".

Beispiel für die Erläuterung des Trainers:
„Zu jammern" ist deshalb so weit verbreitet, weil es zunächst kurzfristige Entlastung verschafft. Das ist auch gut so, wenn es nicht zur Gewohnheit wird. Jammern ist in Hinblick auf Problembewältigung nicht hilfreich und sogar oftmals kontraproduktiv.
Über das Jammern wird Gemeinsamkeit im Gefühl hergestellt. Man kann sich zusammen mit anderen „einjammern" und sich richtig schön gegenseitig bemitleiden und „runterziehen". Das nennt man dann auch emotionale Ansteckung. Damit schwindet aber auch die Änderungsmotivation, die meist mit Unzufriedenheit einhergeht. Die Energie geht ins „Jammern" statt in wertvolle Handlung. Jammern tut erst mal gut, denn man erhält Mitgefühl durch andere Personen. Es führt dazu, dass man von anderen bemitleidet wird,

Verständnis, Zuneigung und Anteilnahme erfährt – Jammern wird mit „psychologischen Streicheleinheiten" belohnt. Das macht den Abschied von dieser Gewohnheit so schwer.

Durch Jammern gibt man Verantwortung für sich selbst ab, man begibt sich in die Opferrolle und muss nicht handeln. Jammern ist so schön bequem.

 Bei der Thematisierung des Jammerklimas soll es nicht darum gehen, das Jammern strikt zu verbieten und jeden Jammerer zu verurteilen oder gar zu verteufeln! Den Teilnehmern soll vielmehr klar werden, dass Jammern zwar ab und zu kurzfristig Erleichterung schafft und deshalb auch ok ist. Wenn es aber zur Gewohnheit wird und es so weit geht, dass es in einem Team das Klima bestimmt (nämlich ein Jammerklima vorherrscht), sollte man beginnen, etwas zu ändern. Wenn sich jeder Einzelne aktiv dazu entschließt, die Opferrolle zu verlassen und das Jammern zu beenden, können Probleme wieder angegangen und gelöst werden. Damit kann Stress reduziert werden.

3.3.5.8 Konkrete Verbesserungsmöglichkeiten im Team erarbeiten

➲ **Ziel:** Erarbeitung von Verbesserungsmöglichkeiten in Bezug auf soziale Unterstützung in den Teams
⏱ **Zeit:** ca. 20 Min.
◇**Themen:** Eine konkrete Situation wird vorgegeben (z.B. „Neuer Mitarbeiter im Team") Teilnehmer sammeln Verbesserungsmöglichkeiten (Trainer schreibt mit)
✎ **Material:** F3: Leitfragen 2 leere Flipcharts Stifte (Flipchart-Marker)

Nachdem die Teilnehmer nun Formen der sozialen Unterstützung kennengelernt haben und sich durch konkrete (eigene) Beispiele etwas darunter vorstellen können, soll es nun darum gehen, zu schauen, wie die soziale Unterstützung im Team noch weiter verbessert werden kann.

Wieder kann der Trainer an dieser Stelle die Metaplanwand mit den Merkmalen der Zusammenarbeit zeigen, an der die Bewertungen für das Team stehen. Sind die Bewertungen, oder vereinzelte Bewertungen, schlecht ausgefallen (z.B. „Wir helfen uns" wurde von den meisten Teammitgliedern als „fast nie" eingestuft), ist der Verbesserungsbedarf offensichtlich. Aber auch, wenn die Bewertungen durchweg gut ausgefallen sind, sollte der Trainer darauf hinweisen, dass man immer noch etwas verbessern kann. Vielleicht wird sich im Team untereinander häufig tatkräftig geholfen. Aber die emotionale Unterstützung kommt zu kurz, d.h. man hört sich bei Problemen nicht zu und/oder gibt sich keine Wertschätzung im Team.

Zur Erarbeitung von Verbesserungsmöglichkeiten in Bezug auf soziale Unterstützung wird folgende konkrete Situation vorgegeben: „Der erste Tag für einen neuen Mitarbeiter im Team".

Die Teilnehmer sollen sich diese Situation genau vorstellen. Die Vergegenwärtigung der Situation ist der Ausgangspunkt, um möglichst konkrete Verbesserungsmöglichkeiten für den Arbeitsalltag in Bezug auf soziale Unterstützung sammeln zu können. Dies sollte der Trainer für die Teilnehmer transparent machen. Die gefundenen Verbesserungs-möglichkeiten lassen sich dann auch auf andere Situationen übertragen.

Konkrete Situation als Ausgangspunkt für die Sammlung von Verbesserungs-möglichkeiten

Beispielerläuterung des Trainers:
Stellen Sie sich einmal die Situation vor, dass ein neuer Mitarbeiter in das Team kommt. Es ist sein erster Arbeitstag. Diese Situation haben Sie alle schon einmal aus der Sicht des neuen Mitarbeiters erlebt, als Sie selbst Ihren ersten Arbeitstag hier hatten. Aber die meisten von Ihnen haben auch schon erlebt, wie neue Mitarbeiter zu Ihrem Team hinzugekommen sind.
Wie haben Sie sich selbst in der Situation gefühlt? Was hätten Sie sich gewünscht, wie man mit Ihnen an diesem Tag umgeht und wie man Ihnen hilft? Und aus der Sicht eines Mitarbeiters, der schon länger im Team arbeitet: Was denken Sie, könnten Sie tun, um dem neuen Mitarbeiter den Einstieg zu erleichtern?

Der Trainer stellt den Teilnehmern zur Hilfe einige Fragen, die auf einem Flipchart stehen (☞ folgende Abbildung 5). Anhand dieser Fragen sollen die Teilnehmer überlegen, wo es Möglichkeiten der sozialen Unterstützung geben könnte (z.B. Kollege A könnte dem neuen Mitarbeiter in der Situation durch …. tatkräftig helfen; alle Teammitglieder können dem neuen Mitarbeiter ein offenes Ohr schenken). Auch nach Rahmenbedingungen, die soziale Unterstützung fördern, sollte der Trainer fragen. „Welche Rahmenbedingungen könnten helfen?" (z.B. ein Mitarbeiter wird am ersten Tag dem neuen Mitarbeiter als Mentor zugeteilt).

Soziale Unterstützung verbessern

-Neuer Mitarbeiter im Team-

- Wie könnte man tatkräftig helfen?
- Wie könnte emotionale Unterstützung aussehen
- Welche Rahmenbedingungen würden helfen?

Abbildung 5: Flipchart zum Erarbeiten von Verbesserungsmöglichkeiten im Team (F3)

Sammlung Verbesserungsvorschläge

Alle Vorschläge und Ideen der Teilnehmer werden vom Trainer auf einer Metaplanwand mitgeschrieben. Am Ende fasst der Trainer die Ergebnisse zusammen und strukturiert sie (z.B. nach emotionaler und tatkräftiger Unterstützung, Rahmenbedingungen). Abschließend wird eine neue Liste auf Flipchart mit den Dingen aufgestellt, die die Teilnehmer in Zukunft in ihrem Team konkret umsetzen wollen. Dieses Flipchart kann das Team mitnehmen und z.B. im Pausenraum aufhängen. Der Trainer sollte explizit darauf hinweisen, dass zwar in Bezug auf eine bestimmte Situation (neuer Mitarbeiter im Team) Verbesserungen der sozialen Unterstützung erarbeitet wurden, dass die Ergebnisse sich aber auch auf andere Situationen übertragen lassen.

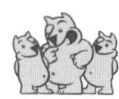

Gibt es mehr als ein Team in der Trainingsgruppe, wird die Übung nicht im Plenum, sondern in den Teams (als Kleingruppen) getrennt voneinander bearbeitet. Jedes Team hält stichwortartig seine Ideen und Verbesserungsvorschläge auf einem Flipchart fest. Anschließend kommen die Teams im Plenum zusammen und stellen sich gegenseitig ihre Ergebnisse vor. Auch hier sollte der Trainer für jedes Team ein Flipchart erstellen mit den Dingen, die sie in Zukunft konkret umsetzen wollen. Dieses Flipchart sollen die Teilnehmer mitnehmen und an ihrem Arbeitsplatz aufhängen.

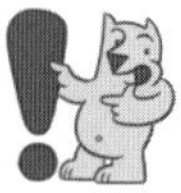

Der Trainer sollte in die Teams gehen und bei der Findung von Ideen und Verbesserungsvorschlägen unterstützen. Ist mehr als ein Trainer vorhanden, sollten die Trainer sich auf die Teams verteilen und die Übung wie oben (für ein Team) beschrieben durchführen.

3.3.5.9 Ausgleichsbewegungen bei der Arbeit

Die Thematik der sozialen Unterstützung soll nun auf den Bereich Bewegung übertragen werden. Die Teammitglieder sollen sich gemeinsam dabei unterstützen, Ausgleichsbewegungen bei der Arbeit durchzuführen und so gemeinsam etwas für ihre Gesundheit tun.

Gemeinsame Bewegung bei der Arbeit

In Teammodul 1 haben die Teilnehmer bereits erfahren, wie wichtig Bewegung für ihre Gesundheit ist. Sie haben überlegt, wie sie sich persönlich in ihrer Freizeit mehr bewegen können, und dafür einen Handlungsplan erstellt. In diesem Teammodul 2 soll es nicht mehr um den Bereich Freizeit gehen. Es soll nun geschaut werden, welche Ausgleichsbewegungen am Arbeitsplatz sinnvoll und umsetzbar sind, um einseitige, körperliche Belastungen auszugleichen. Hierbei können und sollen sich alle unterstützen.

Sammlung von einseitigen, körperlichen Belastungssituationen bei der Arbeit

➲ **Ziel:**   Vergegenwärtigung der einseitigen, körperlichen Belastungssituationen der Teilnehmer
⏱ **Zeit:** ca. 10 Min.
◇**Themen:**   Erhebung der Belastungen: Teilnehmer kleben Punkte an den Stellen, an denen sie Schmerzen haben
✐ **Material:**   F5: menschliche Silhouette   Klebepunkte

Um Ausgleichsbewegungsübungen, die bei der Arbeit durchgeführt werden sollen, auswählen zu können, ist zunächst eine Analyse der einseitigen, körperlichen Belastungen am Arbeitsplatz notwendig.

Erfassung von körperlichen Belastungen vorab

Im Vorfeld des Trainings bei der Betriebsbegehung anhand des Screenings (☞ Abschnitt 2.5, CD) hat der Trainer sich bereits ein Bild darüber gemacht, welchen körperlichen, einseitigen Belastungen die Teilnehmer bei ihrer Arbeit ausgesetzt sind. Danach hat er Ausgleichsbewegungsübungen aus dem Bewegungskatalog (☞ CD) ausgewählt.

Darüber hinaus werden nun mit den Teilnehmern gemeinsam körperliche, einseitige Belastungen, die sie bei der Arbeit erfahren, gesammelt. Zu diesem Zweck hat der Trainer ein Flipchart vorbereitet, auf dem ein menschlicher Körper als Silhouette abgebildet ist (☞ folgende Abbildung 6). Die Teilnehmer bekommen nun Klebepunkte und sollen diese an den Stellen auf das Bild mit dem Körper kleben, an denen sie oft arbeitsbedingte Befindens-beeinträchtigungen oder sogar Schmerzen haben. Nachdem alle Punkte ge-klebt wurden, fragt der Trainer nach und lässt sich von den Teilnehmern noch einmal die Belastungssymptome (z.B. Nackenbeschwerden, Gelenk-schmerzen) schildern.

Sammlung von körperlichen Belastungen aus dem Arbeitsalltag

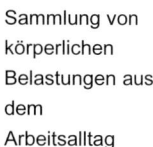

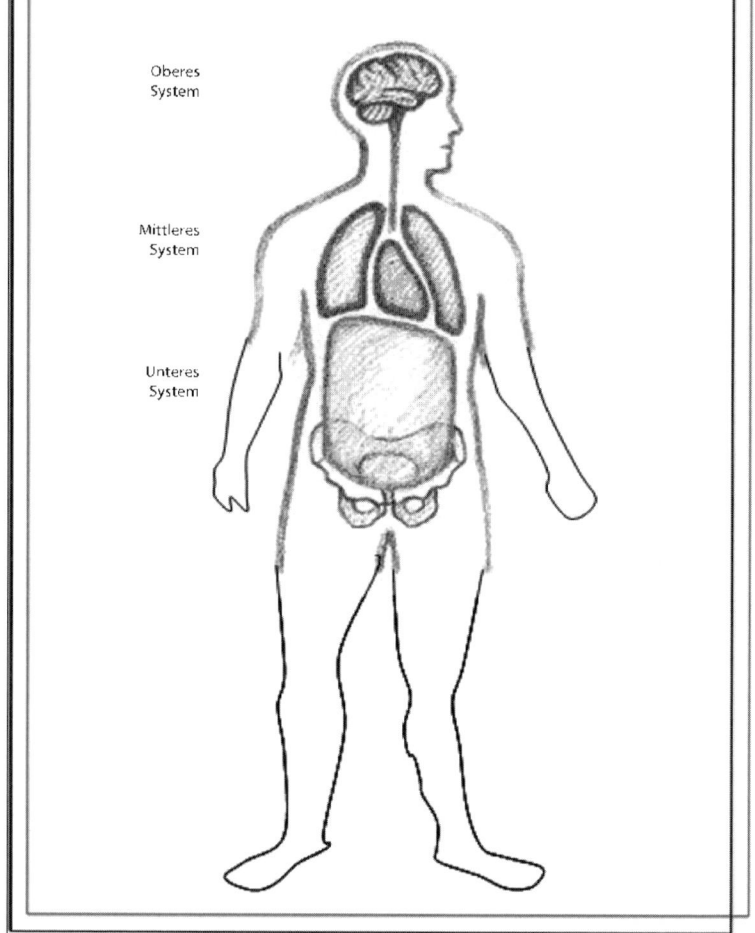

Abbildung 6: Menschliche Silhouette (F5)

Ist mehr als ein Team in der Trainingsgruppe anwesend, werden entspre-chend viele Flipcharts vorbereitet. Jedes Team klebt an einem Flipchart Punkte, die auf körperliche Belastungssymptome hinweisen. Dann kommen alle im Plenum zusammen und die verschiedenen Teams stellen sich gegen-seitig die Belastungssymptome vor.

Vorstellung und Einübung von geeigneten Bewegungsübungen

➲ **Ziel:**   Vorstellung und Einübung von Übungen, die gezielt auf die körperlichen Belastungen der Teilnehmer wirken
⏱ **Zeit:** ca. 10 Min.
◇**Themen:**   Der Trainer stellt die Übungen vor   Jeder Teilnehmer erhält die Übungen (in Papierform)   Die Übungen werden mit allen Teilnehmern zusammen einmal durchgeführt
✐ **Material:**   Ausgewählte Bewegungsübungen (max. 3 bis 5 Stück, vervielfältigt für Teilnehmer, aber: kompletten Bewegungskatalog parat haben)

Der Trainer erläutert den Teilnehmern, dass sie mit kleinen, gezielten Übungen aus den Bereichen „Dehnung", „Kräftigung" und „Lockerung/Mobilisation" während der Arbeitspausen körperlichen Problemen vorbeugen können oder bereits vorhandene Probleme abbauen bzw. lindern können. Die Übungen dauern nicht länger als fünf Minuten und sind täglich durchführbar.

Die in Frage kommenden drei bis fünf Übungen werden von dem Trainer im Vorfeld des Trainings aus dem Bewegungskatalog (☞ CD) ausgewählt und den Teilnehmern nun vorgestellt. Wurde von den Teilnehmern in der Abfrage ihrer Belastungen eine Körperregion genannt, die dem Trainer noch nicht bewusst war, sollte er hierfür eine weitere Übung aus dem Bewegungskatalog auswählen. Die Übungen werden von dem Trainer gezeigt und eingeübt.

Falls mehr als ein Team in der Trainingsgruppe anwesend ist, sollte die Auswahl der Übungen nach Teams getrennt erfolgen, damit die Übungen auch gezielt auf das entsprechende Team passen.

Planung organisatorischer Aspekte

➲ Ziel:

Verankerung der Ausgleichsbewegungen im Arbeitsalltag planen

⏲ Zeit: ca. 15 Min.

◈Themen:

Auswahl eines für die Bewegungsübungen Verantwortlichen im Team
Klärung, wie die Durchführung der Übungen organisiert werden soll
Klärung, wie mit Problemen umgegangen werden soll

✐ Material:

F4: Organisation der Bewegungsübung
Stifte (Flipchart-Marker)

Organisatorische Planung der Bewegungs-übung

Damit die ausgewählten fünfminütigen Ausgleichsbewegungen im Arbeitsall-tag (z.B. in den Pausen) auch wirklich ausgeführt werden, sollte im Team die Verankerung organisiert werden. Hierfür ist es notwendig, zunächst ein Teammitglied zu wählen, das für die Durchführung der Übungen für diesen und nächsten Monat verantwortlich ist und das zu verabredeten Zeiten das Team an die Durchführung der drei bis fünf Bewegungsübungen erinnert. Die Funktion sollte im Team rotieren, d.h. jeder im Team soll einmal für einen Monat die Ausgleichsbewegungen organisieren. Die ausgewählten Übungen haben alle Teilnehmer in Papierform ausgehändigt bekommen, so-dass die Übungen auch in der Freizeit geübt werden können.

Folgende Fragen müssen mit der Gruppe besprochen werden:

* Wer übernimmt die Verantwortung für die Durchführung der Ausgleichs-bewegungen in diesem und nächsten Monat?
* Wo sollen die Übungen stattfinden?
* Wann soll das Bewegungsprogramm durchgeführt werden (in welcher Pause, an welchen Tagen, ggf. verschiedene Zeiten für verschiedene Schichten)?
* Wo wird ein Exemplar der Übungen aufbewahrt, damit man sich immer mal wieder die Übungen vergegenwärtigen kann?

Planung zum Umgang mit Problemen in der Durchführung der Bewegungs-übung

Um eine regelmäßige Durchführung der Übungen zu sichern, soll in der Gruppe weiterhin entschieden werden, wie mit auftretenden Problemen um-gegangen wird:

* Was passiert, wenn der Verantwortliche nicht da ist? Wer übernimmt dann die Verantwortung?

- Wie soll verfahren werden, wenn einige aus der Gruppe keine Lust haben, an den Übungen teilzunehmen?
- Wie soll verfahren werden, wenn einige aus der Gruppe der Meinung sind, man solle die Übungen verändern?
- Was kann getan werden, wenn „die Luft raus ist", d.h. wenn nach einiger Zeit die Motivation für die regelmäßige Durchführung der Übungen fehlt?

Es ist wichtig, dass der Trainer die Ergebnisse der Teilnehmer auf einem Flipchart mitschreibt.

Organisation der Bewegungsübung

Wann? _____

Wo? _____

Wie oft? _____

Verantwortung? _____

Vertretung: _____

Was tun wir bei Problemen?

_____

Abbildung 7: Beispiel für ein Flipchart zur Organisation der Bewegungsübung (F4)

Das so erstellte Flipchart sollte den Teilnehmern mitgegeben werden, damit sie es bei der Arbeit aufbewahren, gegebenenfalls sogar aufhängen können.

3.3.5.10 Gegenseitige Wertschätzung im Team

➲ Ziel:

Gegenseitige Wertschätzung im Team erfahren

⏱ Zeit: ca. 10 Min.

◇Themen:

Erläuterung der Übung durch den Trainer

Teilnehmer geben sich gegenseitig Wertschätzung

Wertschätzung für die Führungskraft: Was möchte das Team ihr sagen?

✎ Material:

Ball

Leeres Flipchart

Stifte (Flipchart-Marker)

Gegenseitige Wertschätzung geben

Zum Abschluss des Moduls wird noch einmal soziale Unterstützung, nun aber eine besondere Form der sozialen Unterstützung, die gegenseitige Wertschätzung, aufgegriffen. Um die Teilnehmer das Geben und Empfangen sozialer Unterstützung spielerisch erfahren zu lassen, wird eine Übung durchgeführt, in der sich die Teilnehmer gegenseitig ihre Wertschätzung aussprechen sollen. Wertschätzung zu erfahren stellt eine wichtige Ressource bzw. Hilfsquelle gegen Stress dar. Dies ist eine Erfahrung, die den Teilnehmern in der Regel zunächst nicht leichtfällt. Sie stellt eine sehr ungewohnte Situation dar.

Der Trainer stellt die Übung vor: Die Teilnehmer sollen sich untereinander einen Ball zuwerfen. Derjenige, der den Ball wirft, soll demjenigen, dem er ihn zuwirft, sagen, was er an ihm besonders schätzt oder wofür er sich bei ihm bedanken will. Es gibt dabei keine Reihenfolge. Der Teilnehmer, der den Ball zugeworfen bekommen hat, wirft ihn nun an einen anderen Teilnehmer weiter und sagt diesem wiederum, was er an ihm schätzt usw. Dies sollte so lange durchgeführt werden, bis möglichst alle Teilnehmer einmal an der Reihe waren. Es ist aber durchaus erlaubt und sogar erwünscht, sich die Bälle öfters zuzuwerfen.

Der Anfang dieser Übung verläuft zumeist schwierig. Kein Teilnehmer möchte beginnen. Für alle ist die Situation sehr ungewohnt und vielleicht auch unangenehm. Der Trainer sollte die anfängliche Skepsis aushalten und warten, bis von einem Teilnehmer das Eis gebrochen wird. Der Trainer sollte die Teilnehmer bei dieser Übung darauf hinweisen, dass es nicht immer unbedingt um ganz „große" Dinge gehen muss, die gesagt werden (z.B. „Ich be-

190

danke mich bei dir, weil du mir geholfen hast, als meine Tochter krank war – ohne dich hätte ich das nie geschafft"; das ist aber natürlich auch erlaubt!). Es können auch Kleinigkeiten sein oder Dinge, die sich auf die aktuelle Trainingssitzung beziehen (z.B. „Ich finde es toll, dass du so oft lachst" oder „Ich fand es super, dass du heute so tolle Vorschläge zur Verbesserung der sozialen Unterstützung gebracht hast" oder „Ich wollte dir schon immer mal sagen, dass ich deine Frisur toll finde!").

Anschließend sollen sich die Teammitglieder überlegen, was sie an ihrer direkten Führungskraft schätzen, und dies benennen. Wertschätzung gegenüber der Führungskraft zu zeigen ist besonders ungewohnt. Die genannte Wertschätzung wird vom Trainer auf Flipchart mitgeschrieben. Das Flipchart wird der Führungskraft im zweiten Führungsteilmodul übergeben werden. Bei mehr als einem Team wird für jede Führungskraft ein Flipchart angefertigt.

Es ist sehr wahrscheinlich, dass sich die Teilnehmer zunächst damit schwertun oder ablehnend reagieren, ihren Kollegen, insbesondere aber ihrer Führungskraft Wertschätzung und Dank auszusprechen. Es fällt leichter, Kollegen und den Vorgesetzten zu kritisieren als Positives zu finden. Eventuell herrschen gerade Ärger oder Konflikte in der Beziehung zum „Chef" vor. In einer solchen Situation fällt es selbstverständlich besonders schwer, dieser Person Wertschätzung entgegenzubringen.

Der Trainer kann die Teilnehmer daran erinnern, dass eine Führungskraft ebenso wenig perfekt ist wie jeder andere Mensch. Die Teilnehmer sollten aufgefordert werden nachzudenken, für was sie ihre Führungskraft respektieren und wertschätzen (z.B. „Er sagt uns immer die Wahrheit"; „Er ist zwar hart mit uns, aber stellt sich andererseits auch vor uns, wenn Kritik von außen kommt").

3.3.5.11 Abschluss

⊃ **Ziel:**
Vergegenwärtigung des Gelernten und Feedback der Teilnehmer

⊘ **Zeit:** ca. 10 Min.

◈**Themen:**
Zusammenfassung der Ergebnisse der Sitzung durch den Trainer
Feedbackrunde der Teilnehmer: „Ich erzähle dem Kollegen, was ich gelernt habe"

 **Material:**

Zum Abschluss fasst der Trainer die Inhalte des Moduls zusammen:

- Die Teilnehmer haben über ihre Aufgaben im Team und ihre Zusammenarbeit nachgedacht. Sie haben Ressourcen der Zusammenarbeit, wie soziale Unterstützung, bewertet und diskutiert. Dabei wurden Stärken und Schwächen der Zusammenarbeit deutlich.
- Die Teilnehmer haben die Bedeutung von gegenseitiger sozialer Unterstützung im Team für ihre Gesundheit erfahren.
- Sie haben Verbesserungsvorschläge hinsichtlich sozialer Unterstützung für das eigene Team erarbeitet.
- Einseitige, körperliche Belastungssymptome bei der Arbeit wurden erarbeitet und drei bis fünf Ausgleichsbewegungsübungen eingeübt. Diese sollen im Arbeitsalltag bei gegenseitiger sozialer Unterstützung durchgeführt werden. Es wurden Zeiten und Verantwortliche für die Durchführung gewählt.
- Die Teilnehmer haben sich gegenseitig Wertschätzung gezeigt und erfahren, wie gut es tut, Wertschätzung zu geben und zu erfahren.

Die Teilnehmer sollen nun wie in Teammodul 1 selbst noch einmal zu Wort kommen und in einer Abschlussrunde ein Feedback zur Sitzung abgeben. Die Runde wird wieder mit der Frage eingeleitet: **„Wenn mein Kollege mich fragt, was ich heute hier gelernt habe, würde ich Folgendes sagen:"**

3.4 Teammodul 3: „Wir lösen Probleme!" - Gemeinsames Problemlösen im Team

3.4.1 Ziele des Moduls

Ziel des dritten Teammoduls ist es, die Teilnehmer zu befähigen, Stress am Arbeitsplatz gemeinsam im Team problemorientiert bewältigen zu können. Die Teamarbeit wird als Ressource zur gemeinsamen Stressbewältigung genutzt.

Die Teilnehmer sollen die Methode des systematischen, gemeinsamen Problemlösens kennenlernen und üben (1, 2). Das beinhaltet zunächst die gemeinsame Reflexion der Teamarbeit, die gemeinsame Sammlung von stressigen Situationen und die gemeinsame Auswahl einer Situation, die bewältigt werden soll. Im Anschluss wird eine gemeinsame Analyse der Stresssituation vorgenommen und der Veränderungswunsch festgelegt. Lösungswege werden im Brainstorming gesammelt. Es erfolgt die Bewertung der Lösungswege und die Auswahl eines Lösungswegs. Zum Abschluss erarbeiten die Teilnehmer gemeinsam einen konkreten Handlungsplan zur Umsetzung des Lösungswegs. Die Teilnehmer sollen unter Anleitung des Trainers ein aktuelles Problem bzw. eine Stresssituation mit Hilfe des systematischen Problemlösens bearbeiten (3). Weiterhin soll in diesem Modul die Verankerung der Methode im Arbeitsalltag besprochen werden (4). Sollte der Trainer in Teammodul 2 entschieden haben, dass gemeinsames Problemlösen im Team für die Teilnehmer nicht sinnvoll ist, kann der Trainer individuelles, systematisches Problemlösen in diesem Modul behandeln. Die Problemlöseschritte sind identisch. Bei den Schritten, bei denen individuelles Problemlösen anders verläuft, ist es im Folgenden gekennzeichnet:

Zusammenfassend werden **folgende konkrete Ziele** definiert:

1. Systematisches, gemeinsames Problemlösen kennenlernen
2. Systematisches, gemeinsames Problemlösen üben
3. Gemeinsame Bearbeitung eines aktuellen Problems
4. Verankerung der Methode im Arbeitsalltag

3.4.2 Der rote Faden

Im Anschluss an Teammodul 2 „Wir fühlen uns wohl!" geht es in diesem Teammodul 3 „Wir lösen Probleme!" darum, die Teilnehmer zu befähigen, gemeinsam im Team problemorientiert Stress abzubauen. Systematisches Problemlösen im Team wird vermittelt und geübt. Damit wird wieder wie in Teammodul 2 die Teamarbeit in das Zentrum der Aufmerksamkeit gestellt. Die Teamarbeit wird als Ressource genutzt, um Stress abzubauen. In Abgrenzung zu Teammodul 2 geht es hier in Teammodul 3 um problemorientierte, gemeinsame Bewältigung von Stress.

3.4.3 Ablaufplan

Teammodul 3

Nr.	Trainingseinheit	Ziele	Themen	Dauer in Min.	Form	Material	Wer
1.	Begrüßung und Einstieg ins Thema	Aufgreifen der Inhalte aus Modul 2 Ziele für Modul 3 deutlich machen	Abfrage Hausaufgaben Wiederholung der Ressourcen der Zusammenarbeit Vorstellung Ablaufplan Einstieg ins Thema	25	Plenum	F2: Ablauf des Moduls F1: Ablauf des Gesamttrainings Metaplan zu Stresssituationen aus Teammodul 1 Metaplanwand zu Ressourcen der Teamarbeit aus Teammodul 2	Trainer
2.	Warming-up	Anwärmen Potential von Zusammenarbeit erleben	Ballwurf-Übung	10	Team	Min. 20 kleine Bälle Seil, Schnur drei Eimer Zettel mit Punkten Klebeband	Trainer + Teilnehmer

Teammodul 3

Nr	Trainingseinheit	Ziele	Themen	Dauer in Min.	Form	Material	Wer
3.	Systematisches Problemlösen zur Bewältigung von Stresssituationen kennenlernen	Schritte kennenlernen	Schritte des Problemlöseprozesses	5	Plenum	F3: Problemlöseschritte	Trainer
4.	Systematisches, gemeinsames Problemlösen zur Bewältigung von Stresssituationen üben	Siehe unten	Siehe unten	100 inkl. Bewegungspause	Siehe unten	Siehe unten	Trainer + Teilnehmer
4.1	Nachdenken und Sammlung von Stresssituationen	Sammlung von Stresssituationen	Sammlung von aktuellen Problemen im Arbeitsalltag (Teilnehmer) Visualisierung der Problemliste (Trainer)	10	Team	Leeres Flipchart, Stifte Metaplanwand zu Stresssituationen am Arbeitsplatz aus Teammodul 1 Flipchart zu gesammelten Stresssituationen aus Teammodul 1	Trainer + Teilnehmer

Teammodul 2

Nr.	Trainingseinheit	Ziele	Themen	Dauer in Min.	Form	Material	Wer
4.2	Auswahl einer Stresssituation	Auswahl	Bewertung der Probleme, Auswahl	10	Team	Metaplan: „Einfachheit und Wichtigkeit" je zwei Klebepunkte pro Teilnehmer (rot, grün)	Trainer + Teilnehmer
4.3	Analyse des Problems	Gemeinsames Verständnis des Problems	Individuelle Analyse, Gemeinsame Problemsichtung, Sammlung von Ursachen, Visualisierung der Problemursachen	15	Team	F4: Leitfragen zur Analyse eines Problems, Leeres Flipchart, Arbeitsblatt: „Probleme unter der Lupe"	Trainer + Teilnehmer
4.4	Veränderungswunsch festlegen	Veränderungswunsch festlegen	Formulierung des Veränderungswunsches, Kurzinformation zu Konflikthandhabung (bei Bedarf)	10	Team	Stifte (Flipchart-Marker), Leeres Flipchart	Teilnehmer
	Bewegungspause	Auflockerung, Festigung der Bewegungsübungen	Bewegungsübungen am Arbeitsplatz aus Teammodul 2	10	Plenum	---	Teilnehmer

Teammodul 3

Nr.	Trainingseinheit	Ziele	Themen	Dauer in Min.	Form	Material	Wer
4.5	Lösungswege sammeln	Möglichst viele und kreative Lösungswege generieren	Sammlung von Lösungswegen: Brainstorming-Prozess	15	Team	Leere Metaplanwand Flipchart-Marker	Trainer + Teilnehmer
4.6	Bewertung und Auswahl einer Lösung	Entscheidung, welcher Lösungsweg durchgeführt werden soll	Bewertung der Lösungswege anhand der Konsequenzen Entscheidung für einen oder mehrere Lösungswege Konflikthandhabungsregeln erstellen (bei Bedarf)	15	Team	Metaplanwand aus voriger Übung Flipchart-Marker Klebepunkte Leere Flipcharts	Trainer + Teilnehmer
4.7	Handlungsplan erstellen	Konkreter Handlungsplan zur Problemlösung	Erstellung eines Handlungsplans	15	Team	Handlungsplan Flipchart-Marker	Trainer + Teilnehmer
5.	Gemeinsames Problemlösen im Arbeitsalltag verankern	Voraussetzungen für zukünftiges Problemlösen im Arbeitsalltag klären	Voraussetzungen besprechen	10	Team	Eventuell Metaplanwand/Flipchart	Trainer + Teilnehmer

Teammodul

Nr.	Trainingseinheit	Ziele	Themen	Dauer in Min.	Form	Material	Wer
6.	Abschließende Bewegungsübung im Team	Auflockerung Teamübung	Ballübung	10	Team	Je ein großer Wasserball pro Team	Teilnehmer
7.	Abschluss	Vergegenwärtigung des Gelernten und Feedback der Teilnehmer	Zusammenfassung Feedbackrunde	10	Plenum	---	Trainer + Teilnehmer
	Variable Pause			10			

3.4.4 CHECKLISTE Teammodul 3

Diese Materialien werden für das Modul benötigt!

Bitte
abhaken!

Flipcharts/ Metapläne/ Power-Point-Präsentationen	
F1: Ablauf des Gesamttrainings	☐
F2: Ablauf des Moduls	☐
F3: Problemlöseschritte	☐
F4: Leitfragen zur Analyse eines Problems	☐
Flipchart zu gesammelten Stresssituationen aus Teammodul 1	☐
Metaplanwand zu Stresssituationen am Arbeitsplatz aus Teammodul 1	☐
Metaplanwand zu Ressourcen der Teamarbeit aus Teammodul 2	☐
Handlungspläne	☐
Metaplan: „Einfachheit und Wichtigkeit"	☐
Arbeitsblätter/ Infoblätter/ Beispielvorträge	
Arbeitsblatt: „Problem unter der Lupe"	☐
Infoblatt Modul 3	☐
Sonstiges	
Viele Klebepunkte (rot und grün)	☐
20 Tennisbälle oder andere kleine Bälle pro Team	☐
1 Schnur bzw. Seil	☐
3 Eimer mit Post-its pro Team	☐
Klebeband	☐
1 Wasserball pro Team	☐
Leere Flipcharts	☐
Stifte (Kugelschreiber, Bleistifte, Flipchart-Marker)	☐
Leere Metaplanwände	☐

3.4.5 Praktische Durchführung

3.4.5.1 Begrüßung und Einstieg ins Thema

➲ Ziel:
Aufgreifen der Inhalte aus Teammodul 2
Ressourcen der Zusammenarbeit wiederholen
Ziele für Teammodul 3 deutlich machen

⏱ Zeit: ca. 25 Min.

◈Themen:
Begrüßung der Teilnehmer
Abfrage Hausaufgaben aus Teammodul 2
Wiederholung der Ressourcen der Zusammenarbeit
Vorstellung Ablaufplan der Sitzung (kurzer Verweis auf Gesamtablauf)
Einstieg ins Thema

✎ Material:
F2: Ablauf des Moduls
F1: Ablaufplan des Gesamttrainings
Metaplan zu Stresssituationen am Arbeitsplatz aus Teammodul 1
Flipchart zu gesammelten Stresssituationen aus Teammodul 1
Metaplanwand zu Ressourcen der Teamarbeit aus Teammodul 2

Der Trainer begrüßt zunächst die Teilnehmer.

Zur Anknüpfung an das vorangegangene Modul fragt der Trainer die Teilnehmer, ob sie die in Teammodul 2 erarbeiteten Verbesserungen im Arbeitsalltag umsetzen konnten. Er erkundigt sich dabei gezielt nach: <!-- margin note -->Aufgreifen der Inhalte aus Teammodul 2

Soziale Unterstützung

Wurden die erarbeiteten Verbesserungsvorschläge umgesetzt? Haben die Teilnehmer mehr soziale Unterstützung in ihrer Gruppe wahrgenommen? Haben sie bewusster anderen Kollegen geholfen? Wurde Hilfe aktiv eingefordert? Können konkrete Situationen berichtet werden?

Ausgleichsbewegungen im Arbeitsalltag bei gegenseitiger sozialer Unterstützung

Können die Teilnehmer ihre Bewegungsübungen am Arbeitsplatz durchführen? Was brauchen sie, damit sie sie durchführen können? Unterstützen die Kollegen einander?

Wertschätzung

Wurde Wertschätzung füreinander gezeigt? Wer hat Wertschätzung erfahren? Wer hat bewusst einem Kollegen oder seinem Vorgesetzten Wertschätzung entgegengebracht?

Aufgreifen des Handlungsplans aus Teammodul 1

Offene Fragen aus dem zweiten Modul werden bei Bedarf an dieser Stelle geklärt. Der Trainer greift ebenfalls wieder den Handlungsplan zu Bewegung, den die Teilnehmer in Teammodul 1 aufgestellt haben, auf und fragt die Teilnehmer, wie sie in der zurückliegenden Woche mit ihrem Plan zurechtgekommen sind. Einzelne Teilnehmer können exemplarisch von ihren Fortschritten und Schwierigkeiten berichten.

Einordnung von Teammodul 3 in den Gesamtablauf und Abgrenzung zu Teammodul 2

Der Trainer verweist auf den Gesamtablauf des Trainings. Dieser ist auf einer Metaplanwand während jedes Moduls aufgehängt und ordnet die aktuelle Sitzung ein (F1).
In Teammodul 3 wird die problemorientierte, gemeinsame Bewältigung von Stresssituationen bei der Arbeit behandelt. Auch hier geht es um Teamarbeit, aber in Abgrenzung zu Teammodul 2, wo es um soziale Unterstützung ging, geht es in Teammodul 3 um das gemeinsame Lösen von Problemen bzw. um den gemeinsamen Abbau von Stresssituationen.

Dabei zeigt der Trainer anhand der Metaplanwand aus Teammodul 1 mögliche strukturelle Stresssituationen bei der Arbeit auf. Stress bei der Arbeit kann aus den Umgebungsbedingungen (z.B. Zugluft) oder der Arbeitsorganisation (z.B. Unklarheiten bei der Aufgabenrotation) resultieren oder im Rahmen der Aufgabenbewältigung auftreten (z.B. Zeitdruck durch fehlerhafte/schlechte Arbeitsmittel oder durch fehlende Informationen). Es gibt natürlich auch sozial bedingte Stressoren, die von den Teilnehmern auch gerne als Erste und Wichtigste genannt werden. Oftmals verstecken sich aber hinter sozialen Konflikten strukturelle Belastungen, wie die oben genannten. Anschließend kann der Trainer auch die von den Teilnehmern genannten Stresssituationen aus Teammodul 1 kurz wiederholen anhand des Flipcharts aus Teammodul 1.

Der Unterschied zwischen sozial bedingten und strukturellen Stresssituationen wurde in Teammodul 1 erläutert. Hier kann er nochmals ausgeführt werden. Zur Erläuterung kann folgendes Beispiel herangezogen werden: Wenn z.B. bei der Arbeit ein hoher Zeitdruck herrscht, dann kann das dazu führen, dass ein Kollege auf die Anfrage eines anderen Kollegen, ihm zu helfen, gereizt und ablehnend reagiert – vielleicht kommt es sogar zum Streit. Die Reaktion des Kollegen und der resultierende Streit ist eine sozial bedingte

Stresssituation. Sie trat aber als Folge des Zeitdrucks auf. Würde kein Zeit-druck herrschen, hätten sich die Kollegen wahrscheinlich nicht gestritten. Der eigentliche Auslöser für den Stress war also der Zeitdruck und nicht der Streit. Erfolgreiche Stressbewältigung baut darauf auf, dass der eigentliche Auslöser für den Stress erkannt und genau dort angesetzt wird. Ist der ei-gentliche Auslöser wie in diesem Beispiel der Zeitdruck, dann sollte auch dort angesetzt werden und sollten Ursachen erkundet werden. So kann Zeit-druck entstehen, weil der Umfang der Arbeitsaufgaben zu groß ist oder das Arbeitsmaterial schlecht ist. Dann müssen hierfür Lösungswege erarbeitet werden. Eine weitere Ursache ist aber auch der Umgang miteinander. Dafür können z.B. gemeinsame Konfliktumgangsregeln aufgestellt werden (☞ un-ten).

Es geht in diesem Modul darum, die Teilnehmer in ihren jeweiligen Teams zu befähigen, arbeitsbedingten Stress zu beseitigen, damit sie effektiv und gesund die Arbeit ausführen können. Wie in Teammodul 2 wird auch in Teammodul 3 ein besonderes Augenmerk auf die Ressourcen der Zusam-menarbeit gelegt und wie diese ausgebaut und erweitert werden können. Der Trainer geht auf die unteren vier Ressourcen der Zusammenarbeit ein, die im letzten Modul nicht behandelt wurden. Diese beziehen sich stärker auf die gemeinsame Aufgabenerledigung und auf das gemeinsame Problemlö-sen. Der Trainer erläutert diese anhand der Metaplanwand aus Teammodul 2 (Abbildung 1). Der Trainer kann dabei auch noch mal die tatkräftige und emotionale Unterstützung und Wertschätzung wiederholen.

Erinnerung und Wiederholung der Ressourcen der Zusammenarbeit

Ressource: **„Wir reden regelmäßig über unsere Arbeit"**, d.h., den Teammitarbeitern geht es besser und es hilft ihnen, Stress zu vermeiden bzw. abzubauen, wenn sie regelmäßig gemeinsam darüber reden, wie sie ihre Arbeit machen und ob sie gut zusammenarbeiten, aber auch wo Probleme auftauchen. Dabei können Probleme erst bewusst werden oder es kann deutlich werden, dass individuelle Probleme gar keine individuellen Probleme sind, sondern mehrere oder sogar alle im Team betreffen.
Ressource: **„Bei uns übernimmt jeder Verantwortung"**, d.h., den Teammitarbeitern geht es besser und es hilft ihnen beim Abbau bzw. für das Vermeiden von Stresssituationen, wenn sich jeder im Team für das Arbeitsergebnis und Problemlösungen verantwortlich fühlt und alle aktiv Verantwortung übernehmen. Wenn sich jeder am Arbeitsergebnis und an Problemlösungen beteiligt, wird Stress leichter abgebaut bzw. entsteht erst gar nicht.
Ressource: **„Wir gehen Probleme an"**, d.h., den Teammitgliedern geht es

besser und es hilft ihnen beim Abbau von Stresssituationen, wenn sie Probleme gemeinsam versuchen zu lösen und die Problemlösung „nicht auf die lange Bank schieben".

Ressource: **„Wir trauen uns was zu"**, d.h., den Teammitarbeitern geht es besser und es hilft ihnen beim Abbau von Stresssituationen, wenn sie der Überzeugung sind, dass sie auch schwierige Probleme lösen und neue Aufgaben erledigen können.

Ressourcen	Bewertung			
	sehr selten/ fast nie	*selten*	*manchmal*	*sehr oft/ fast immer*
Wir helfen uns.	1	2	3	4
Wir hören uns bei Problemen zu.	1	2	3	4
Wir zeigen uns Wertschätzung.	1	2	3	4
Wir reden regelmäßig über unsere Arbeit.	1	2	3	4
Bei uns übernimmt jeder Verantwortung.	1	2	3	4
Wir gehen Probleme an.	1	2	3	4
Wir trauen uns was zu.	1	2	3	4

Abbildung 1: Metaplanwand zur Bewertung der Ressourcen der Zusammenarbeit

Die Bewertung der Ressourcen erfolgte in Teammodul 2. Der Trainer kann noch einmal auf die Bewertung der Ressourcen eingehen und gerade auch bei schlechter Bewertung betonen, dass diese Ressourcen nun in Teammodul 3 gestärkt werden sollen. In diesem Teammodul 3 geht es darum, über die Arbeit nachzudenken, Verantwortung zu übernehmen, Probleme gemeinsam anzugehen und die Überzeugung zu stärken, dass das Team gemeinsam Probleme lösen kann.

Anschließend stellt der Trainer den Teilnehmern den Ablaufplan für das dritte Modul vor.

Teammodul 3

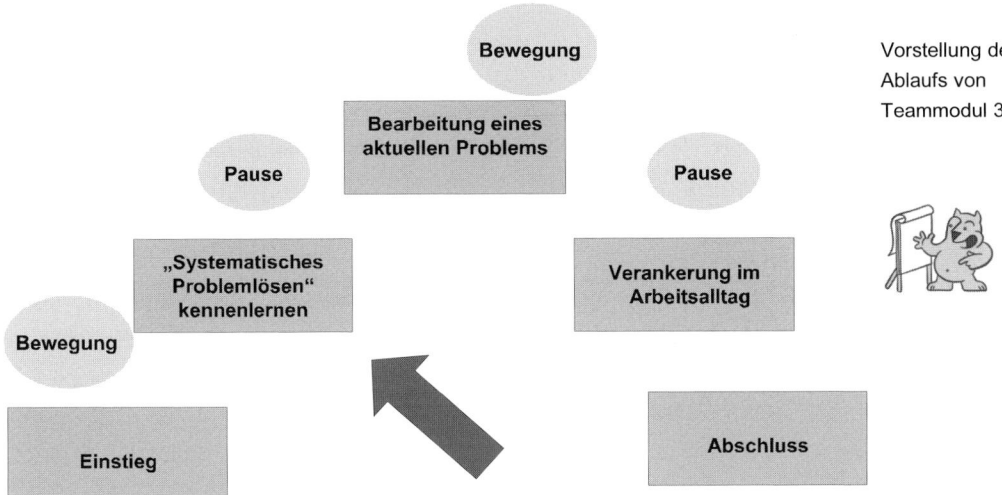

Abbildung 2: Beispiel für Ablaufplandarstellung Teammodul 3 (F2)

3.4.5.2 Warming-up-Übung

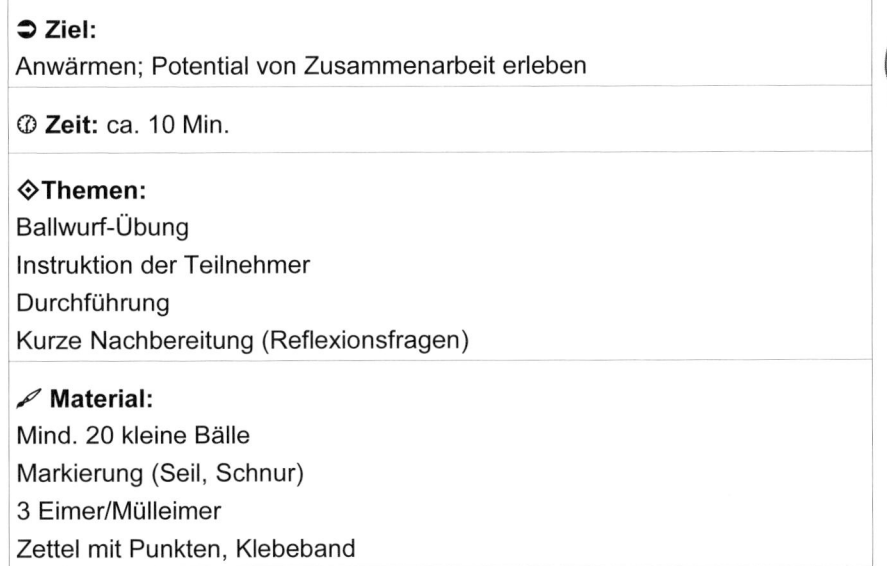

➲ **Ziel:**

Anwärmen; Potential von Zusammenarbeit erleben

⏱ **Zeit:** ca. 10 Min.

◈ **Themen:**

Ballwurf-Übung

Instruktion der Teilnehmer

Durchführung

Kurze Nachbereitung (Reflexionsfragen)

✐ **Material:**

Mind. 20 kleine Bälle

Markierung (Seil, Schnur)

3 Eimer/Mülleimer

Zettel mit Punkten, Klebeband

Die Teilnehmer sollen aktiviert und ins Thema der dritten Sitzung eingeführt werden. Zu diesem Zweck wird eine Einstiegsübung gemacht. Bei mehr als einem Team in der Trainingsgruppe wird die Übung getrennt nach Teams durchgeführt.

Übung: Bälle werfen

Übung

Das Seil bzw. die Schnur wird als Markierungslinie auf den Boden gelegt. Ab hier soll mit den Bällen in die drei Eimer bzw. Mülleimer geworfen werden. Auf den Eimern wird jeweils ein Zettel befestigt, auf dem steht, wie viele Punkte ein Treffer mit dem Ball in diesen Eimer zählt. Die Eimer werden in verschiedener Entfernung von der Markierungslinie aufgestellt. Der Eimer mit der höchsten Punktezahl soll am weitesten entfernt sein, der mit der niedrigsten am nächsten. Das Team wird per Zufall in Werfer und Ballholer eingeteilt, jede Gruppe soll gleich groß sein.

Ziel des Spiels ist es, in einer bestimmten Zeit (ca. drei Minuten) so viele Punkte wie möglich zu machen. Die Werfer haben die Aufgabe, die Bälle in die jeweiligen Eimer zu werfen. Die Ballholer sollen die Bälle, die nicht getroffen haben, an die Werfer zurückwerfen. Nach dem ersten Durchgang werden die Punkte gezählt und auf ein leeres Flipchart geschrieben (z.B. vier Bälle im Eimer, der mit einer „30" markiert ist, ergibt 120 Punkte).

In zweiten Durchgang sind die Ballholer die Werfer und die Ballwerfer die Ballholer und es wird nochmals drei Minuten gespielt. Die Punkte werden gezählt und auf das Flipchart geschrieben.

Das Team kann im nun folgenden letzten Durchgang selbst neu aufteilen, wer Ballwerfer und Ballholer sein soll. Die erlangten Punkte werden wieder aufgeschrieben. Ziel der Übung ist es, dass die Teams bemerken, wie viel Einfluss sie durch gemeinsame Absprache und Koordination auf das Ergebnis haben.

Der Trainer sollte für die Nachbereitung der Übung einige Reflexionsfragen auswählen.

Reflexionsfragen:

- Wie haben Sie sich während der Übung gefühlt?
- Wie war die Zusammenarbeit?
- Welche Verbesserungen und Ideen wurden eingebracht? Von wem?
- Welche hier notwendigen Bedingungen – z.B. gemeinsame Absprachen – sind auch für Ihre Teamarbeit im Berufsalltag wichtig?

3.4.5.3 Systematisches Problemlösen zur Bewältigung von Stresssituationen kennenlernen

➲ **Ziel:** Die Teilnehmer sollen die Schritte des systematischen, gemeinsamen Problemlösens kennenlernen
⏱ **Zeit:** ca. 5 Min.
◈ **Themen:** Trainer präsentiert die Schritte des Problemlöseprozesses
✎ **Material:** F3: Problemlöseschritte

Die Teilnehmer sollen die Methode des systematischen, gemeinsamen Problemlösens als Bewältigungsstrategie kennenlernen. Der Trainer stellt die Schritte des Problemlösens anhand eines vorbereiteten Flipcharts dar.

> **„Schritte des gemeinsamen, systematischen Problemlösens"**
>
> Regelmäßiger Austausch über die Arbeit und Probleme
>
> Auswahl eines Problems
>
> 1. Analyse des Problems
> 2. Veränderungswunsch festlegen
> 3. Lösungswege sammeln
> 4. Einen Lösungsweg auswählen
> 5. Handlungsplan erstellen
>
> Lösungsweg umsetzen
>
> Erfolgskontrolle

Abbildung 3: „Schritte des gemeinsamen, systematischen Problemlösens" (F3)

Wichtig ist hierbei, dass der Trainer den Teilnehmern die einzelnen Schritte und deren Bedeutung nachvollziehbar erläutert.

207

Regelmäßiger Austausch über die Arbeit, die Zusammenarbeit und Probleme

Das Team sollte sich regelmäßig über die Arbeit, die Zusammenarbeit und auftauchende Probleme austauschen. Diese werden gesammelt und aufgeschrieben.

Auswahl eines Problems

Ein Problem nach dem anderen wird angegangen. Die Auswahl eines Problems kann zu Beginn nach Wichtigkeit und Einfachheit des Problems erfolgen.

1. Analyse des Problems

Nun geht es um die eigentliche Problemlösung. Jede systematische Problemlösung beginnt mit der Analyse des Problems. Ziel der Problemanalyse ist es, dass die Beteiligten eine gemeinsame Vorstellung und ein gemeinsames Verständnis des Problems entwickeln. Mögliche Ursachen des Problems werden hier diskutiert.

2. Veränderungswunsch festlegen

Im Folgenden wird ein gemeinsamer Veränderungswunsch festgelegt.

3. Lösungswege sammeln

Für den festgelegten Veränderungswunsch werden anschließend Lösungswege ohne Bewertung derselben gesammelt, im sogenannten Brainstorming. Hierbei ist es wichtig, darauf zu achten, dass sich die Lösungswege tatsächlich auf den ausgewählten Veränderungswunsch beziehen und nicht auf andere Lösungswege ausgewichen wird.

4. Lösungswege auswählen

Im folgenden Schritt werden aus den gesammelten Lösungswegen eine oder mehrere Lösungswege ausgewählt, die dann umgesetzt werden sollen. Die Lösungswege, die unrealistisch sind, sollen nicht weiter verfolgt werden. Die verbleibenden Lösungen sollen hinsichtlich ihrer Konsequenzen für den Einzelnen, das Team und das Umfeld (andere Teams, Führungskraft, Betrieb) abgewogen werden.

5. Handlungsplan erstellen

Anschließend wird ein Handlungsplan erstellt, in dem konkrete Schritte zur Problemlösung festgelegt werden. Es wird festgelegt, wer was zu erledigen hat und wann dies geschehen soll. Wichtig ist, dass alle Beteiligten im Konsens den beschlossenen Maßnahmen zustimmen und ihre Umsetzung unterstützen. Weiterhin wird festgelegt, wann die Erfolgskontrolle erfolgt.

Lösungsweg umsetzen

Der geplante Lösungsweg wird umgesetzt.

Erfolgskontrolle

Das Team überprüft, ob der Lösungsweg umgesetzt wurde und erfolgreich war.

Das gemeinsame Problemlösen wird im Folgenden auf ein spezifisches Problem eines Teams bei der Arbeit angewandt. Ist mehr als ein Team in der Trainingsgruppe vorhanden, aber nur ein Trainer, kann zunächst nur das Problem eines Teams bearbeitet werden. Eine erste Durchführung des systematischen Problemlösens bedarf der Anleitung des Trainers und kann den Teams nicht allein überlassen werden – dies würde eine Überforderung darstellen. Ist also nur ein Trainer, aber mehr als ein Team in der Trainingsgruppe vorhanden, so wird das systematische Problemlösen mit einem Team exemplarisch im Plenum durchgeführt, während die anderen Teams zuhören und an einigen Stellen (☞ unten) unterstützend einbezogen werden.

Liegt der gewünschte Fall vor, dass zwei Trainer bei zwei Teams anwesend sind, sollte das systematische Problemlösen parallel in den Teams durchgeführt werden. Das Flipchart sollte über das gesamte Modul hinweg sichtbar sein.

3.4.5.4 Systematisches, gemeinsames Problemlösen zur Bewältigung von Stresssituationen üben

Die Teilnehmer bearbeiten nun unter Anleitung des Trainers ein aktuelles Problem.

Nachdenken und Sammlung gemeinsamer Stresssituationen

➲ **Ziel:** Sammlung von gemeinsamen Stresssituationen bei der Arbeit
⏱ **Zeit:** ca. 10 Min.
◇**Themen:** Sammlung von aktuellen Problemen im Arbeitsalltag (Teilnehmer) Visualisierung der Problemliste (Trainer)
✐ **Material:** Metaplanwand zu Stresssituationen am Arbeitsplatz aus Teammodul 1 Flipchart zu gesammelten Stresssituationen aus Teammodul 1 Leeres Flipchart Stifte

Die Teilnehmer werden nun aufgefordert, über ihre Arbeit und aktuelle Stresssituationen bzw. Probleme nachzudenken. Die Probleme, die von den Teilnehmern genannt werden, werden vom Trainer auf Flipchart mitvisualisiert. Es sollten ca. drei bis fünf Probleme gesammelt werden. Abbildung 4 zeigt ein Beispiel aus der Erprobung des Trainings im Rahmen des ReSuM-Projekts.

Sammlung von aktuellen Problemen

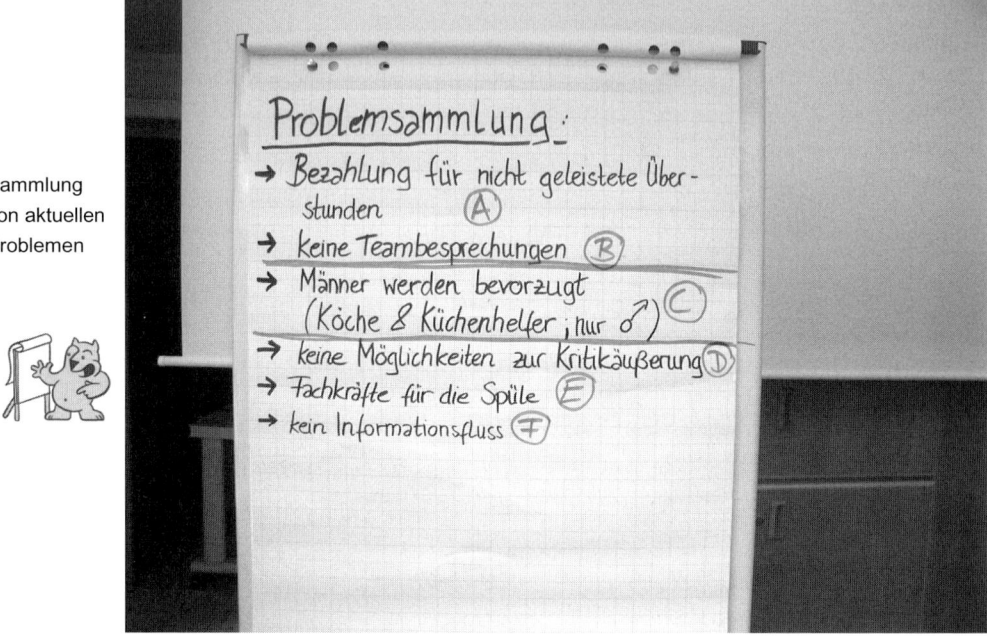

Abbildung 4: Beispiel aus der Erprobung des Trainings im Rahmen des ReSuM-Projekts

Der Trainer soll den Teilnehmern dabei helfen, problematische Situationen am Arbeitsplatz zu sammeln: Er kann dabei auf die Ergebnisse des Screenings zurückgreifen und die gesammelten Stresssituationen aus Teammodul 1 aufgreifen. Der Trainer soll sich die Probleme, die die Teilnehmer nennen, beschreiben lassen und gegebenenfalls das Problem in Unterprobleme aufgliedern und diese aufschreiben. Im Hinblick auf die nachfolgende Bearbeitung des Problems ist es sehr wichtig, dass der Trainer darauf achtet, dass die Probleme nicht zu komplex sind und dass sie vom Team gelöst werden können (Personalmangel ist ein Problem, das nicht vom Team selbst gelöst werden kann). Am besten eignen sich möglichst konkrete Situationen, z.B. wenn die Arbeitsgruppe bei einem bestimmten Arbeitsablauf immer unter Zeitdruck gerät.

Auswahl einer Stresssituation

➲ **Ziel:**

Ein Problem soll ausgewählt werden, anhand dessen das systematische Problemlösen geübt wird

🕐 **Zeit:** ca. 10 Min.

◇**Themen:**

Bewertung nach Einfachheit und Wichtigkeit

Auswahl eines Problems

✏ **Material:**

Je zwei Klebepunkte pro Teilnehmer (einen roten, einen grünen)

Metaplan: „Einfachheit und Wichtigkeit"

Die Teilnehmer sollen sich nun für ein Problem entscheiden, damit an diesem Problem das systematische Problemlösen geübt werden kann. Die anderen Probleme sollten sie dann selbstständig in ihrem Arbeitsalltag im Anschluss an das Training lösen können. Falls die Teilnehmer sich nicht einigen können, welches Problem angegangen werden soll, kann die Auswahl anhand der Kriterien „Wichtigkeit" und „Einfachheit" erfolgen. Dies begründet sich damit, dass möglichst ein Problem gefunden werden soll, das nicht allzu schwer zu bearbeiten ist und das wichtig ist. Bei sehr schwierigen Problemen kann es zu Frustration bei den Teilnehmern kommen, da keine Lösung im Rahmen der Intervention gefunden werden kann.

Bewertung der Stress-situationen nach Wichtigkeit und Einfachheit

Probleme	Wichtigkeit	Einfachheit	Ergebnis
Problem A	3 Punkte	1 Punkt	3
Problem B	2 Punkte	3 Punkte	6
Problem C	0 Punkte	1 Punkte	0

Beispiel: Bewertung

Abbildung 5: Vorbereitete Metaplanwand „Einfachheit und Wichtigkeit" mit einer Beispielbewertung

Die Liste der zusammengetragenen Probleme wird vom Trainer noch einmal vorgetragen und auf die vorbereitete Metaplanwand übertragen. Jeder Teilnehmer darf nun je einen Punkt für das Problem vergeben, das er als das wichtigste bewertet (wird durch einen roten Klebepunkt markiert), und einen Punkt für das Problem, das er für das am einfachsten zu bearbeitende Problem hält (wird durch einen grünen Punkt markiert). Die Wichtigkeits- und Einfachheitspunkte werden für jedes Problem multipliziert. Das Problem mit der höchsten Endpunktzahl wird bearbeitet.

Beispielsweise haben fünf Teilnehmer des Teams die Probleme wie in der Abbildung 5 bewertet. Danach wird Problem B ausgewählt. Abbildung 6 zeigt ein Beispiel aus der Trainingserprobung im Rahmen des ReSuM-Projekts.

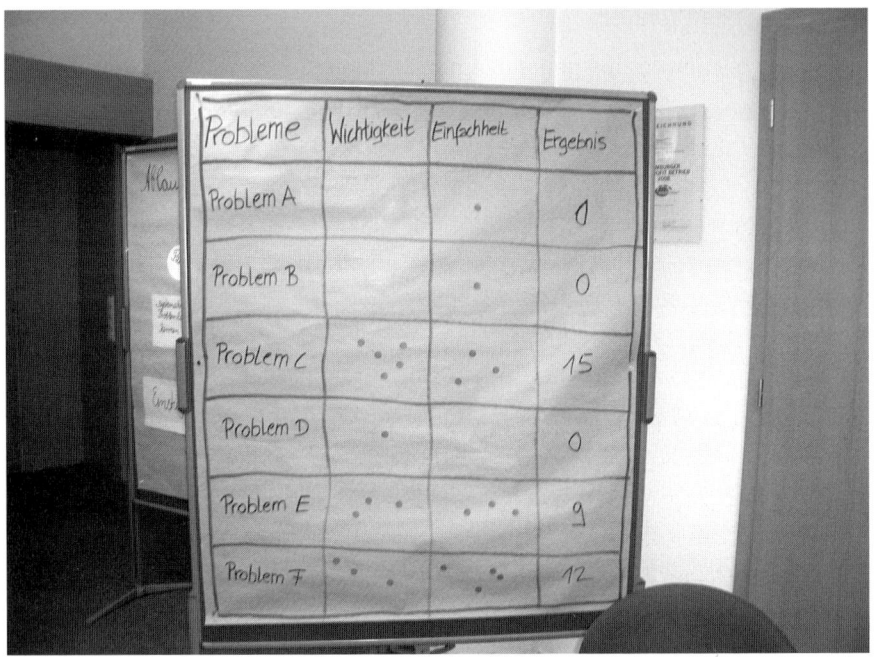

Abbildung 6: Beispiel aus der Trainingserprobung im Rahmen des ReSuM-Projekts

Bei individuellem Problemlösen:

Nachdem jeder Teilnehmer für sich eine Stresssituation aus dem Arbeitskontext oder der Freizeit ausgewählt hat, geht es nun darum, eine Stresssituation zur Übung auszuwählen. Der Trainer fragt in die Runde, wer dazu bereit wäre, sein Problem detailliert vorzustellen, um daran das systematische Problemlösen zu üben. Es sollten sich möglichst zwei Freiwillige finden, damit nicht nur eine Person im „Rampenlicht" steht.

Meldet sich niemand freiwillig, sollte der Trainer auf die Vorteile des Problemlösens in diesem besonderen Rahmen hinweisen. Den Teilnehmern sollte vermittelt werden, dass ihnen die Problemlösung tatsächlich im Alltag weiterhilft, da sie viele Anregungen und Tipps bekommen.

Auch können Einzelne direkt angesprochen werden, allerdings haben die Teilnehmer selbstverständlich immer die freie Wahl, selbst zu entscheiden, ob sie ihr Problem vor der Gruppe behandeln wollen oder nicht.

Analyse des Problems

➲ **Ziel:**
Gemeinsames Verständnis des Problems

⏱ **Zeit:** ca. 15 Min.

◇**Themen:**
Individuelle Analyse des gemeinsamen Problems
Gemeinsame Problemsichtung
Sammlung von Ursachen (Teilnehmer) → Visualisierung der Problemursachen (Trainer)

✎ **Material:**
F4: Leitfragen zur Analyse eines Problems
Leeres Flipchart
Arbeitsblatt: „Probleme unter der Lupe"

Das ausgewählte Problem soll nun genau „unter die Lupe" genommen und detailliert analysiert werden. Dies ist wichtig, damit die Teammitglieder eine gemeinsame Vorstellung und ein gemeinsames Verständnis des Problems haben. Außerdem schafft die Analyse des Problems die Basis dafür, Ziele und Lösungsmöglichkeiten in Bezug auf das Problem ableiten zu können.
Zur gemeinsames Analyse des Problems deckt der Trainer ein Flipchart mit Leitfragen auf (Abbildung 8).
Der Trainer erläutert zunächst kurz die einzelnen Fragen. Er erklärt den Teilnehmern, dass es wichtig ist, dass als erster Schritt das Problem analysiert wird, damit eine gemeinsame Vorstellung des Problems entsteht. Dazu verteilt er das Arbeitsblatt „Probleme unter der Lupe" (☞CD).
Die Teammitglieder sollen nun zunächst fünf Minuten für sich allein überlegen, wie sie die Fragen beantworten würden. Nach dieser kurzen individuellen Analyse soll jeder Teilnehmer kurz (!) seine Problemanalyse vortragen, im Sinne der Ressource „Bei uns übernimmt jeder Verantwortung". Dies ist sehr wichtig, da nur auf diese Weise eine gemeinsame Vorstellung des Problems entsteht. Der Trainer soll die Ursachensammlung auf einem leeren Flipchart mitschreiben.

Bei individuellem Problemlösen:
Beim individuellen Problemlösen analysiert der Trainer im Plenum gemein- Individuell

sam mit den zwei Teilnehmern beide Probleme nacheinander ebenfalls anhand des Arbeitsblatts „Probleme unter der Lupe" (☞CD).

Leitfragen zur Analyse eines Problems

Problem unter der Lupe

* **Wann tritt das Problem auf?**

* **Was passiert genau?**

* **Wer ist beteiligt?**

* **Was sind die Folgen für mich, das Team, die Umgebung?**

* **Warum tritt es auf?**

Abbildung 7: Leitfragen (F4)

Veränderungswunsch festlegen

➲ **Ziel:**   Das Team legt gemeinsam fest, welchen Veränderungswunsch sie haben
⏱ **Zeit:** ca. 10 Min.
◈**Themen:**   Formulierung des Veränderungswunsches   Kurzinformation zu Konflikthandhabung (bei Bedarf)
✎ **Material:**   Stifte (Flipchart-Marker)   Leeres Flipchart

Nun geht es darum, dass die Teammitglieder ihren Veränderungswunsch
festlegen. Der Trainer verweist dafür auf die verschiedenen genannten Ursachen. Er erläutert, dass Probleme meist durch mehrere Faktoren bedingt
sind. Es gibt oftmals nicht nur eine Ursache bzw. einen verursachenden Faktor. Es ist aber hilfreich, sich eine Ursache auszuwählen, die verändert werden soll, und den Veränderungswunsch zu formulieren.

Beispiel:

Das Problem ist, dass eine wichtige Maschine, mit der das Team arbeitet, wiederholt kaputtgeht, worüber sich alle ärgern. Die Mitarbeiter geraten deshalb ständig in Zeitdruck.

Als Ursachen wurden genannt:

- Die Maschine ist sehr alt.
- Die Teammitglieder sind nicht gelassen genug, die Tatsache einfach zu akzeptieren. Wenn sie nicht weiterarbeiten können, ist das eben so, ist ja nicht meine oder die Schuld des Teams.
- Die Maschine ist nicht vernünftig gewartet. Es gibt immer Ärger mit der Instandhaltung.
- Wir im Team dürfen die Maschine nicht selbstständig reparieren und müssen immer auf den Reparaturdienst warten, obwohl wir es könnten.

Die Mitarbeiter entscheiden, sie möchten die letztgenannte Ursache angehen und verändern.

Häufig werden sozial bedingte Stresssituationen genannt. Dahinter verbergen sich oftmals strukturelle Stressoren (☞ Teammodul 1). So können sozial bedingte Stresssituationen durch mangelhafte arbeitsorganisatorische Regelungen oder durch Bedingungen in der Arbeitsaufgabe entstehen.

Beispiel:

In der Erprobungsphase des ReSuM-Projekts wurde in einer Trainingsgruppe von den Teilnehmern das Problem genannt, dass sich eine bestimmte Person bei der täglichen, teaminternen Aufgabenverteilung immer schwierig anstellte, „eine schwierige Person war". Es zeigte sich aber bei der Analyse des Problems, dass das Problem in der mangelhaften Arbeitsorganisation lag. So wurden die Springer bei der Aufgabenverteilung nicht einbezogen und es gab auch keine Regeln für die Aufgabenverteilung. So konnten soziale Konflikte entstehen. Die Ursache war aber nicht in erster Linie die „schwierige" Kollegin, sondern waren fehlende Regeln für die Aufgabenverteilung unter Einbezug der Springer.

Bevor er zum nächsten Schritt übergeht, vergewissert sich der Trainer noch einmal bei den Teilnehmern, dass alle mit dem Veränderungswunsch einverstanden sind. Ist dies nicht der Fall, muss der Veränderungswunsch noch einmal umformuliert oder angepasst werden bis alle Teilnehmer zustimmen können.

Der Trainer sollte darauf achten, dass ein Veränderungswunsch formuliert wird, auf den die Teilnehmer Einfluss haben. Es kann sinnvoll sein, die Teilnehmer direkt nach ihrer Einschätzung bezüglich ihrer Einflussmöglichkeiten zu fragen.

Es kann vorkommen, dass die Teilnehmer entscheiden, einen sozialen Konflikt zu bearbeiten (im obigen Beispiel der Ärger mit der Instandhaltung. Sie formulieren z.B. den Veränderungswunsch „besserer Umgang mit der Instandhaltung"). In diesem Fall sollte der Trainer den Teilnehmern Informationen zu Konflikten im Arbeitsalltag und Konflikthandhabung geben.

Information zu Konflikthand- habung

Einschub: Information zu Konflikthandhabung (bei Bedarf)
Konflikte treten aus den unterschiedlichsten Gründen auf. Häufig verlagern sich strukturelle Stresssituationen auf die sozialen Beziehungen und Konflikte entstehen, wenn z.B. durch fehlende Arbeitsmittel Zeitdruck entsteht, der wiederum zu Streitigkeiten unter den Kollegen führt.
Der Trainer betont, dass Konflikte unter den richtigen Bedingungen etwas Positives darstellen können, in dem Sinne, dass aus ihnen, vorausgesetzt sie werden gut bewältigt und genutzt, eine verbesserte Zusammenarbeit resultieren kann. Personen verhalten sich in Konfliktsituationen unterschiedlich. Leider lassen sich manchmal bestimmte ungünstige Verhaltensstile feststellen, die das Konfliktverhalten einer Person charakterisieren, z.B. indem sich eine Person sehr häufig auf die Macht ihrer Position beruft (z.B. Führungskraft zu sein) oder sehr häufig nachgibt. Am erfolgreichsten ist jedoch ein Verhalten, das die Interessen beider Konfliktparteien berücksichtigt. Wichtig ist, dass eine Konfliktbearbeitung nicht vermieden wird, denn das kann dazu führen, dass ein Konflikt ungelöst weiter schwelt und schließlich eskaliert. Erstrebenswert ist somit ein Verhalten, in dem die beiden Konfliktparteien versuchen, ihre Beobachtungen und das eigene Gefühl dem anderen mitzuteilen und ihre Veränderungswünsche offenzulegen. Der Trainer kann folgendes Beispiel für eine gelungene Konfliktlösung nennen:

Beispiel für eine gute Konfliktlösung:
Ich bemerkte, dass mein Kollege immer, wenn ich zu ihm ins Büro ging, gereizt auf mich reagierte und mich teilweise ziemlich rau anfuhr, sich mir gegenüber sehr unhöflich verhielt. Dabei wollte ich mich doch nur kurz unterhalten oder hatte eine Anfrage. Die Stimmung zwischen uns wurde immer angespannter.

Konfliktbearbeitung:
Ich habe mir dann ein Herz gefasst und ihn um eine Aussprache gebeten. Wir haben uns daraufhin zusammengesetzt, und ich habe ihm ganz offen gesagt, was ich in letzter Zeit beobachtet habe (1. Schritt: Beobachtung berichten). Dann habe ich mein Gefühl der Irritation darüber zum Ausdruck ge-

bracht (2. Schritt: eigenes Gefühl benennen) und betont, dass mir viel an einer weiteren guten Zusammenarbeit (3. Schritt: Veränderungswunsch) gelegen ist. Er hat mir dann erzählt, dass er es sehr störend findet, wenn immer jemand unangemeldet einfach so in sein Büro rauscht. Vor allem, wenn er gerade an einer Aufgabe konzentriert arbeiten muss, ist er sehr empfindlich bei Störungen. Meine Unterbrechungen haben ihn so genervt, dass er immer gereizter mir gegenüber wurde. Er konnte nicht verstehen, dass ich nicht merkte, wie sehr ihn das stört, und hielt mich mehr und mehr für eine unsensible Person. Diese Meinung über mich würde er nun aber, nach diesem Gespräch, zurücknehmen.

Konfliktlösung:

Wir haben vereinbart, dass er immer, wenn seine Tür geschlossen ist, nicht gestört werden möchte. Das ist für mich das Signal, ihn zu der Zeit in Ruhe zu lassen. Ist seine Tür geöffnet, ist er für Anfragen oder ein kleines Schwätzchen offen. Außerdem trinken wir jetzt regelmäßig nach der Mittagspause noch einen Kaffee und verstehen uns wieder super!

Bei individuellem Problemlösen:

Die beiden Freiwilligen benennen jeweils einen Veränderungswunsch, der Individuell auf jeweils einem Flipchart aufgeschrieben wird. Beim Formulieren der Veränderungswünsche sollte der Trainer genau darauf achten, dass die Wünsche bestimmte Eigenschaften haben, da eine Problemlösung ansonsten erschwert wird.

Folgende Eigenschaften sollten die Wünsche aufweisen:

1. Der Veränderungswunsch sollte positiv formuliert sein.

2. Der Veränderungswunsch sollte durch eigenes Tun und Handeln erfüllt werden können.

Bewegungspause

➲ **Ziel:**
Auflockerung und Pause
Festigung der Bewegungsübungen am Arbeitsplatz aus Teammodul 2
⏱ **Zeit:** ca. 10 Min.
◇**Themen:**
Bewegungsübungen am Arbeitsplatz aus Teammodul 2
✎ **Material:**

In dieser Pause soll die Ausgleichsbewegungsübungen, die das Team für sich ausgewählt hat, eingeübt werden (☞ Teammodul 2).

Lösungswege sammeln

➲ **Ziel:** Möglichst viele und kreative Lösungswege sammeln
⏱ **Zeit:** ca. 15 Min.
◈ **Themen:** Sammlung von Lösungswegen: Brainstorming-Prozess
✎ **Material:** Leere Metaplanwand Flipchart-Marker

Nachdem der Veränderungswunsch klar formuliert auf der Metaplanwand steht, werden im nächsten Schritt Lösungswege gesucht. Die Teilnehmer sollen sich folgendes überlegen:
Auf welche Art und Weise könnten wir die Veränderung erreichen?

Die Sammlung der Lösungswege erfolgt in einem Brainstorming-Prozess. Dies beinhaltet folgende Regeln, die der Trainer den Teilnehmern explizit mitteilt, eventuell sogar auf Flipchart vorbereitet darstellt:

Brainstorming zu
Lösungswegen

- Jede Idee wird auf der Metaplanwand notiert.
- Jeder soll ungehemmt so viele Ideen wie möglich entwickeln.
- Jeder soll die Ideen des anderen aufgreifen und weiterentwickeln.
- Die Ideen sind als Leistung der Gruppe, nicht des Einzelnen anzusehen.
- Quantität geht vor Qualität: auch unvernünftig und unrealistisch erscheinende Ideen sind erwünscht; sie beflügeln die Kreativität.
- Lachen ist in Ordnung, auslachen nicht!

Bewertungen oder Kritik hemmen die Kreativität und müssen unterbleiben. Also nicht gleich sagen: „Das schaffen wir nie", „Das kommt für uns überhaupt nicht in Frage" oder „Das wird unser Chef nie mitmachen".
Die Teilnehmer sollen alle Ideen, die ihnen einfallen, dem Trainer zurufen. Dieser schreibt sie auf einer Metaplanwand mit.

Der Trainer sollte die Brainstormingregeln explizit einführen, ob mit oder ohne Flipchart. Er muss die Teilnehmer vor allem darauf hinweisen, dass sie an dieser Stelle kreativ sein dürfen und sich zunächst nicht damit behindern sollen, ob Ideen, die ihnen einfallen, realistisch oder umsetzbar sind. In dieser Phase geht es darum, möglichst einmal aus den eingefahrenen Denkschemata herauszukommen und neue Ideen zu generieren. Der Trainer muss die Teilnehmer disziplinieren, die Lösungsvorschläge, die genannt werden, nicht sofort zu kommentieren und mit „Killerphrasen" den kreativen Prozess zu zerstören, z.B. „Das geht bei unserem Chef sowieso nicht". Falls es den Teilnehmern schwerfällt, überhaupt Ideen zu finden, sollte der Trainer ihnen mit Fragen und gegebenenfalls auch mit eigenen Ideen den Einstieg erleichtern.

Ist mehr als ein Team in der Trainingsgruppe vorhanden, wird wie oben beschrieben nur für ein Team ein Problem bearbeitet. Die anderen anwesenden Teams sind stille Beobachter. In der Phase des Brainstormings zu Lösungswegen bietet es sich allerdings an, alle Teilnehmer einzubeziehen. Alle Teilnehmer haben die Problembeschreibung durch die Teammitglieder gehört und kennen auch den Veränderungswunsch, den das Team, dessen Problem bearbeitet wird, verfolgt. Sie können also auch Lösungsvorschläge machen! Abbildung 9 zeigt ein Beispiel aus der Trainingserprobung im Rahmen des ReSuM-Projekts.

Abbildung 8: Beispiel aus der Trainingserprobung im Rahmen des ReSuM-Projekts

Bei individuellem Problemlösen:

Nachdem beide Veränderungswünsche klar formuliert jeweils auf einem Flip-chart stehen, werden im nächsten Schritt Lösungswege für beide Veränderungswünsche gesucht. Alle Teilnehmer sollen sich daran beteiligen, Ideen zu generieren. Die Sammlung der Lösungswege erfolgt in einem Brainstorming-Prozess, wie beim gemeinsamen Problemlösen.

Bewertung und Auswahl einer Lösung

> **⊃ Ziel:**
> Entscheidung, welcher Lösungsweg durchgeführt werden soll
>
> **🕑 Zeit:** ca. 15 Min.
>
> **◇Themen:**
> Bewertung der Lösungswege anhand der Konsequenzen
> Entscheidung für einen oder mehrere Lösungswege
> Konflikthandhabungsregeln erstellen (bei Bedarf)
>
> **✐ Material:**
> Metaplanwand aus voriger Übung
> Flipchart-Marker
> Klebepunkte
> Leere Flipcharts

In diesem Schritt werden die gefundenen Lösungswege von den Teilnehmern bewertet. Zunächst sollten die Lösungswege ausgeschlossen werden, die die Teilnehmer als unrealistisch oder nicht umsetzbar bewerten und/oder die – ihrer Einschätzung zufolge – nicht zum formulierten Ziel führen würden.

Weiter sollen die verbleibenden Lösungswege anhand der erwarteten Konsequenzen eingeschätzt werden:

• Welche Konsequenzen treten für mich ein?

• Welche Konsequenzen treten für uns als Team ein?

• Welche Konsequenzen treten für das Umfeld (andere Teams, Vorgesetzter, Betrieb) ein?

Auf dieser Basis soll sich das Team für einen oder mehrere Lösungswege entscheiden.

Alle Teammitarbeiter sollten am Ende der Auswahl zustimmen und damit Verantwortung für die Problemlösung zeigen. Dies sollte der Trainer explizit erfragen.

In diesem Schritt ist die Visualisierung durch den Trainer sehr wichtig. Dies kann den Entscheidungsprozess der Gruppe enorm unterstützen. Z.B. kann der Trainer durch farbige Punkte oder Unterstreichungen Lösungswege hervorheben, die in die engere Auswahl kommen. Für einen Abstimmungsprozess kann er einige Lösungswege noch einmal gesondert auf ein Flipchart schreiben.

Das Durchstreichen von Lösungswegen, die bereits von den Teilnehmern abgelehnt wurden, sollte vermieden werden. Dies kann denjenigen, der diesen Lösungsweg genannt hat, frustrieren. Auch wenn ein Lösungsvorschlag nicht ausgewählt wurde, hat er einen wichtigen Beitrag geliefert und ist wertzuschätzen!

Konflikthandhabungsregeln erstellen (bei Bedarf):

Geht es um einen sozialen Konflikt, ist es sinnvoll, über die Lösung des konkreten Konflikts hinaus <u>Regeln des Umgangs bei Konflikten</u> festzulegen. Zusammen mit den Teilnehmern sollen auf einem Flipchart die Regeln festgehalten werden, die die Teilnehmer als für ihr Team wichtig erachten und an die sie sich in Zukunft in Konfliktsituationen und im Umgang miteinander halten wollen. Der Trainer lässt zunächst die Teilnehmer die Verhaltensweisen beschreiben, die ihnen am wichtigsten sind. Es ist damit zu rechnen, dass die Teilnehmer Schwierigkeiten haben, daraus konkrete Regeln zu formulieren. Hierbei hilft der Trainer, indem er die Regeln ausformuliert.

Regeln des Umgangs bei Konflikten erarbeiten

Es ist darauf zu achten, dass auf das Flipchart nur Regeln geschrieben werden, mit denen das gesamte Team einverstanden ist. Der Trainer sollte auch mögliche Regeln, die nicht von der Gruppe angesprochen werden, zur Diskussion stellen, damit alle wichtigen Faktoren im Umgang mit Konflikten berücksichtigt werden.

Nachfolgend sind Beispiele für mögliche Regeln aufgeführt.

<u>Beispiele für mögliche Regeln, die aufgestellt werden können:</u>

Mögliche Regeln

- Auf Warnzeichen achten (z.B. Feindseligkeit, offene oder versteckte Ablehnung, aktiver oder passiver Widerstand, Klatsch, Intrigen, Unnachgiebigkeit, Gefügigkeit in Form von unechter Freundlichkeit, Desinteresse)
- Konflikt-Warnzeichen frühzeitig ansprechen
- Die „Brille" des anderen aufsetzen (Perspektivenwechsel)
- Offene, respektvolle Kommunikation
- Die beste Lösung für beide Parteien anstreben
- Jeder zeigt die Bereitschaft, auf die eigene Maximalposition zu verzichten
- Gegenseitige Unterstützung

Die Regeln, so wie sie als Beispiele hier aufgeführt sind, sind als Anregungen für den Trainer gedacht. Diese Beispiele sollte der Trainer im Hinterkopf haben, wenn es um die Formulierung der Regeln geht. Der Trainer sollte darauf achten, dass die Regeln in der Wortwahl der Teilnehmer formuliert aufgeschrieben werden, damit sie sich später damit identifizieren können.

Der Trainer sollte nach der Aufstellung der Regeln noch einmal alle Teilnehmer des Teams fragen, ob sie den Regeln, so wie sie dort stehen, zustimmen können.

Bei mehreren Teams erfolgt die Erstellung der Regeln teamweise.

Bei individuellem Problemlösen:

Individuell Die gefundenen Lösungswege werden nur von den zwei Teilnehmern, die ihre Probleme bereitgestellt haben, bewertet. Zunächst sollten die Lösungswege ausgeschlossen werden, die die Freiwilligen jeweils als unrealistisch oder nicht umsetzbar bewerten. Weiter sollen die verbleibenden Lösungswege anhand der erwarteten Konsequenzen eingeschätzt werden:

Welche Konsequenzen treten für mich ein?

Welche Konsequenzen treten für mein Umfeld (Familie, Kollegen, Vorgesetzter, Betrieb) ein?

Auf dieser Basis sollen sich beide Freiwilligen für jeweils einen Lösungsweg entscheiden.

Handlungsplan erstellen

➲ **Ziel:**
Konkreter Handlungsplan zur Problemlösung
⏱ **Zeit:** ca. 15 Min.
◈**Themen:**
Erstellung eines Handlungsplans (Was? Wer? Wann? Erfolgskontrolle)
✎ **Material:**
Handlungsplan
Flipchart-Marker

Erstellung eines konkreten Handlungsplans

In diesem abschließenden Schritt des Problemlöseprozesses werden nun die konkreten Schritte zur Umsetzung des Lösungsweges genau geplant. Dies beinhaltet, dass ganz konkret festgelegt wird, was genau zu tun ist, wer das tun wird und wann bzw. bis wann das zu tun ist. Weiter sollte ebenfalls festgelegt werden, wie die Erfolgskontrolle in Bezug auf die einzelnen zu erledigenden Dinge erfolgen soll.

Der Trainer spricht alle Fragen mit den Teilnehmern durch. Es wird nun eine Handlung nach der anderen abgehandelt, zeilenweise. Also zunächst Nr. 1 Was? Wer? Wann? Erfolgskontrolle, dann erfolgt Nr. 2 usw.

Nr.	Was?	Wer?	Wann?	Erfolgskontrolle
1	Mit dem Chef besprechen, dass wir die Maschine selbst reparieren können	Erste Ansprache macht Herr Meier (der Gruppensprecher)	Ein Termin mit dem Chef wird für nächste Woche terminiert (bis Ende KW x)	Info über das Gespräch in der darauffolgenden Gruppenbesprechung (KW y)
2	Terminierung einer Weiterbildung	Herr Meier in Absprache mit dem Chef	KW z	Rückmeldung in Gruppenbesprechung (KW z)
3				

Abbildung 9: Beispiel für einen Handlungsplan

Abbildung 11 zeigt ein Beispiel aus der Trainingserprobung im Rahmen des ReSuM-Projekts.

Es ist sinnvoll, mit den Teilnehmern durchzusprechen, was sie tun können, Plan B wenn etwas in der Umsetzung ihres Handlungsplans schief geht – also den sprichwörtlichen Plan B aufzustellen.

Hierbei können, falls mehrere Teams anwesend sind, auch wieder alle Teilnehmer einbezogen werden. Auch wenn es sich nicht um ihr eigenes Problem handelt, was bearbeitet wurde, so können die Teilnehmer vielleicht nützliche Ratschläge aus ihrer Sicht geben.

Des Weiteren kann mit den Teilnehmern besprochen werden, wie man reagiert, wenn ein ausgewählter Lösungsweg trotz vieler alternativer Handlungsschritte nicht zum gewünschten Ziel führt. In diesem Fall ist es sinnvoll, erneut auf die zuvor gesammelten Lösungswege zu schauen und sich für einen neuen Lösungsansatz zu entscheiden.

Zum Abschluss muss der Trainer mit den Teilnehmern klären, ob sie einverstanden sind, dass der Trainer die gesammelten Probleme und den Handlungsplan im folgenden Führungskräftemodul zeigen kann. Der Grund für diese erwünschte Transparenz liegt darin, dass die Führungskräfte zum einen über Probleme, die die Teilnehmer gesammelt haben, informiert werden sollte, zum anderen, dass sie die Problemlösung aktiv unterstützen können.

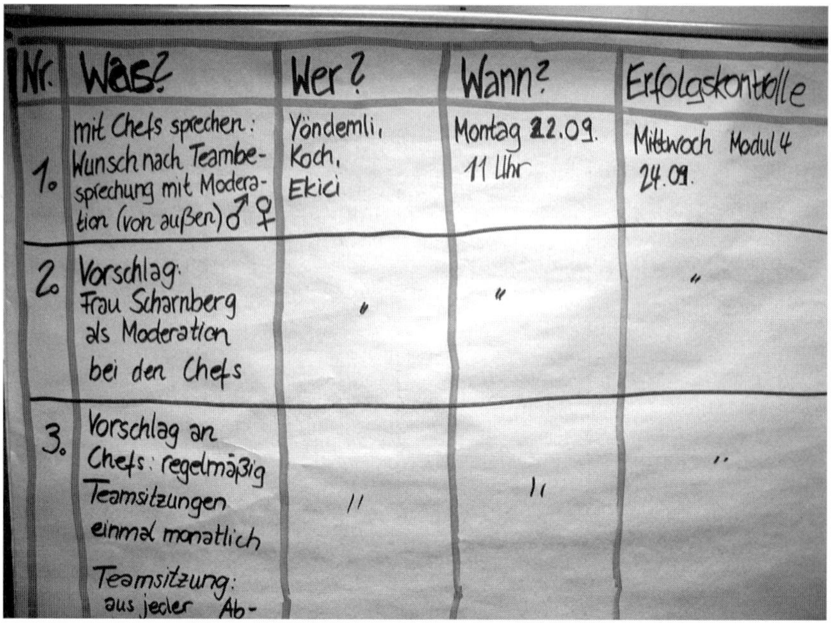

Nr.	Was?	Wer?	Wann?	Erfolgskontrolle
1.	mit Chefs sprechen: Wunsch nach Teambesprechung mit Moderation (von außen) ♂ ♀	Yöndemli, Koch, Ekici	Montag 22.09. 11 Uhr	Mittwoch Modul 4 24.09.
2.	Vorschlag: Frau Scharnberg als Moderation bei den Chefs	„	„	„
3.	Vorschlag an Chefs: regelmäßig Teamsitzungen einmal monatlich Teamsitzung: aus jeder Ab-	//	//	''

Abbildung 10: Beispiel aus der Trainingserprobung im Rahmen des ReSuM-Projekts

3.4.5.5 Gemeinsames Problemlösen im Arbeitsalltag verankern

➲ **Ziel:** Voraussetzungen für zukünftiges, gemeinsames Problemlösen im Arbeitsalltag klären
⏲ **Zeit:** ca. 10 Min.
◈ **Themen:** Voraussetzungen besprechen für eine problemorientierte Bewältigung von Stress
✐ **Material:** Eventuell Metaplanwand/Flipchart

Der Trainer erläutert, dass die Teilnehmer heute die Methode zum gemeinsamen Problemlösen gelernt haben. Damit sie die weiteren von ihnen gesammelten Probleme und zukünftige Stresssituationen gemeinsam bearbeiten können, müssen sie Strukturen dafür schaffen, z.B. Teamsitzungen wieder regelmäßiger durchzuführen, Wahl eines Moderators, der durch den Prozess führt. Auch hierfür kann ein Handlungsplan hilfreich sein, der ebenfalls

im folgenden Führungskräftemodul vorgestellt wird und den die Führungskraft aktiv unterstützen soll.

Nr.	Was?	Wer?	Wann?	Erfolgskontrolle
1	Teamsitzungen einmal im Monat durchführen	Erste Ansprache macht Herr Meier	Ein Termin mit dem Chef wird für nächste Woche terminiert (bis Ende KW x)	Info über das Gespräch in der darauffolgenden Gruppenbesprechung (KW y)
2				
3				

Abbildung 11: Beispiel für einen Handlungsplan zur Verankerung

3.4.5.6 Abschließende Bewegungsübung im Team

➲ Ziel:
Auflockerung und humorvoller Abschluss

⏱ Zeit: ca. 10 Min.

◈ Themen:
Ballübung

✎ Material:
Je ein großer Wasserball pro Team

Eine das Modul abschließende Bewegungsübung soll nun zur Auflockerung
und zum humorvollen Abschluss des Moduls durchgeführt werden.
Ziel ist es, als Team einen Wasserball so oft wie möglich zu treffen, ohne
dass der Ball auf den Boden fällt. Dabei ist darauf zu achten, dass ein Spie-
ler, der den Ball berührt hat, den Ball erst wieder berühren darf, wenn alle
anderen auch an der Reihe waren.
Es gibt drei Regeln:
1.   Ball nicht festhalten, sondern immer weiter werfen
2.   Der Ball darf den Boden nicht berühren
3.   Eine Person darf erst dann wieder den Ball berühren, wenn vorher
alle anderen Teammitglieder den Ball berührt oder getroffen haben

Die Teammitglieder müssen also eine selbstdefinierte Reihenfolge einhalten.

Die Teilnehmer dürfen sich vorher absprechen und eine Abfolge festlegen. Der Trainer teilt mit, dass die Teilnehmer ihm sagen, wann und wem er den Ball zuwerfen soll.

Beispiele für mögliche Reflexionsfragen:

- Wie entwickelte sich die erste Abfolge, die dann ausprobiert wurde?
- Gab es dominante Teammitglieder?
- Wie werden bei Ihnen üblicherweise Entscheidungen getroffen?

3.4.5.7 Abschluss

➲ **Ziel:** Vergegenwärtigung des Gelernten und Feedback der Teilnehmer
⏱ **Zeit:** ca. 10 Min.
◈**Themen:** Wiederholung der Modulinhalte Feedbackrunde
✎ **Material:**

Als Abschluss des Moduls fasst der Trainer zusammen, was die Teilnehmer aus der Sitzung mitnehmen sollten:

Zusammen-
fassung durch
den Trainer

Die Teilnehmer haben zu Beginn des Moduls nochmals die Bewertung ihrer Zusammenarbeit im Team betrachtet. Im heutigen Modul wurden vor allem die folgenden Ressourcen der Teamarbeit betont 1. Regelmäßig über die Arbeit und Zusammenarbeit sprechen, 2. Verantwortung übernehmen für das Arbeitsergebnis und Problemlösungen, 3. Probleme angehen, sobald sie erkannt sind, und 4. dem Team etwas zutrauen.

Die Teilnehmer haben die Schritte des systematischen, gemeinsamen Problemlösens kennengelernt. Der Trainer geht nochmals die wichtigsten Schritte des systematischen, gemeinsamen Problemlösens durch: 1. Problemanalyse, 2. Veränderungswunsch festlegen, 3. Lösungswege sammeln, 4. Lösungswege auswählen, 5. Handlungsplan erstellen.

Die Teilnehmer haben ein aktuelles Problem ihrer Arbeitsgruppe (oder ein individuelles Problem) durch systematisches Problemlösen bearbeitet (bzw. dabei zugesehen) und haben Lösungen gefunden, die sie in die Tat umsetzen werden.

Die Teilnehmer haben im Fall des gemeinsamen Problemlösens darüber nachgedacht, wie sie die Methode im Arbeitsalltag verankern, damit sie sie regelmäßig anwenden.

Die Teilnehmer sollen nun wie in Teammodul 1 und 2 selbst noch einmal zu Wort kommen und in einer Abschlussrunde ein Feedback zur Sitzung abge- ben. Die Runde wird wieder mit der Frage eingeleitet: **„Wenn mein Kollege mich fragt, was ich heute hier gelernt habe, würde ich folgendes sagen:"**

Der Trainer erinnert die Teilnehmer daran, zum nächsten Modul, Teammodul 4 ihre Bewegungspläne mitzubringen, damit der Bewegungspreis ermittelt werden kann.

3.5 Führungskräftemodul Teil 2: „WWW:WunderWaffeWertschätzung" – Wertschätzende Führung als Gesundheitsressource

3.5.1 Ziele des Moduls

Aufbauend auf den Ergebnissen des ersten Teilmoduls ist es das Ziel des zweiten Teils des Führungskräftemoduls, die Führungskräfte der Teams für das Thema Wertschätzende Kommunikation zu sensibilisieren und positive Unterstützungsmöglichkeiten zu erproben. Die Führungskräfte sollen am Ende des Moduls in der Lage sein, echte Wertschätzung von aufgesetzter Wertschätzung zu unterscheiden. Sie sollen verschiedene Ausdrucksformen der Wertschätzung kennen und wertschätzende Kommunikation in beispielhaften Situationen anwenden können. Das zweite Teilmodul sollte nach Teammodul 3 „Wir lösen Probleme!" durchgeführt werden, da im zweiten Teilmodul Bezug genommen wird auf Arbeitsergebnisse des Moduls 3. Zusammenfassend werden in diesem Teilmodul folgende Hauptziele definiert:

1. Vermittlung von praktischen Möglichkeiten respektvoller und wertschätzender Kommunikation
2. Erkennen der Bedeutung von Wertschätzung für Stressprävention
3. Unterscheidung echter und aufgesetzter Wertschätzung
4. Persönliche Stärken und Schwächen in den unterschiedlichen Ausdrucksformen einschätzen können
5. Anwenden wertschätzender Kommunikation in beispielhaften Situationen

Als Nebenziel gilt:

6. Verstehen, dass ein freundlicher, wertschätzender Umgang mit anderen meist auch dazu führt, dass andere freundlicher und wertschätzender mit mir umgehen

3.5.2 Der rote Faden des Trainings

Das zweigeteilte Führungskräftemodul ist die Ergänzung zu den Teammodulen. Es hat einerseits einen wichtigen informativen Charakter, weil es die Führungskräfte in Kenntnis darüber setzen soll, was die Beschäftigen in den Teammodulen 1 bis 4 vermittelt bekommen. Daneben steht die zentrale Frage im Vordergrund, was Führungskräfte tun können, um den Teamstress der Mitarbeiter positiv zu beeinflussen. Im zweiten Teil des Führungskräftemoduls steht die wertschätzende Kommunikation als Gesundheitsressource im Mittelpunkt. Es wird deutlich, dass jede/r seine persönlichen Erfahrungen und Ausdrucksformen für Wertschätzung hat. Diese bewusst wahrzunehmen und im Umgang mit Mitarbeitern gezielter einzusetzen, verbessert das Arbeitsklima und wirkt sich positiv auf die Motivation und Gesundheit der Mitarbeiter aus. Dieses Modul ist - wie auch die Teammodule 1 bis 4 - ressourcenfokussiert aufgebaut: Im Mittelpunkt steht die Führungskraft als Ressource für die Gesundheit der Mitarbeiter.

3.5.3 Ablaufplan

Führungskräftemodul, Teil 2

Nr.	Trainingseinheit	Ziele	Themen	Dauer in Min.	Form	Material	Wer
1.	Einstieg	Achtsamkeit für gesundheitsbewusstes Handeln herstellen	Handlungen für die eigene Gesundheit Handlungen für die Gesundheit der Mitarbeiter	10		Ausgefülltes Arbeitsblatt („Gesundheitsbewusstes Handeln") aus dem ersten Teilmodul F1: Ablauf des Moduls	
2.	Wertschätzung und Gesundheit	Bedeutung von Wertschätzung im Arbeitsleben aufzeigen	Wussten Sie schon? Bedeutung von Wertschätzung im Arbeitsleben für Motivation und Gesundheit	10	Plenum	F2, 3: Wussten Sie schon...	Trainer
3.	Erfahrungsaustausch zu echter Wertschätzung	Erkennen echter Wertschätzung	Wertschätzung: Erfahrungsaustausch	20	Plenum	F4: Wertschätzung ist ... F5: Wirkungen von Wertschätzung	Trainer + Teilnehmer

Führungskräftemodul, Teil 2

Nr.	Trainingseinheit	Ziele	Themen	Dauer in Min.	Form	Material	Wer
4.	Ausdrucksformen für Wertschätzung	Teilnehmer verstehen verschiedene Ausdrucksformen	Merkmale echter Wertschätzung zusammentragen Input zu Ausdrucksformen und -ebenen	20	Plenum	F6: Ausdrucksmöglichkeiten von Wertschätzung	Trainer + Teilnehmer
5.	Das Wertequadrat	Teilnehmer verstehen auf der sprachlichen Ebene eindeutige Wertschätzung	Das Wertequadrat: Ergänzung von Wertschätzung durch faire Kritik	15	Plenum	F7: Wertequadrat	Trainer
6.	Gesagt – gedacht	Wie oben	Übung anhand von vorformulierten Aussagesätzen	15	Plenum	Arbeitsblatt: „Gesagt – gedacht" Arbeitsblatt (Trainerversion): „Gesagt – gedacht"	Trainer + Teilnehmer
7.	Stärken- Schwächen-Analyse	Reflexion der eigenen Stärken und Schwächen im Umgang mit Wertschätzung	Reflexion der eigenen Stärken und Schwächen	15	Plenum	Arbeitsblatt: „Meine Stärken und Schwächen mit Wertschätzung"	Teilnehmer

Führungskräftemodul, Teil 2

Nr.	Trainingseinheit	Ziele	Themen	Dauer in Min.	Form	Material	Wer
8.	Individuelle Wertschätzungsformen erproben	Persönliche Ausdrucksformen von Wertschätzung werden erprobt	Individuelle Wertschätzungsformen erproben	45	Plenum	Lösungsvorschlag der Mitarbeiter aus Modul 3 oder Fallbeispiele Möglichkeiten 1-3 (Pausenraum) und dazu Trainerversionen Möglichkeiten 1-3 (Pausenraum)	Trainer + Teilnehmer
9.	Abschluss	Wertschätzung für die Teams formulieren	Flipchart erstellen: Was ich an meinem Team schätze	10	Plenum	leere Flipcharts orientiert an F8: Was ich an meinem Team schätze	Teilnehmer
	Variable Pause			20			

3.5.4 CHECKLISTE Führungskräftemodul Teil 2

Diese Materialien werden für das Modul benötigt!

bitte
abhaken!

Flipcharts/ Metapläne/ Power-Point-Präsentationen	
F1: Ablauf des Moduls	☐
F2, 3: Wussten Sie schon…	☐
F4: Wertschätzung ist…	☐
F5: Wirkungen von Wertschätzung	☐
F6: Ausdrucksmöglichkeiten von Wertschätzung	☐
F7: Wertequadrat	☐
F8: Was ich an meinem Team schätze	☐
Arbeitsblätter/ Infoblätter/ Beispielvorträge	
Arbeitsblatt: „Meine Stärken und Schwächen mit Wertschätzung"	☐
Arbeitsblatt: „Gesagt – gedacht"	☐
Arbeitsblatt (Trainerversion): „ Gesagt – gedacht"	☐
Fallbeispiel Mitarbeiter wollen Pausenraum neu gestalten - Möglichkeit 1: Finde ich gut, unterstütze ich	☐
Fallbeispiel Mitarbeiter wollen Pausenraum neu gestalten – Möglichkeit 2: Finde ich gut, kann aber nicht umgesetzt werden	☐
Fallbeispiel Mitarbeiter wollen Pausenraum neu gestalten – Möglichkeit 3: Finde ich schlecht, kann nicht umgesetzt werden (9)	☐
Trainerversion Fallbeispiel Mitarbeiter wollen Pausenraum neu gestalten - Möglichkeit 1: Finde ich gut, unterstütze ich (9)	☐
Trainerversion Fallbeispiel Mitarbeiter wollen Pausenraum neu gestalten – Möglichkeit 2: Finde ich gut, kann aber nicht umgesetzt werden	☐
Trainerversion Fallbeispiel Mitarbeiter wollen Pausenraum neu gestalten – Möglichkeit 3: Finde ich schlecht, kann nicht umgesetzt werden	☐
Ausgefülltes Arbeitsblatt („ Gesundheitsbewusstes Handeln") aus dem 1. Teilmodul	☐
Sonstiges	☐
Runde und eckige Karten	☐
Pinnnadeln	☐
Lösungen der MA aus Teammodul 3	☐

Ggf. Bonbon und Flipchart zur Wertschätzung der Führungskräfte aus Teammodul 2	☐
Stifte (Kugelschreiber, Bleistifte, Flipchart-Marker)	☐
Leere Metaplanwände, Flipcharts	☐
Leere Karten	☐

3.5.5 Praktische Durchführung

3.5.5.1 Einstieg

➲ **Ziel:** Achtsamkeit für gesundheitsbewusstes Handeln herstellen
⏱ **Zeit:** ca. 10 Min.
◈ **Themen:** Handlungen für die eigene Gesundheit Handlungen für die Gesundheit der Mitarbeiter
✐ **Material:** Ausgefülltes Arbeitsblatt: „Gesundheitsbewusstes Handeln" (aus Teilmodul 1) F1: Ablauf des Moduls

Der Trainer begrüßt die Teilnehmer. Er fragt nach dem ausgefüllten Arbeitsblatt aus dem ersten Teilmodul. Sollten die Teilnehmer die Blätter nicht dabei haben, macht der Trainer ohne Blätter eine kurze Gesprächsrunde zu der Frage: Was haben Sie für Ihre Gesundheit getan? Was haben Sie für die Gesundheit Ihrer Mitarbeiter getan? Das Gespräch sollte damit enden, dass der Trainer darauf hinweist, dass Achtsamkeit im Umgang mit der eigenen Gesundheit eine wichtige Voraussetzung dafür ist, auch auf die Gesundheit anderer zu achten. Dann fragt er, ob es rückblickend zum ersten Teilmodul noch Fragen oder Anmerkungen gibt. Diese sind ggf. zu beantworten. Danach gibt er einen kurzen Überblick über die Themen des zweiten Teilmoduls (Abbildung 1).

Ausdrucksformen von Wertschätzung	Stärken – Schwächen Analyse	Pause

Erfahrungsaustausch zu erlebter Wertschätzung		Ausdrucksformen erproben

Vorstellung		Abschluss

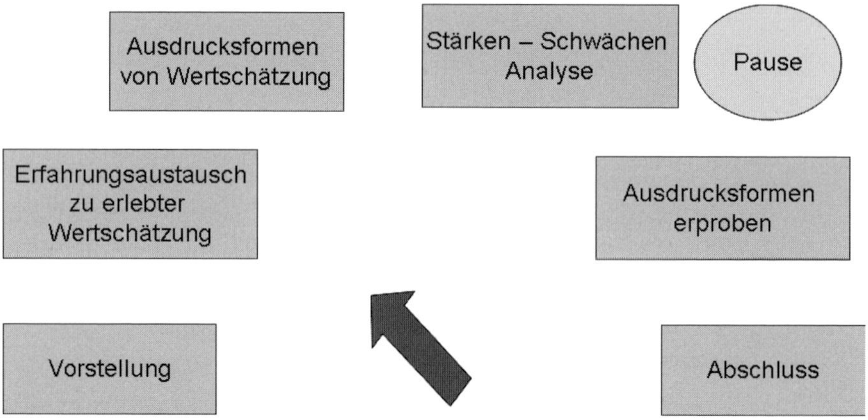

Abbildung 1: Ablauf des Moduls (F1)

3.5.5.2 Wertschätzung und Gesundheit

➲ **Ziel:**   Bedeutung von Wertschätzung im Arbeitsleben aufzeigen
⏱ **Zeit:** ca. 10 Min.
◈**Themen:**   Wussten sie schon ...?   Bedeutung von Wertschätzung im Arbeitsleben für Motivation und Gesundheit
✎ **Material:**   F2: Wussten Sie schon …   F3: Wussten Sie schon …

Den Führungskräften soll hier die Bedeutung von Wertschätzung für die Motivation und Gesundheit der Mitarbeiter nahegebracht werden.

Dazu werden zunächst die beiden Flipcharts / Folien F2 und F3, „Wussten Sie schon" (Abbildung 2,3) gezeigt und erläutert. Der Trainer weist darauf hin, dass alle Aussagen durch viele Untersuchungen in Deutschland und in anderen Ländern bestätigt wurden. Alle Untersuchungen belegen, dass Anerkennung und Wertschätzung wichtig sind, aber warum ist das so? Der Trainer sollte diese Frage stellen und damit zum nächsten Programmpunkt überleiten.

Wussten Sie schon ...

Dass ...

... Anerkennung, Aufstiegschancen und Lohn die drei
   wichtigsten Faktoren für Arbeitszufriedenheit und
   Wohlbefinden sind?

... Anerkennung den meisten Arbeitnehmer/innen wichtiger ist als Lohn?

... fehlende Wertschätzung krank machen kann?

➔ mehr Herz-Kreislauf-Erkrankungen

➔ mehr Muskel-Skelett-Erkrankungen

➔ mehr psychische Beschwerden

Wussten Sie schon ...

Dass Mitarbeiter, die sich bei der Arbeit wohlfühlen ...

... mehr leisten

... weniger Fehler machen

... innovativer und kreativer sind

... andere positiv anstecken

... freundlicher mit Kunden umgehen

... weniger Fehlzeiten haben

... länger arbeiten

Abbildungen. 2,3: Wussten Sie schon? Wertschätzung und Gesundheit (F2, F3)

Beispiel für die Erläuterung des Trainers:

Um die Frage, warum das so ist, zu beantworten, wollen wir uns im kommenden Programmpunkt mit Ihren persönlichen Erfahrungen mit Wertschätzung befassen.

3.5.5.3 Erfahrungsaustausch zu echter Wertschätzung

> **➲ Ziel:**
> Teilnehmer erkennen auf dem eigenen Erfahrungshintergrund, was Wertschätzung bewirkt und dass Wertschätzung mehr ist, als „jemanden zu loben"
>
> **⊘ Zeit:** ca. 20 Min.
>
> **◇Themen:**
> Wertschätzung: Erfahrungsaustausch
>
> **✐ Material:**
> F4: Wertschätzung ist ...
> F5: Wirkungen von Wertschätzung

In dieser Übung soll ein persönlicher Bezug zum Thema Wertschätzung hergestellt werden, um die Bedeutung und die Wirkungsweisen der Wertschätzung persönlich zu erkennen und gemeinsam zu klären, was Wertschätzung ausmacht.

Der Trainer bittet die Führungskräfte, sich an berufliche Situationen zu erinnern, in denen sie persönlich Anerkennung und Wertschätzung erfahren haben. Er begründet das damit, dass jeder Wertschätzung anders erlebt und dass Wertschätzung auf sehr unterschiedliche Arten ausgedrückt werden kann. Deswegen ist es wichtig, dass sich jeder selber überlegt, was für ihn oder sie eigentlich Wertschätzung bedeutet.

Der Trainer wartet, bis die Teilnehmer sich an eine Situation erinnert haben. Jeder soll dann mit wenigen Sätzen die Situation schildern und möglichst genau beschreiben, was die erhaltene Wertschätzung bei ihnen ausgelöst hat. Die Situationen sollen nicht langwierig erzählt werden, wichtiger ist, was die Wertschätzung mit ihnen selbst gemacht hat.

Anhand der Schilderungen der Teilnehmer arbeitet der Trainer heraus, was Wertschätzung ist und wie sie wirkt: Zunächst fasst er zusammen, was Wertschätzung ist, und zeigt dazu das vorbereitete Flipchart (Abbildung 4).

Wertschätzung bedeutet Respekt, (Hoch-)Achtung und Würdigung des Verhaltens oder der Leistung des anderen. Es ist eine <u>bewusste</u> Anerkennung des Gegenübers, und sie muss gezeigt werden. Sie wirkt umso mehr, je öffentlicher sie geäußert wird. Wertschätzung wirkt sehr intensiv. Warum ist Wertschätzung so wichtig?

Wertschätzung ist

- bewusste Anerkennung des Gegenübers
- gezeigter Respekt
- gezeigte (Hoch-)Achtung
- eine Würdigung des Verhaltens oder der Leistung des anderen

Abbildung 4: Wertschätzung ist … (F4)

Der Trainer zeigt nun das vorbereitete Flipchart/die Folie „Wirkungen von Wertschätzung" (Abbildung 5) und erläutert es.

Wirkungen von Wertschätzung

	Wunsch des Mitarbeiters	Die Umwelt (Führungskraft)	Gefühl beim Mitarbeiter	Handlung des Mitarbeiters
+	Hoher Selbstwert	Lob	Freude, Stolz	Aktivität: Selbstwert steigt
-	Hoher Selbstwert	Unfaire Kritik	Angst, Minderwertigkeit, Ärger	Rückzug: Selbstwert sinkt

Abbildung 5: Wirkungen von Wertschätzung (F5)

<u>Beispiel:</u>

Der Wunsch nach Anerkennung und Wertschätzung ist ein grundlegendes Bedürfnis jedes Menschen, weil jeder Mensch ein positives Bild von sich selbst haben möchte. Jede Bewertung von außen (positiv und negativ) ist für die eigene Identität und das Selbstwertgefühl wichtig: Wertschätzung lässt uns innerlich wachsen, macht uns stolz und glücklich. Werde ich häufiger gelobt, hat es positive Wirkungen auf meine innere Zuversicht und Selbstvertrauen – mein Selbstwert wächst. Werde ich häufiger kritisiert, kann das negative Auswirkungen haben: Ich fühle mich klein und schlecht – mein Selbstwert sinkt mit der Zeit.

Die Teilnehmer sollen möglichst dahin geführt werden, dass der Gelobte, der sich als Person in seinen Fähigkeiten gesehen fühlt, auch positiv auf das lobende Gegenüber reagiert. Jemand, der sich selber gut fühlt, geht auch mit anderen gut um. Hierzu kann der Trainer anhand der Abbildung die Frage stellen, ob die Führungskräfte sich noch erinnern, wie sie bei der erinnerten Situation auf das Lob bzw. die Wertschätzung reagiert haben.

3.5.5.4 Ausdrucksformen für Wertschätzung/Respekt

> ➲ **Ziel:**
> Teilnehmer verstehen, dass Wertschätzung verschiedene Ausdrucksformen hat, die sich gegenseitig ergänzen.
>
> ⊕ **Zeit:** ca. 20 Min.
>
> ◇**Themen:**
> Merkmale echter Wertschätzung zusammentragen
> Input zu Ausdrucksformen von Wertschätzung: Vorstellen der   Ausdrucksebenen
>
> ✐ **Material:**
> F6: Ausdrucksmöglichkeiten für Wertschätzung

Zentrales Anliegen dieses Bausteins ist es, den Führungskräften deutlich zu machen, dass Wertschätzung sich nicht auf sprachliches Loben reduzieren darf, sondern durch praktisches Handeln und durch den nichtsprachlichen Ausdruck ergänzt und begleitet werden muss, damit sie als echt und aufrichtig wahrgenommen wird.

Der Trainer bittet jetzt die Führungskräfte, sich genau zu überlegen, woran sie damals erkannt haben, dass es sich um aufrichtige und echte Wertschätzung gehandelt hat. Die Teilnehmer müssen ein wenig Zeit zum Überlegen haben, dann sammelt der Trainer die Teilnehmeräußerungen auf einem Flipchart. Er sollte darauf achten, dass nicht nur Hinweise auf verbales Loben kommen, er muss ggf. weiter fragen. Es sollten auf jeden Fall auch nonverbale und situationsgebundene Merkmale genannt werden.

Beispiel:

Neben einem Lob, was ist noch wichtig, damit ich dem anderen glaube, dass er ernst meint, was er sagt?

Nach der Sammlung am Flipchart wird eine vorbereitete Metaplanwand gezeigt, die die verschiedenen Ausdrucksebenen von Wertschätzung, „Fühlen", „Denken/Sprechen" und „Handeln", in der Übersicht darstellen (folgendes Wandzeitungsbeispiel). Der Trainer weist darauf hin, dass es wichtig ist, Wertschätzung auf möglichst <u>allen</u> Ebenen zum Ausdruck zu bringen, um die Glaubwürdigkeit des gesprochenen Wortes und die Stimmigkeit der Wertschätzung zu erhöhen. Dabei spielt es eine große Rolle, dass das alltägliche Handeln mit dem gesprochenen Wort übereinstimmt: Arbeit loben und kurz danach den Arbeitsbereich auflösen, widerspricht sich. Auch der nichtsprachliche Ausdruck muss zum sprachlichen Ausdruck passen: Ein abwertender Ton oder Blick und Lob passen nicht zusammen. In dem Wandzeitungsbeispiel sollen die Pfeile zwischen den Ovalen „Fühlen", „Denken/Sprechen" und „Handeln" diese Abhängigkeit und die Stimmigkeit der Ausdrucksebenen untereinander zum Ausdruck bringen.

Bei der Ausdrucksebene „Denken/Sprechen" kann der Trainer den Hinweis geben, dass das gesprochene Wort mit dem, was man denkt, so eng zusammenhängt, dass man es als eine Ausdrucksebene bezeichnen kann. Zu Missverständnissen kann es kommen, wenn man etwas anderes denkt, als man sagen will. Deswegen sollte man sich bevor man anderen eine positive, wertschätzende Rückmeldung gibt, bewusst machen, was man wirklich denkt. Der Trainer kann hier den Hinweis geben, dass hierzu im Anschluss eine Übung (Gesagt – gedacht) gemacht wird.

Es sollte schließlich auch betont werden, dass es immer von der konkreten Situation abhängig ist, welchen Aspekt der Wertschätzung man gerade besonders zum Ausdruck bringt (manchmal reicht ein kurzer, anerkennender Blick).

Die Metaplanwand enthält die gleichen Kategorien wie das Arbeitsblatt „Meine Stärken und Schwächen im Umgang mit Wertschätzung". Dieses wird am Anschluss an die Teilnehmer verteilt und durchgesprochen. Bei der Besprechung sollten die konkreten Verhaltensweisen noch einmal vorgelesen und ggf. diskutiert werden. Bei dem Thema Wertschätzung im Denken und Sprechen sollte der Trainer hervorheben, dass es wichtig ist, genau zu sagen, was gut war, und zu begründen, warum es gut war. Wenn ein Lob zu allgemein und vage ausgesprochen wird, kann der Angesprochene nicht viel damit anfangen. Abbildung 6 zeigt ein Beispiel für die Metaplanwand zu Ausdrucksmöglichkeiten für Wertschätzung.

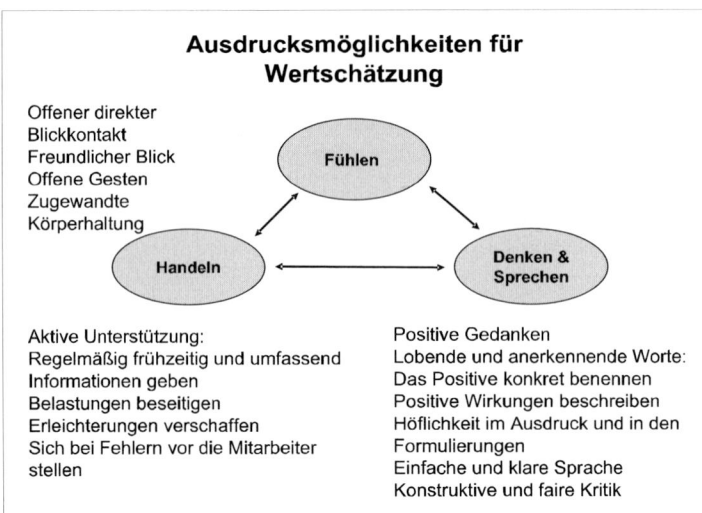

Ausdrucksmöglichkeiten für Wertschätzung

Offener direkter
Blickkontakt
Freundlicher Blick
Offene Gesten
Zugewandte
Körperhaltung

Fühlen

Handeln

Denken &
Sprechen

Aktive Unterstützung:
Regelmäßig frühzeitig und umfassend
Informationen geben
Belastungen beseitigen
Erleichterungen verschaffen
Sich bei Fehlern vor die Mitarbeiter
stellen

Positive Gedanken
Lobende und anerkennende Worte:
Das Positive konkret benennen
Positive Wirkungen beschreiben
Höflichkeit im Ausdruck und in den
Formulierungen
Einfache und klare Sprache
Konstruktive und faire Kritik

Abbildung 6: Ausdrucksmöglichkeiten für Wertschätzung und Respekt (F6)

In diesem Programmteil kann auch behandelt werden, dass die Fähigkeit, andere wertzuschätzen, sehr viel damit zu tun hat, wie man mit sich selbst umgeht. Wer sich selbst nicht akzeptiert und an sich selbst nie erreichbare Forderungen stellt, kann auch andere selten in ihrer Leistung objektiv betrachten.

Bei der Erarbeitung der Ausdrucksmöglichkeiten für Wertschätzung kann der Trainer den Führungskräften mitteilen, dass die Teams in Teammodul 2 sich auch mit der Frage des wertschätzenden Umgangs befassen.

3.5.5.5 Das Wertequadrat

➲ **Ziel:**
Teilnehmer verstehen und erkennen, dass Wertschätzung ergänzt werden muss durch faire Kritik

🕐 **Zeit:** ca. 15 Min.

◇**Themen:**
Das Wertequadrat: Ergänzung von Wertschätzung durch faire Kritik

✐ **Material:**
F7: Wertequadrat

Die Führungskräfte sollen verstehen, dass Lob allein nicht reicht und durch faire Kritik ergänzt werden muss. Hierzu wird das Wertequadrat vorgestellt. Abbildung 7 zeigt ein Beispiel für das Flip-Chart „Das Wertequadrat".

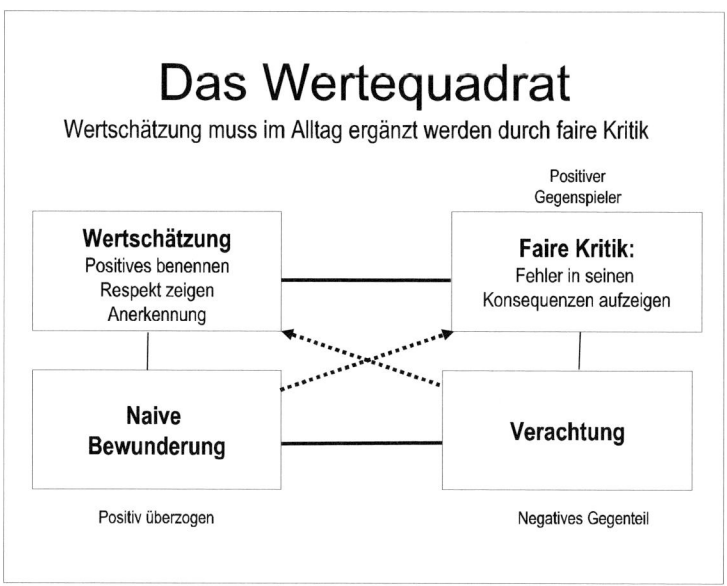

Abbildung 7: Das Wertequadrat: Wertschätzung und faire Kritik (F7)

Das Wertequadrat kann folgende Eckpunkte haben und wie folgt erläutert werden:

Beispiel für die Erläuterung des Trainers:

Lob ist gut, wird aber nicht mehr ernst genommen, wenn es nicht ergänzt wird durch faire Kritik. Wertschätzung und faire Kritik können als positive Tugenden beschrieben werden, die sich gegenüberstehen, während naive Bewunderung und Verachtung die jeweiligen Untugenden sind, die entstehen, wenn man die Tugenden „übertreibt". Das bedeutet, dass Wertschätzung ohne faire Kritik in ein Extrem kippt (hier naive Bewunderung). Naive Bewunderung wird vom Gegenüber nicht mehr ernst genommen, die Wertschätzung wird „wertlos". Andererseits ist die Extremausprägung von Kritik Verachtung, die sich ergibt, wenn nur kritisiert wird und man kein gutes Haar am anderen lässt. Verachtung ist schmerzhaft und wird normalerweise abgewehrt. Das heißt: Wenn jemand nur kritisiert und rumnörgelt, nehme ich die Kritik nicht ernst und wehre sie ab. Anders herum: Ich kann von jemandem, der mich auch lobt, besser Kritik annehmen und nehme die Kritik ernster.

Hierbei kann auch erwähnt werden, dass unrealistisches Loben auch negative Folgen im Sinne einer Selbstüberschätzung des Gegenübers haben kann. Das bedeutet, dass derjenige, der lobt, das rechte Maß finden muss: Hier gilt nicht das Gießkannenprinzip, sondern die Führungskräfte müssen mit Fingerspitzengefühl Wertschätzung in Abhängigkeit von der Situation und der Person sehr bewusst dosieren.

Beim Thema Faire Kritik als Ergänzung zur Wertschätzung muss der Trainer die Führungskräfte über die zeitliche Dimension des Themas informieren: Es muss und darf nicht jedes Lob sofort durch eine kritische Äußerung ergänzt werden, das würde sogar zur Entwertung von Lob führen (Beispiel: Heute hast du eine sehr gute Leistung gebracht, aber gestern und vorgestern, da war deine Leistung unterdurchschnittlich). Lob und Kritik sind zeitlich möglichst voneinander zu trennen. Kritik muss zeitnah zur Situation, die Kritik verlangt, angebracht werden, Lob sollte ebenso zeitnah zur Situation, die Lob verlangt, angebracht werden.

An dieser Stelle kann die Diskussion aufkommen: Was tun, wenn es nichts zu loben gibt? Hier sollte der Trainer zunächst in die Runde fragen, was die anderen Führungskräfte dazu meinen. Meistens wird gesagt, dass es immer etwas Positives gibt, dass man nur genau hinsehen muss. Es kann außerdem hilfreich sein, sich als Führungskraft die Fragen zu beantworten: Was schätzen vielleicht die Kollegen, Freunde oder die Familie an dem Mitarbeiter? Was an seinem Verhalten ist normal?

3.5.5.6 Gesagt – gedacht

➲ **Ziel:**
Teilnehmer erkennen, was auf der sprachlichen Ebene eindeutige Wertschätzung ist
☺ **Zeit:** ca. 15 Min.
◇**Themen:** Praktische Übung anhand von vorformulierten Aussagesätzen
✐ **Material:** Arbeitsblatt: „Gesagt – gedacht" Arbeitsblatt (Trainerversion): „Gesagt – gedacht"

Mit der Übung „Gesagt – gedacht" wird für Widersprüche sensibilisiert, zwischen dem, was man sagen will, und dem, was man „eigentlich denkt". Es wird überprüft, ob eine Aussage wertschätzend ist oder nicht oder ob sie sogar verdeckt abwertend gemeint ist.

Dazu verteilt der Trainer das Arbeitsblatt: „Gesagt – gedacht?" (☞CD). Der Trainer nimmt das Trainerblatt „Gesagt – gedacht" (☞ Trainerversion: „Gesagt - gedacht", CD) und liest nun mit richtiger Betonung jeden einzelnen Satz vor und lässt die Teilnehmer auf ihren Blättern nach jedem Satz ankreuzen, ob der Satz wertschätzend gemeint ist oder nicht. Nachdem alle Sätze verlesen und bewertet wurden, geht der Trainer jeden Satz noch ein-

244

mal durch und fragt die Führungskräfte, wie sie angekreuzt haben und warum der Satz wertschätzend ist oder nicht. Das Trainerblatt enthält Erklärungen zu den jeweiligen Sätzen. Im Sinne einer Anregung liest der Trainer dann den jeweiligen Verbesserungsvorschlag vor und fragt die Führungskräfte, ob der Satz jetzt besser ist. Der Trainer kann sich hier auch selber Beispiele überlegen, die aufgeführten können dann als Anregung dienen. Am Ende der Übung weist der Trainer darauf hin, dass die Übung gezeigt hat, dass es oft nicht einfach ist, Wertschätzung auszudrücken. Deswegen soll in den kommenden Programmpunkten die Übung an einem konkreten Beispiel vertieft werden.

3.5.5.7 Stärken-Schwächen-Analyse

➲ **Ziel:**
Teilnehmer beurteilen ihre Stärken und Schwächen im Umgang mit Wertschätzung

⌚ **Zeit:** ca. 15 Min.

◈**Themen:**
Reflexion der eigenen Stärken und Schwächen im Umgang mit Wertschätzung

✎ **Material:**
Arbeitsblatt: „Meine Stärken und Schwächen mit Wertschätzung"

Die folgende Stärken-Schwächen-Analyse dient als Fokussierung, worauf bei der kommenden Übung besonders geachtet werden sollte.
Die Führungskräfte werden nun gebeten, das Arbeitsblatt „Meine Stärken und Schwächen mit Wertschätzung" (☞CD) zu bearbeiten. Hierzu fragt der Trainer, wie häufig die Führungskräfte in ihrem Arbeitsalltag folgende Aspekte der Wertschätzung zum Ausdruck bringen.

<u>Beispiel:</u>

Wie wir bis jetzt erarbeitet haben, gibt es viele verschiedene Wege, Mitarbeitern zu zeigen, dass man sie versteht und schätzt. Vieles davon wenden Sie sicherlich in Ihrem Alltag an, ohne sich das täglich bewusst zu machen. Wenn Sie mal auf die letzte Zeit zurückblicken: Was von den auf dem Infoblatt stehenden Aspekten wenden sie an? Was können Sie gut, woran könnten Sie noch arbeiten?

Nachdem die Teilnehmer das Arbeitsblatt ausgefüllt haben, fragt der Trainer in die Runde, wer in welchen Ausdrucksformen gut ist und wo Verbesserungsmöglichkeiten bestehen. Darauf weist der Trainer auf die folgende Übung hin, die dazu dienen soll, an einem konkreten Fall zu überlegen, wie man es besser machen kann.

3.5.5.8 Individuelle Wertschätzungsformen erproben

➲ **Ziel:**   Persönliche Ausdrucksformen von Wertschätzung werden erprobt
⏱ **Zeit:** ca. 45 Min.
◈ **Themen:**   Individuelle Wertschätzungsformen erproben
✐ **Material:**   Lösungsvorschlag der Mitarbeiter aus Teammodul 3 oder   Fallbeispiele Möglichkeiten 1-3 (Pausenraum) und dazu   Fallbeispiele (Trainerversionen) Möglichkeiten 1-3 (Pausenraum)

Kommunikations-anlässe auswählen

Mit dieser Übung soll der Transfer in die Praxis sichergestellt werden. Die Führungskräfte sollen anhand möglichst realer Beispiele persönliche Ausdrucksformen erproben. Für diesen Übungsabschnitt gibt es zwei Varianten, die je nach Situation eingesetzt werden können: Variante 1 ist geeignet, wenn es konkrete Lösungsvorschläge aus Teammodul 3 gibt, die hier bearbeitet werden können. Variante 2 ist dann geeignet, wenn es keine konkreten Lösungsvorschläge aus Teammodul 3 gibt.

Variante 1: Lösungsvorschläge aus Teammodul 3 liegen vor.

Stärken-Schwächen-Analyse

Der Trainer weist darauf hin, dass die Mitarbeiter als ein Ergebnis von Teammodul 3 einen Lösungsvorschlag zum Abbau einer Belastung erarbeitet haben. Der Trainer erzählt den Führungskräften, um welche Belastung es sich handelt und welche Lösungen die Mitarbeiter erarbeitet haben. Er fragt daraufhin die Führungskräfte, wer von ihnen für die Weiterverfolgung des Lösungsvorschlags am ehesten zuständig ist. Diese Führungskraft sollte dann im Mittelpunkt der Übung stehen.

Der Trainer stellt nun folgende konkrete Fragen:

Beispiel:

Stellen Sie sich vor, Sie sitzen mit Ihrem Team zusammen und das Team hat Ihnen gerade das Problem und den Lösungsvorschlag präsentiert. Wie finden Sie persönlich den Vorschlag? Auf dem Hintergrund Ihrer persönli-

246

chen Bewertung des Vorschlags: Wie können Sie jetzt den Vorschlag angemessen und realistisch würdigen?

- Was können Sie sagen?
- Wie können Sie es sagen?
- Was können Sie praktisch tun, um die Lösungsidee des Teams zu unterstützen?
- Was werden Sie tun, um es wirklich umzusetzen?

Der Trainer achtet darauf, dass möglichst alle Aspekte wertschätzender Kommunikation (fühlen, denken und sprechen, handeln) entsprechend der vorangegangenen Übung auf das konkrete Änderungsanliegen des Teams übertragen werden. Außerdem sollte der Trainer unbedingt darauf achten, dass der zu lobende Sachverhalt konkret beschrieben und begründet wird.
Nachdem eine Führungskraft ihre Antworten formuliert hat, werden die anderen Führungskräfte gefragt, wie sie die Reaktionen fanden und ob sie noch konkrete Verbesserungsvorschläge haben.

Es sollten von den Führungskräften ganze Sätze formuliert werden, wie sie auf die Lösungsvorschläge der Gruppen reagieren. Es sollte vom Trainer außerdem genau darauf geachtet werden, wie das Gesagte mimisch und gestisch passend begleitet wird. Auch hierzu sollte der Trainer eine kurze Rückmeldung geben.

Variante 2: Lösungsvorschläge aus Teammodul 3 liegen nicht vor.
Der Trainer bearbeitet mit den Führungskräften die verschiedenen Reaktionsweisen für den Fall: „Mitarbeiter wollen einen Pausenraum neu gestalten."
Die drei Reaktionsweisen unterscheiden sich jeweils danach, wie die Führungskraft die Lösung beurteilt. Für jede der aufgezeigten Reaktionsweisen gibt es auf der CD ein Arbeitsblatt (☞ Trainerversion M1-M3), das mögliche Reaktionsweisen beschreibt.
Die Führungskraft findet den Vorschlag gut und will ihn unterstützen.

- Die Führungskraft findet den Vorschlag gut und kann ihn aber nicht umsetzen.
- Die Führungskraft findet den Vorschlag schlecht, weil er nicht umsetzbar ist.

Die Führungskräfte sollen sich nun in drei Gruppen aufteilen, jede Gruppe übernimmt einen Fall und erhält ein dazugehöriges leeres Arbeitsblatt (☞ Fallbeispiele Möglichkeiten1-3, CD)_: Gruppe 1 erhält das Arbeitsblatt „Möglichkeit 1", Gruppe 2 erhält das Arbeitsblatt „Möglichkeit 2", Gruppe 3 erhält das Arbeitsblatt „Möglichkeit 3". Nun sollen sich die drei Gruppen überlegen, was sie in der jeweiligen Situation auf dem Hintergrund der vorgegebenen Gefühle und Gedanken sagen und tun würden, und es in das Antwortblatt schreiben.

Danach lesen sich die Führungskräfte ihre Vorschläge gegenseitig vor. Sollte es keine oder ungeeignete Vorschläge geben, kann der Trainer selber Formulierungsvorschläge unterbreiten, die er den Trainerantwortblättern 3 „Pausenraum" entnimmt.

Am Ende der Übung soll deutlich sein, dass je nach Bewertung der Situation Wertschätzung unterschiedlich ausgedrückt werden muss: Auch wenn ich einen Lösungsvorschlag schlecht finde, kann ich Formulierungen finden, die respektvoll und anerkennend sind. Hilfreich ist bei den Lösungsvorschlägen, die als nicht umsetzbar eingeschätzt werden, dass die Führungskraft mit konstruktiver Kritik weiterhilft und nicht einfach eine Ablehnung formuliert.

3.5.5.9 Abschluss

⊃ **Ziel:** Wertschätzung für die Teams formulieren
⊕ **Zeit:** ca. 10 Min.
◇**Themen:** Flipchart erstellen: Was ich an meinem Team schätze
✎ **Material:** Leere Flipcharts orientiert an F8: Was ich an meinem Team schätze

Im Modul wurde deutlich, dass eine zentrale Voraussetzung für echte und aufrichtige Wertschätzung eine positive innere Haltung der Führungskräfte ist. Deswegen sollen die Führungskräfte abschließend ihre Haltung in Bezug auf ihre Teams positiv überdenken und konkret ausformulieren. Jede Führungskraft wird gebeten, sich konkret zu überlegen, was sie an den Teams,

Wertschätzung für die Teams auflisten

die sie betreuen, schätzen. Für jedes Team wird ein Flipchart geschrieben, das später den Mitarbeitern entweder in Teammodul 4 überreicht wird oder das die Führungskräfte selber überreichen. Hierzu soll jede Führungskraft die Fragen auf dem Flipchart beantworten. Besonders die letzte Frage soll beantwortet werden, da sie die Wirkungen des zu Lobenden beschreibt. Abbildung 8 zeigt ein Beispiel für das Flipchart: Was ich an meinem Team schätze.

Am Ende wird der Führungskraft der „Bonbon" mit den positiven Äußerungen der Teams überreicht, der in der Abschlussübung in Teammodul 2 erarbeitet wurde.

In den Kurzpausen können kleine Bewegungsübungen gemacht werden, die auch mit den Teams in Teammodul 1 geübt wurden, damit die Führungskräfte wissen, was die Teams gelernt haben.

Was ich an meinem Team schätze ...

Das kann das Team gut:

Das läuft gut im Team:

Das macht es mir als Führungskraft leicht:

Abbildung 8: Flipchart: Was ich an meinem Team schätze (F8)

3.6 Teammodul 4: „Mein Leben im Griff"- Ziele planen und verwirklichen

3.6.1 Ziele des Moduls

„Mein Leben im Griff" - Ziele planen und verwirklichen heißt das letzte Team-modul. Ziele spielen eine bedeutende Rolle für die lebenslange Persönlich-keits- und Gesundheitsförderung und eine ausgeglichene Work-Life-Balan-ce.

Die Teilnehmer sollen daher in diesem Modul persönliche Bedürfnisse und Wünsche in ihrem Leben reflektieren (1), ein aktuelles und wichtiges persön-liches Ziel formulieren (2) und für dieses Ziel einen Umsetzungsplan entwi-ckeln (3). Diese Fähigkeit stellt eine wichtige langfristige Stressbewälti-gungsstrategie dar. Die dafür geforderte aktive Auseinandersetzung mit per-sönlichen Lebensinhalten und -zielen setzt bei den Teilnehmer die Bereit-schaft zur aktiven Mitarbeit voraus.

Hier die zusammengefassten Hauptziele:
1.   Reflexion persönlicher Bedürfnisse und Wünsche
2.   Formulierung eines individuellen Ziels
3.   Erarbeitung eines Plan zur Umsetzung dieses Ziels

3.6.2 Der rote Faden des Trainings

Am Ende des Trainings schließt sich der Kreis zum Trainingsbeginn, indem hier wieder - wie in Teammodul 1 - die individuelle Person fokussiert wird. In Teammodul 2 und 3 wurden die Teamarbeit und ihre Ressourcen sowie Stressbewältigung im Team behandelt.

Die Verbindung der Module besteht darin, dass Stresserleben und Ressour-cennutzung im Training ganzheitlich betrachtet werden sollen. Stress ent-steht nicht nur bei der Arbeit, sondern auch im Privatleben. Zielfindung, -pla-nung und -erreichung sind eng mit Stresserleben und Ressourcen verknüpft, denn Ziele schaffen Achtsamkeit, Motivation, Zufriedenheit und können so-mit Stressfolgen vorbeugen bzw. abmildern.

3.6.3 Ablaufplan

Teammodul 4

Nr.	Trainingseinheit	Ziele	Themen	Dauer in Min.	Form	Material	Wer
1.	Begrüßung und Einstieg		Begrüßung und Einstieg Einsammeln der Bewegungspläne Bezug zum Führungskräftemodul Übersicht über Gesamtablauf und Modul	20	Plenum	F1: Wetterkarte Klebepunkte F2: Ablauf des Gesamttrainings F3: Ablauf des Moduls Flipchart(s) aus FK-Modul	Trainer +Teilnehmer
2.	Die wichtigen Dinge des Lebens	Einstieg ins Thema	Abfrage der wichtigen Dinge des Lebens	30	Plenum	Wolke „Die wichtigen Dinge des Lebens" Leere Metaplanwand Leere und vorbereitete Karten Stifte (Flipchart-Marker)	Trainer +Teilnehmer

Teammodul 4

Nr.	Trainingseinheit	Ziele	Themen	Dauer in Min.	Form	Material	Wer
3.	Das Haus des Lebens	Sensibilisieren für die vier Lebensbereiche Ausgangsanalyse	Übung zur Ausgangsanalyse: Wie sehen meine vier Lebensbereiche aus?	20	Plenum	F4: Das Haus des Lebens Arbeitsblatt: „Das Haus des Lebens" Arbeitsblatt : „Mein Haus des Lebens"	Trainer +Teilnehmer
	Bewegungspause	Auflockerung	Luftballon-Volleyballmatch	10	Plenum	6 Luftballons Schnur oder 2 Metaplanwände als „Volleyballnetz"	Trainer +Teilnehmer
4.	Zielsetzung	Siehe unten	Siehe unten	25	Siehe unten	Siehe unten	siehe unten
4.1	Information zu Zielsetzung	Veränderungsmotivation herstellen Information	Input zu Zielen, zur Zielformulierung und zur Zielumsetzung	10	Plenum	F5: Zielkriterien „Gute Ziele …"	Trainer
4.2	Zielsetzung und Zielformulierung	Methode zur Zielsetzung kennenlernen individuelle Zielsetzung	Formulierung eines persönlichen Ziels	15	Einzelarbeit im Plenum	Arbeitsblatt : „Mein Ziel"	Trainer +Teilnehmer
	Bewegungspause	Auflockerung	„Pferderennen"	5			Trainer +Teilnehmer

Teammodul 4

Nr.	Trainingseinheit	Ziele	Themen	Dauer in Min.	Form	Material	Wer
5	Mein Plan zur Zielerreichung	Entwickeln eines individuellen Plans zur Zielerreichung	Plan zur Zielerreichung	10	Einzelarbeit im Plenum	Arbeitsblatt : „Mein Plan zur Zielerreichung"	Trainer +Teilnehmer
6	Erfolgskontrolle	Bedeutung und Durchführung der Erfolgskontrolle	Einführung in die Erfolgkontrolle Dokumentation und Bewertung der Zielerreichung	5	Plenum	Arbeitsblatt : „Erfolgskontrolle"	Trainer +Teilnehmer
7	Quiz	Auflockerung Wiederholung	Wissensabfrage	10	Plenum	Quizfragen Je 1 rote und 1 grüne Karte pro Teilnehmer Preis für das Siegerteam	Trainer +Teilnehmer
8	Feedback zum Training	Rückblick Ausblick	Trainer- und Teilnehmerrückmeldung	20	Plenum	Infoblatt Modul 4 F6: Feedbackfragen „Zum Schluss ..." Fotobuch oder andere Erinnerung	Trainer +Teilnehmer
	Variable Pause			25			

3.6.4 CHECKLISTE Teammodul 4

Diese Materialien werden für das Modul benötigt!

Flipcharts/ Metapläne/ Power-Point-Präsentationen	
F1: Wetterkarte	☐
F2: Ablaufplan des Gesamttrainings	☐
F3: Ablauf des Moduls	☐
F4: Das Haus des Lebens	☐
F5: Zielkriterien „Gute Ziele ..."	☐
F6: Feedbackfragen „Zum Schluss ..."	☐
Ausgefülltes Flipchart aus dem Führungskräftemodul, Teil 2: „Was ich an meinem Team schätze"	☐
Arbeitsblätter/ Infoblätter/ Beispielvorträge	
Arbeitsblatt: „Das Haus des Lebens"	☐
Arbeitsblatt: „Ihr Haus des Lebens"	☐
Arbeitsblatt: „Mein Ziel"	☐
Arbeitsblatt: „Mein Plan zur Zielerreichung"	☐
Arbeitsblatt: „Erfolgskontrolle"	☐
Infoblatt Modul 4	☐
Sonstiges	
Klebepunkte	☐
Wolke	☐
Kugelschreiber für die Teilnehmer	☐
Luftballons	☐
Karten (rot), jeweils eine pro Teilnehmer/in	☐
Karten (grün), jeweils eine pro Teilnehmer/in	☐
Karten (gelb), jeweils eine pro Teilnehmer/in	☐
Vorbereitete Karten zu den Lebensbereichen	☐
Quizfragen	☐
Kleines Präsent für das Quiz (z.B. Gummibären)	☐
Präsent zum Trainingsabschluss (z.B. Fotobuch, Pokal)	☐

Bitte
abhaken!

256

3.6.5 Praktische Durchführung

3.6.5.1 Begrüßung und Ablauf

➲ Ziel:

Schaffen von Transparenz

Anknüpfen an Teammodul 3 und Führungskräfte-Modul

⊘ Zeit: ca. 20 Min.

◇Themen:

Begrüßung und Einstieg; Einsammeln der Bewegungspläne

Bezug zum Führungskräfte-Modul: WWW – Wertschätzung

Übersicht über Gesamtablauf

Ablauf des Moduls

✒ Material:

F1: Wetterkarte

Klebepunkte

F2: Ablauf des Gesamttrainings

F3: Ablauf des Moduls

Flipchart(s) aus dem Führungskräfte-Modul

Das Teammodul beginnt wie die Teammodule 1 bis 3 mit der Begrüßung durch den Trainer. Nach der Begrüßung wird den Teilnehmern das Flipchart „Wetterkarte – Wie geht es Ihnen heute" gezeigt und jeder Teilnehmer wird gebeten, einen Klebepunkt auf die Stelle auf dem Flipchart zu kleben, die seiner inneren Stimmung entspricht. Falls jemand bei „Regenwetter" oder „Gewitter" einen Punkt klebt, sollte der Trainer nachfragen, aus welchem Grund die Stimmung derzeit eher einem „Regenwetter" entspricht.

Der Trainer fragt anschließend nach Erfolgen und Problemen bei der Umsetzung der in Teammodul 3 erarbeiteten Problemlösungen: z.B. „Was war bereits umsetzbar? Gab es Gespräche mit Kollegen?"

Zudem fragt der Trainer nach den Bewegungsplänen, die eingesammelt werden, um den Bewegungspreis zu bestimmen, der entweder in Teammodul 4 noch oder, und das ist die bessere Variante, in der Follow-up Veranstaltung vergeben wird.

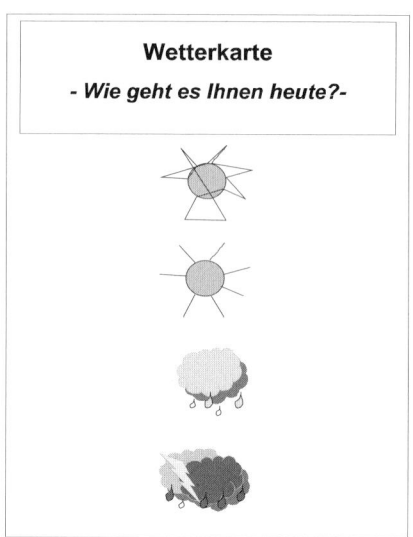

Abbildung 1: „Wetterkarte – Wie geht es Ihnen heute?" (F1)

Bezug zum Führungskräftemodul: WWW – Wertschätzung

Im zweiten Schritt werden die Teilnehmer kurz über den Inhalt und den Verlauf des Führungskräftemoduls informiert. Der Trainer fasst die Inhalte des Führungskräftemoduls zusammen. Darüber hinaus wird den Teilnehmern das Flipchart der Führungskräfte überreicht und gemeinsam besprochen. Auf dem Flipchart stehen Aspekte, die die Führungskräfte an ihren Mitarbeitern wertschätzen.

 Falls mehrere Teams am Training teilnehmen und mehrere Führungskräfte-Flipcharts verteilt werden, sollte der Trainer den Teilnehmern die Möglichkeit geben, sich über die Flipcharts auszutauschen.

Im dritten Schritt wird den Teilnehmern wieder der Gesamtüberblick über die Teammodule gegeben (Abbildung 2). Der Trainer greift die Inhalte der vorangegangenen Teammodule (Stress und Bewegung, Soziale Unterstützung im Team und gemeinsame Problembewältigung) noch einmal auf und erklärt anschließend, wie sich Teammodul 4 in den Gesamtablauf einreiht.
Die Verbindung der Module besteht darin, dass Stresserleben und Ressourcennutzung im Training ganzheitlich betrachtet werden sollen. Stress entsteht nicht nur bei der Arbeit, sondern auch im Privatleben. Der Schwerpunkt des Moduls liegt auf der Entwicklung von Perspektiven und Lebenszielen für eine positive und ausgeglichene Verkopplung der Bereiche Arbeit und Privatleben.
Das Planen und Umsetzen von Lebenszielen stellt eine bedeutsame, lang-

258

fristig wirksame Stressbewältigungsstrategie dar. Zielfindung, -planung und -erreichung sind eng mit Stresserleben und Ressourcen verknüpft, denn Ziele schaffen Achtsamkeit, Motivation, Zufriedenheit und können somit Stressfolgen und Unzufriedenheit vorbeugen bzw. abmildern.

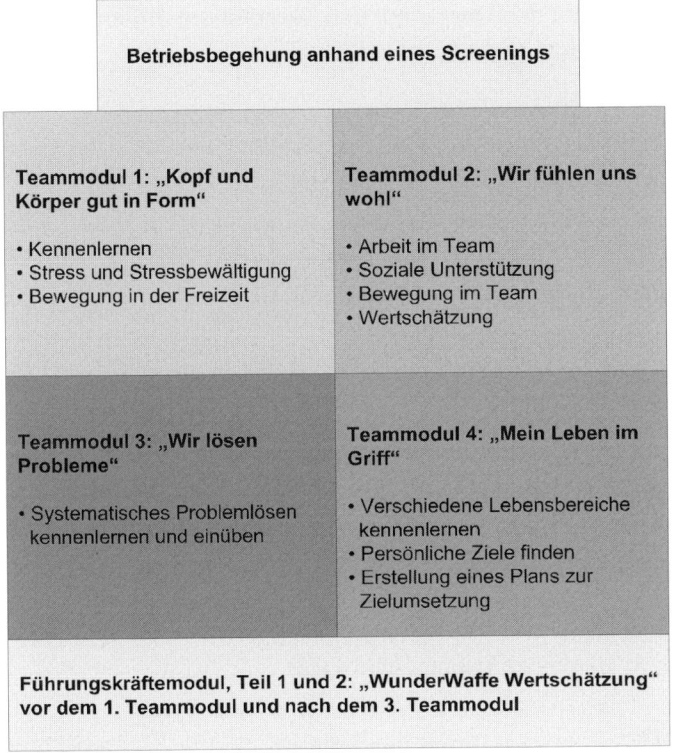

Abbildung 2: Ablauf des Trainings (F2)

Beispiel für die Erläuterung des Trainers:

Was erwartet Sie heute? Heute geht es um jeden selbst, um Sie persönlich: Um das, was einem wichtig ist, welche Ziele man hat.

Wer von uns träumt nicht von einem schönen Leben mit einer Arbeit ohne Stress, die gut bezahlt ist, Spaß macht, einer harmonischen Familie, Gesundheit und etwas Zeit für die eigenen Hobbys und Wünsche. Doch meistens kommt aus verschiedenen Gründen das Eine oder Andere zu kurz. Bei all dem Alltagsstress bleibt oft kaum Zeit zum Planen, was man im Leben wirklich will. Aus diesem Grund dreht sich im Teammodul 4 alles um Ihre persönlichen Lebensziele, Ihre Wünsche und Erwartungen, um langfristig zufriedener zu sein und weniger Stress zu haben. Denn Planung von Zielen schafft Sicherheit. Sicherheit hilft, um nicht unnötig unter Druck zu geraten. Es hilft, um Stress zu bewältigen.

Im vierten Schritt wird der inhaltliche und zeitliche Ablauf des Teammoduls 4 kurz vorgestellt (F3). Zur Visualisierung kann eine Metaplanwand erstellt werden (Abbildung 3). Die Darstellung schafft Transparenz für die Teilnehmer. Das Modul besteht aus mehreren, aufeinander aufbauenden Schritten und einem Gesamt-Feedback zum Ende des Trainings.

Anschließend klärt der Trainer mit den Teilnehmern organisatorische Aspekte des Modulablaufs (z.B. die Pausenregelung).

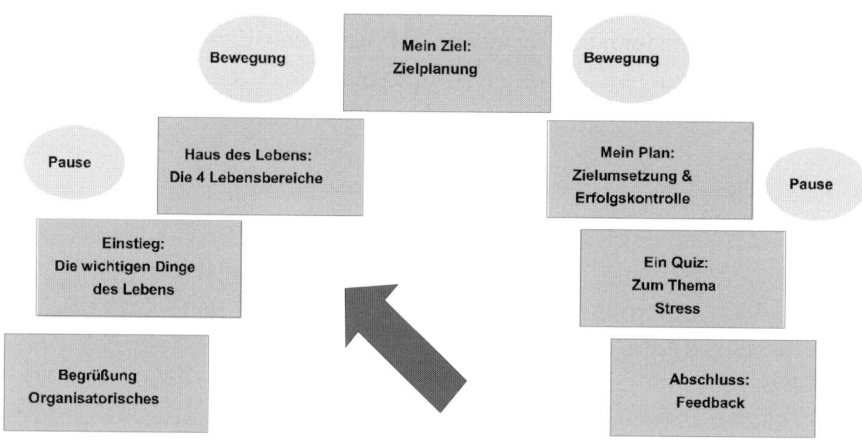

Abbildung 3: Ablauf des Teammoduls 4 (F3)

3.6.5.2 Die wichtigen Dinge des Lebens

> **➲ Ziel:**
> Herstellen eines persönlichen Bezugs zum Thema
> Einstieg in das Thema
>
> **⏱ Zeit:** ca. 30 Min.
>
> **◈Themen:**
> Abfrage der wichtigen Dinge des Lebens
>
> **✎ Material:**
> Wolke mit der Überschrift: „Die wichtigen Dinge des Lebens"
> Leere Metaplanwand
> Leere Karten und/oder vorbereitete Karten zu den wichtigen Dingen
> Vorbereitete Karten zu den Lebensbereichen
> Stifte (Flipchart-Marker)

Der erste Schwerpunkt des Moduls ist eine Kartenabfrage zu den wichtigen Dingen des Lebens. Jeder Teilnehmer soll für sich emotional bedeutsame individuelle Lebensinhalte reflektieren. Durch diese Übung soll ein persönlicher Bezug zum Thema geschaffen werden. Die Teilnehmer sind von Beginn an aktiv in das Modul einbezogen. Die Reflexion individuell bedeutsamer Lebensinhalte ermöglicht es den Teilnehmern, Konflikte, individuelle Einflussmöglichkeiten und Veränderungspotentiale sowie Ressourcen in Bezug auf Work-Life-Balance für sich zu identifizieren.

<u>Beispiel für die Erläuterung des Trainers:</u>
Wenn man sich im Alltag häufig sehr gestresst und abgespannt fühlt, sozusagen wie im ‚Hamsterrad', dann ist es Zeit, an seinem Leben etwas zu verändern. Da Veränderungen im Leben viel Kraft und Energie kosten, sollte man genau wissen, was man im Leben möchte, was einem wichtig ist und welche Ziele man hat.

Daher möchte ich Ihnen am Anfang eine Frage stellen, die sich jeder irgendwann einmal stellt:

‚Was ist **Ihnen** im Leben wirklich wichtig?'

Bitte entscheiden Sie sich für drei Dinge, die Ihnen derzeit sehr viel bedeuten, die Ihnen wichtig sind. Nehmen Sie sich bitte einen Moment Zeit, darüber nachzudenken. Wir haben Karten vorbereitet mit den verschiedenen Dingen des Lebens, aus denen Sie nun auswählen können. Sie können aber auch eine leere Karte nehmen und Ihre wichtigen Dinge aufschreiben oder aufmalen.

Vielleicht haben Sie jetzt schon einige Bilder vor Ihrem inneren Auge, was Ihnen wichtig ist, vielleicht aber auch nicht, dann denken Sie bitte noch einen Moment darüber nach.

Der Trainer hat im Vorfeld Karten mit Bildern bemalt oder mit Worten beschrieben, sodass sich die Teilnehmer aus den vorbereiteten Karten mit den „wichtigen Dingen des Lebens" ihre Karten aussuchen können. Jeder Teilnehmer kann seine wichtigen Dinge auch auf eine leere Karte aufschreiben oder malen.

Auf die vorbereiteten Karten könnten folgende Begriffe geschrieben oder gezeichnet werden.

- Partner/in
- Kinder
- Tiere
- Auto

- Gesundheit
- Arbeit
- Wohnung oder Haus
- Zufriedenheit
- Sicherheit
- Familie
- Geld
- Hobbys/Freizeit
- Urlaub
- Freunde
- Glaube/Religion
- Glück

Die drei Karten pro Teilnehmer werden an einer leeren Metaplanwand ange-pinnt. Anschließend soll jeder Teilnehmer im Plenum eines seiner individuel-len Beispiele vorstellen: Er sollte kurz beschreiben, was an seinem Beispiel für ihn persönlich wichtig ist bzw. warum er sich dafür entschieden hat. Par-allel dazu werden die Karten der Teilnehmer vom Trainer nach verschiede-nen Lebensbereichen geordnet. Die Beispiele der Teilnehmer werden vom Trainer den vier Lebensbereichen 1) Körper, 2) Arbeit, 3) (materielle) Sicher-heit, 4) Beziehungen zugeordnet. Als ein übergeordneter Bereich werden Werte, Normen und Glaubenssätze vom Trainer zusammengefasst. Das Clustern sollte durch Nachfragen des Trainers zu den Beispielen der Teil-nehmer möglichst interaktiv gestaltet werden.
Das Clustern kann wie folgt beginnen.

Beispiel für die Erläuterung des Trainers:
Anhand Ihrer Beispiele wird deutlich: Es gibt sehr unterschiedliche Dinge, die im Leben wichtig sind, aber es gibt auch einige Gemeinsamkeiten zwi-schen den Beispielen, die Sie genannt haben. Lassen Sie mich kurz die Bei-spiele nach ihren Gemeinsamkeiten sortieren...
Um mit dem alltäglichen Stress gut zurechtzukommen, sollte man die wirk-lich wichtigen Dinge des Lebens möglichst im Auge behalten. Deswegen sollte sich jeder von uns ab und zu Zeit nehmen, die wirklich wichtigen Dinge im Leben, also die eigenen Ziele und Wünsche, zu planen und umzusetzen."

 Falls nicht alle vier Lebensbereiche mit Beispielen durch die Teilnehmer be-nannt werden, ergänzt der Trainer Beispiele zu den Bereichen.

3.6.5.3 Das Haus des Lebens

> ➲ **Ziel:**
> Sensibilisieren für die vier Lebensbereiche (Körper, Arbeit, Sicherheit, Beziehungen)
> Ausgangsanalyse: Aufdecken von persönlichen Defiziten und Ressourcen in vier Lebensbereichen
>
> ⏱ **Zeit:** ca. 20 Min.
>
> ◈**Themen:**
> Übung zur Ausgangsanalyse: Wie sehen meine vier Lebensbereiche aus?
>
> ✎ **Material:**
> F4: Das Haus des Lebens
> Arbeitsblatt: „Das Haus des Lebens"
> Arbeitsblatt: „Mein Haus des Lebens"

In der folgenden Übung sollen sich die Teilnehmer ihr Leben mit dem Bild eines Hauses vorstellen: Das Leben hat wie ein Haus verschiedene Bereiche oder auch im Bild des Hauses Zimmer.

Beispiel für die Erläuterung des Trainers:
Was hat ein Haus mit dem Leben zu tun? So wie das Leben mehrere Bereiche hat, hat ein Haus mehrere Bereiche, wie Erdgeschoss und erster Stock, Dachgeschoss oder auch verschiedene Zimmer, die unterschiedlich groß und unterschiedlich schön gestaltet sind. Ein Haus muss man sauber halten, eventuell etwas reparieren, renovieren. Es gibt kurzfristige Dinge, die erledigt werden müssen (z.B. Putzen) und langfristige Dinge (z.B. neue Vorhänge im Wohnzimmer). Da gibt es Dinge, die man verändern möchte, die man planen muss, z.B. die Sanitäranlagen erneuern.

Nun werden den Teilnehmern die folgenden vier Lebensbereiche erläutert (F4 oder alternativ Arbeitsblatt: „Das Haus des Lebens"):
* Körper/Gesundheit (auch Bewegung und Sport)
* Arbeit/Leistung (auch häusliche Arbeit und Weiterbildung)
* Sicherheit: Geld, Wohnung, Essen
* Beziehungen: Familie, Freunde, Bekannte, Tiere (zusammengefasst: soziale Kontakte)

Werte (z.B. Zuverlässigkeit und Verbindlichkeit), Religion, Glaube und Moral gelten als ein übergeordneter Bereich, da sie die anderen Lebensbereiche stark beeinflussen.

Abbildung 4: Haus des Lebens (F4)

Beispiel für die Erläuterung des Trainers:

Die wirklich wichtigen Dinge des Lebens sind die vier Lebensbereiche: Körper, Arbeit, Sicherheit und Beziehungen. Diese Bereiche sind bei einem Haus ebenfalls verschiedene Bereiche oder Zimmer:

- der Körper / die Gesundheit / die Bewegung
- die Arbeit / Leistung (auch häusliche Arbeit)
- die Familie, Freunde, Bekannte, Tiere (soziale Kontakte)
- die Sicherheit, wie Geld, Wohnung und Essen

Das Leben ist oft stressig oder problematisch, wenn die vier Lebensbereiche nicht gut gepflegt werden und einer vielleicht sogar völlig vernachlässigt wird.

Die Teilnehmer sollten in diesem Zusammenhang verstehen, welche Bedeutung alle vier Lebensbereiche haben und welche Konsequenzen für das eigene Leben entstehen können, wenn bestimmte Bereiche im Leben „zu kurz kommen", wenn – bildlich gesehen – die Zimmer eines Hauses nicht alle gepflegt sind, also Teile des Hauses vernachlässigt werden.

Nachdem die vier Lebensbereiche durch den Trainer erklärt wurden, erläutert der Trainer beispielhaft, wie das Arbeitsblatt 2: „Mein Haus des Lebens" ausgefüllt wird. Die Teilnehmer erhalten anschließend das Arbeitsblatt: „Das Haus des Lebens" und werden aufgefordert, jeder für sich die vier Lebensbereiche in das Arbeitsblatt einzuzeichnen.

<u>Beispiel für die Erläuterung des Trainers:</u>

Die vier Bereiche können im Leben unterschiedlich viel Platz einnehmen, je nachdem, wie wichtig sie sind, deshalb sind sie auch unterschiedlich groß oder unterschiedlich schön gestaltet – wie die Zimmer eines Hauses.

Nun stellt sich die Frage: Wie sehen Ihre vier Lebensbereiche aus – sozusagen Ihr Haus? Auf welchen Bereich verwenden Sie viel Zeit – ist also größer? Schöner? Welcher Bereich ist relativ klein?

Je weniger Zeit Sie **momentan** für einen Lebensbereich haben oder sich für einen Lebensbereich nehmen, desto kleiner soll das Zimmer im Haus sein.

Je mehr Zeit Sie **momentan** für einen Bereich haben bzw. sich für den Bereich nehmen, desto größer soll es in Ihr Blatt gezeichnet werden.

Zur Erklärung der Übung können vom Trainer weitere Alltagsbeispiele eingeführt werden.

Anschließend werden zwei bis drei Teilnehmer gebeten, ihr Arbeitsblatt im Plenum vorzustellen. Falls niemand beginnen möchte, sollte der Trainer sein Arbeitsblatt mit den eingezeichneten Lebensbereichen kurz vorstellen.

Anschließend werden die Teilnehmer gebeten, sich zu überlegen, welchen Lebensbereich sie verbessern möchten, indem sie mehr Zeit darauf verwenden oder sich mehr darum kümmern. Ein oder zwei Teilnehmer werden gebeten zu erzählen, welchen Lebensbereich sie verändern möchten und aus welchem Grund.

Falls Teilnehmer äußern, dass sie mit allen Lebensbereichen zufrieden sind und keine Ziele oder Verbesserungswünsche haben, werden sie gebeten, sich einen Bereich auszuwählen, den sie erhalten möchten, so wie er ist, und was sie dafür tun können.

Bevor zum nächsten Schritt übergegangen wird, folgt eine Bewegungspause.

Bewegungspause

> ➲ **Ziel:**
> Auflockerung und Pause; Vermitteln, dass Bewegung Spaß machen kann
>
> ⏱ **Zeit:** ca. 10 Min.
>
> ◇**Themen:**
> Luftballon-Volleyballmatch
>
> ✎ **Material:**
> 6 Luftballons
> Schnur oder 2 Metaplanwände als Raumteiler bzw. „Volleyballnetz"

In der Bewegungspause wird ein Luftballon-Volleyballmatch durchgeführt. Dazu werden aus der Gesamtgruppe zwei Mannschaften gebildet (entweder nach einem bestimmten vom Trainer festgelegten Kriterium oder durch Abzählen). Teams sollten möglichst zusammen bleiben, d.h. werden zwei Teams trainiert, bilden diese Teams auch die zwei Mannschaften
Eine Schnur oder zwei Metaplanwände dienen als Volleyballnetz. Nun wird vom Trainer eine Spielzeit (max. fünf Minuten) festgelegt. Jede Mannschaft erhält zu Beginn die gleiche Anzahl an Luftballons. Ziel ist es, dass möglichst viele Luftballons den Boden der gegnerischen Mannschaft berühren. Alle Luftballons sollen im Spiel bleiben. Pro Bodenberührung im eigenen Feld erhält die gegnerische Mannschaft einen Punkt. Der Trainer zählt die Punkte. Gewonnen hat die Mannschaft bzw. das Team, die am meisten punkten konnte.

3.6.5.4 Zielsetzung

Dieser Abschnitt umfasst insgesamt ca. 25 Minuten und gliedert sich in folgende zwei Teile:

- Information zur Zielsetzung
- Zielfindung und -formulierung

Ziel ist es, dass einerseits Wissen über Ziele vermittelt und eine Methode zur Zielsetzung erlernt wird und dass andererseits jeder Teilnehmer ein persönliches Ziel findet und konkret formuliert.
Nachdem sich die Teilnehmer zuvor überlegt haben, welchen Lebensbereich sie verbessern möchten, folgt die Formulierung eines konkreten, umsetzbaren Ziels bzw. eines Veränderungswunsches.

Information zu Zielsetzung

➲ **Ziel:**
Aufbauen von Veränderungsmotivation
Fördern der Zielsetzung
Vermitteln von Wissen zur Zielsetzung
⏱ **Zeit:** ca. 10 Min.
◇**Themen:**
Input zu Zielen, zur Zielformulierung und zur Zielumsetzung
✎ **Material:**
F5: Zielkriterien „Gute Ziele ...“

Den Teilnehmern soll hier Wissen zur Zielsetzung vermittelt werden. Weiterhin soll die Veränderungsmotivation bei den Teilnehmern gestärkt werden.

Beispiel für die Erläuterung des Trainers:

Um sein Haus oder einzelne Bereiche instand zu setzen oder zu verschönern, braucht man ein Ziel vor Augen. In Bezug auf das Haus könnte ein kurzfristiges Ziel ein umfangreicher Frühjahrsputz oder ein neuer Teppich für das Kinderzimmer sein. Ein mittelfristiges Ziel könnte eine neue Heizungsanlage sein, und ein langfristiges Ziel könnte der Ausbau des Dachgeschosses sein.

Im Leben ist es ähnlich: Auch im Leben braucht man Ziele – Lebensziele sind die Dinge, die man im Leben erreichen möchte. Das können mittelfristige Ziele für das nächste Jahr oder langfristige für die nächsten fünf Jahre sein. Das können aber auch sehr kurzfristige Ziele sein, die man schnell umsetzen kann.

Trotz des Alltagsstresses, den wir alle kennen, sollte man sich einmal im Monat Zeit für sich selbst nehmen – für die persönliche Planung seines Lebens, seiner Ziele.

Daran anknüpfend weist der Trainer zum einen auf die allgemeine Bedeutung von Zielsetzungen hin. So schaffen Zielsetzungen und das Planen der Umsetzung Vorfreude auf die Veränderung und stärken das Gefühl, etwas verändern zu können.

Der Trainer kann mit folgenden Worten beginnen.

Beispiel:

Sie hatten sich ja vorhin einen Lebensbereich ausgesucht, den Sie verändern möchten. Jetzt geht es darum, diesen Lebensbereich zu verändern bzw. zu stützen. Wie schafft man das? Indem man sich Ziele setzt. Wie Ziele sein sollten, sehen Sie an folgender Übersicht.

Folgende Zielkriterien werden den Teilnehmern anschließend ergänzt um Beispiele von den Teilnehmern vermittelt:

„Gute Ziele ...“

- sind positiv
  (etwas wollen, anstatt etwas nicht wollen)

- sind genau bzw. konkret

- sind durch eigenes Tun und Handeln erreichbar

- sind überprüfbar und zeitlich festgelegt

Abbildung 5: Zielkriterien „Gute Ziele ...“ (F5)

Ein Ziel sollte **positiv** formuliert werden. Es soll definieren, was erreicht werden soll – ein gewünschtes Endergebnis (= Annäherungsziel). Das ist meist etwas Schönes.

Im Gegensatz dazu gibt es negative Ziele (= Vermeidungsziele). Vermeidungsziele drücken aus, was nicht passieren soll bzw. was nicht Endzustand oder Ergebnis sein soll. Negativ formulierte Ziele schaffen keine Veränderungsmotivation, da unklar bleibt, was erreicht werden soll. Es wird nur deutlich, was vermieden werden soll. Darüber hinaus sind Vermeidungsziele häufig zu allgemein, um zur Aktivierung und Zielerreichung beizutragen. Ein positiv formuliertes Ziel ist z.B. „Ich fahre mit dem Fahrrad zur Arbeit“ anstatt „Ich will **nicht** mehr so faul sein“.

Je **genauer** und konkreter ein Ziel formuliert ist, desto besser und einfacher ist das Ziel überprüfbar bzw. kann der Grad der Zielerreichung beurteilt werden. Ein nicht konkretes Ziel wäre z.B. „Ich will schöner sein“. Dieses Ziel lässt sich nur schwer überprüfen, da keine Kriterien festgelegt sind. Ein konkretes Ziel wäre z.B. „Meine Haare sollen glänzen und schön geschnitten sein“.

Darüber hinaus sollte ein persönliches Ziel **durch eigenes Tun und Han-**

268

deln erreichbar sein, wie z.B. „Ich mache mehr Sport." Erreichbar heißt, dass die Person selbst mit hoher Wahrscheinlichkeit davon ausgeht, dass sie das Ziel erreichen kann. Ist ein Ziel stark von anderen Personen oder Faktoren abhängig, kann es kaum durch die eigene Leistung und Anstrengung beeinflusst werden. Ein Beispiel dafür wäre: „Ich möchte in einem Jahr Millionär sein." Die Teilnehmer sollten daher ihre Ziele so formulieren, dass ihr eigener Wille, ihre Leistung und Anstrengung die Zielerreichung beeinflussen. Ein Ziel, das durch eigenes Tun und Handeln erreichbar wäre, ist „Ich rauche nicht mehr in meinen Pausen, sondern trinke eine Flasche Apfelschorle. Dabei kann ich mich auch gut entspannen und mich mit den Kollegen unterhalten."

Um zu wissen, ob man ein Ziel erreicht hat oder nicht, muss es **überprüfbar** und **zeitlich festgelegt** sein. Es sollte objektivierbar sein, wie z.B. das Gewicht auf der Waage oder die Energiekosten anhand des Stromzählers. Das hängt davon ab, wie konkret ein Ziel formuliert wurde. Das Ziel „Ich will mindestens einmal in der Woche mit dem Rad zur Arbeit fahren" ist im Vergleich zum Ziel „Ich will häufiger Fahrrad fahren" viel konkreter und somit auch überprüfbarer.

Falls einige Teilnehmer an dieser Stelle ansprechen, dass sie wenig Einflussmöglichkeiten auf ihre Zielplanung und Lebensgestaltung haben, insbesondere bezogen auf den Beruf, sollte der Trainer darauf eingehen.

<u>Beispiel:</u>

Lässt sich an unserem Leben etwas ändern? Kann man sein Leben planen? Um die Frage zu beantworten, hier schon mal vorab die gute Nachricht: Ja, man kann. Nun folgt die schlechte Nachricht: Es kostet Kraft, ‚Schweiß' und Durchhaltevermögen. Und gerade weil Veränderungen im Leben so anstrengend und oft stressig sind, sollte man genau wissen, was man im Leben möchte, was einem wichtig ist und welche Ziele man hat.

Zielfindung und Zielformulierung

➲ Ziel: Methode zur Zielsetzung kennenlernen und anwenden Jeder Teilnehmer formuliert ein individuelles Ziel
⏱ Zeit: ca. 15 Min.
◈ Themen: Formulierung eines persönlichen Ziels
✏ Material: Arbeitsblatt: „Mein Ziel"

Im nächsten Schritt überlegen sich die Teilnehmer, welche Ziele sie sich setzen können, um den im Abschnitt 4 ausgewählten Lebensbereich positiv zu verändern. Jeder Teilnehmer sollte ein persönliches Ziel formulieren. Es sollte besonders betont werden, dass die Teilnehmer hier eine Methode zur Zielplanung lernen, die sie auch zukünftig jederzeit einsetzen können. Nach einer kurzen Einleitung wird das Arbeitsblatt: „Mein Ziel" beispielhaft durch den Trainer im Plenum erklärt. Anschließend wird das Arbeitsblatt von den Teilnehmern ausgefüllt. Beim Ausfüllen des Arbeitsblattes sollte sich der Trainer den Teilnehmern aktiv für Fragen und Informationen zur Verfügung stellen.

Die Teilnehmer formulieren zuerst ihr Ziel, anschließend das Datum oder den Zeitpunkt, bis wann das Ziel erreicht werden soll, und geben am Ende auf zwei Skalen an, wie wichtig ihnen das Ziel ist und wie zuversichtlich sie sind, das Ziel zu erreichen. Der Trainer sollte darauf achten, dass die Teilnehmer beim Ausfüllen der Skalen zur Zielerreichung mindestens eine „7" ankreuzen (sowohl bei der Wichtigkeit eines Ziels als auch bei der Zuversicht, es zu erreichen). Ansonsten ist die Wahrscheinlichkeit gering, dass das Ziel tatsächlich erreicht wird. Der Trainer fragt im Plenum nach, wer auf den zwei Skalen zur Wichtigkeit und Zuversicht zur Zielerreichung unter „7" angekreuzt hat. Diese Teilnehmer werden gebeten, ihr Ziel umzuformulieren (z.B. genauer oder einfacher), um einen Wert von mindestens „7" auf den Skalen zu erreichen. Dabei sollten die Teilnehmer noch einmal auf die Zielkriterien hingewiesen werden (vgl. Abschnitt 3.6.1). Zum Abschluss stellen zwei bis drei Teilnehmer ihr persönliches Ziel vor.

Falls Teilnehmer keinen genauen Termin zur Zielerreichung aufschreiben können, bittet der Trainer die Teilnehmer, einen bestimmten Monat oder Zeitraum zur Zielerreichung festzulegen.

Bewegungspause

➲ **Ziel:** Auflockerung und Pause; Vermittlung, dass Bewegung Spaß machen kann
⏱ **Zeit:** ca. 5 Min.
◇**Themen:** Pferderennen
✎ **Material:**

In der nun folgenden Bewegungspause wird ein Pferderennen gemeinsam simuliert. Die Übung soll die Teilnehmer nach dem Ausfüllen der Arbeitsblätter wieder aktivieren. Zur Durchführung des Pferderennens stellen sich alle Teilnehmer dicht im Kreis auf. Der Trainer beginnt nun das Pferderennen, indem er die folgenden „Pferde- und Reiterübungen" einmal gemeinsam mit den Teilnehmern durchgeht:

- Schritt, Trab, Galoppieren = rhythmisches Klopfen auf den Oberschenkel in verschiedenen Geschwindigkeiten.
- Über einen Graben springen = mit den Armen einen Pferdesprung über einen Graben simulieren.
- Richtungswechsel der Pferde = nach links oder rechts beugen, sodass sich alle im Kreis in diese Richtung beugen müssen.
- Gruß an eine bekannte Person = der Reiter winkt mit der rechten Hand jemandem zu (z.B. der Führungskraft) und grüßt namentlich „Hallo Frau Müller!".

Nachdem der Trainer die verschiedenen Übungen gezeigt hat, beginnt das Pferderennen. Alle klopfen sich auf ihre Oberschenkel. Die Frequenz des Klopfens auf den Oberschenkeln wird sukzessive erhöht – sozusagen vom Trab in den Galopp. Nun ruft der Trainer jeweils eine Aufforderung den Teilnehmern zu: „Ein Graben!". Alle Teilnehmer müssen nun den Sprung über den Graben simulieren. Anschließend ruft der Trainer: „Da ist Frau Müller!" Alle Teilnehmer grüßen Frau Müller, indem sie mit der rechten Hand winken. „Eine Rechtskurve!" ruft der Trainer; alle Teilnehmer beugen sich während des Klopfens auf die Oberschenkel nach rechts. Die Übung sollte max. fünf Minuten durchgeführt werden.

3.6.5.5 Mein Plan zur Zielerreichung

> ➲ **Ziel:**
> Entwickeln eines individuellen Plan zur Zielerreichung
>
> ⏱ **Zeit:** ca. 10 Min.
>
> ◈**Themen:**
> Mein Plan, um mein Ziel zu erreichen
>
> ✎ **Material:**
> Arbeitsblatt: „Mein Plan zur Zielerreichung"

Im Anschluss an die Zielformulierung stellt jeder Teilnehmer seinen persönlichen Plan zur Zielumsetzung auf. Dazu erarbeitet jeder Teilnehmer für sich das Arbeitsblatt: „Mein Plan zur Zielerreichung". Ziel ist es, sich drei konkrete Schritte zur Zielerreichung zu überlegen und aufzuschreiben. Daran anschließend wird erfragt, was oder wer die Zielerreichung bzw. die drei Schritte behindern könnte und wie das Ziel trotzdem erreicht werden kann. Zum Abschluss soll jeder Teilnehmer festlegen, ab wann der Plan in Kraft treten soll. Der Trainer sollte die Teilnehmer beim Ausfüllen unterstützend beraten. Anschließend werden mehrere Teilnehmer gebeten, ihre Pläne im Plenum vorzustellen. Es wäre schön, wenn Pläne zur Zielerreichung aus unterschiedlichen Lebensbereichen (Körper, Arbeit, Sicherheit und Familie) vorgestellt werden. Es sollten mindestens zwei Pläne im Plenum vorgestellt werden.

Der Trainer kann die Teilnehmer darauf hinweisen, dass der Plan bei Bedarf ergänzt oder überarbeitet werden kann: „Pläne können sich ändern. Darauf sollte man sich einstellen. Ein Plan muss immer auch flexibel an veränderte Situationen angepasst werden."

3.6.5.6 Erfolgskontrolle

➲ **Ziel:**
Bedeutung und Durchführung der Erfolgskontrolle deutlich machen

⏱ **Zeit:** ca. 5 Min.

◇**Themen:**
Einführung in die Erfolgskontrolle: Dokumentation und Bewertung der Zielerreichung

✎ **Material:**
Arbeitsblatt: „Erfolgskontrolle"

Nun wird besprochen, wie die formulierten Ziele in Zukunft überprüft werden können. Es ist ein wichtiger Schritt, im Rahmen von Zielsetzungen zu kontrollieren, ob und inwieweit ein Ziel erreicht wurde. Die Erfolgskontrolle soll aufzeigen, ob der Plan zur Zielerreichung und das Ziel selbst den aktuellen Gegebenheiten entsprechen oder angepasst werden müssen. Darüber hinaus ermöglicht die Erfolgskontrolle das Aufdecken von Problemen bei der Planung.

Damit die Teilnehmer das von ihnen gesetzte persönliche Ziel auch überprüfen und bewerten können, erhalten sie das Arbeitsblatt zur Erfolgskontrolle, das sie jetzt natürlich noch nicht ausfüllen können, sondern zu ihren Trainingsunterlagen legen sollen. Den Teilnehmer wird erklärt, dass Veränderungen in Zielrichtung von bereits 25% sehr positiv bewertet werden. Das Erreichen von 50% des geplanten Ziels wird als Erfolg angesehen. Darüber hinaus wird darauf eingegangen, dass keine Veränderung nicht per se mit einem Misserfolg gleichgesetzt wird, sondern dass in diesem Fall überlegt werden sollte, worin die Ursachen liegen könnten.

3.6.5.7 Quiz zum Training

➲ **Ziel:** Wissensfestigung
⏲ **Zeit:** ca. 10 Min.
◈**Themen:** Wissensabfrage
✎ **Material:** Quizfragen (☞ CD) 1 rote Karte (Falsche Antwort) pro Teilnehmer 1 grüne Karte (Richtige Antwort) pro Teilnehmer Preis für das Siegerteam: Tüte Gummibärchen oder Ähnliches

Quiz zum
Training

Zum Abschluss des Trainings werden im Plenum Fragen zu jedem Modul in Form eines Quiz gestellt. Die Quizfragen befinden sich auf der beiliegenden CD.

Die Fragen sind geschlossen und werden nur mit „Richtig" oder „Falsch" beantwortet. Geantwortet wird im Plenum, indem jeder Teilnehmer als Antwort auf die Frage eine Karte zeigt (grün steht für „Richtig", rot steht für „Falsch"). Jeder Teilnehmer antwortet für sich. Gezählt werden alle richtigen Antworten pro Team. Das Team, das die meisten Ja-Antworten hat, erhält einen symbolischen Preis, z.B. eine Tüte Gummibären.

Abbildung 6: Antwortkarten zum Quiz

3.6.5.8 Feedback zum Training

➲ **Ziel:** Rückblick und Ausblick: Bewertung des Trainings durch die Teilnehmer und die Trainer
① **Zeit:** ca. 20 Min.
◇ **Themen:** Trainer und Teilnehmerrückmeldung zum Training: offene Fragen
✎ **Material:** Infoblatt Modul 4 F 6: Feedbackfragen „Zum Schluss ..." Fotobuch oder andere Erinnerung an das Training für jedes Team

Am Ende des Trainings fasst der Trainer die Inhalte des Teammoduls 4 noch mal zusammen.

Die Teilnehmer sollten folgende Inhalte aus dem Teammodul 4 mitnehmen:

- Die wichtigen Dinge des Lebens
- Die Balance der verschiedenen Lebensbereiche
- Die Bedeutung von Zielen und wie sie aussehen sollten
- Die Formulierung eines persönlichen Ziels
- Einen Handlungsplan zur Zielerreichung

Der Trainer teilt das Infoblatt zum Teammodul 4 aus. Anschließend werden die Teilnehmer gebeten, ein Feedback zum Training zu geben.

Das Feedback bezieht sich auf das gesamte Training. Der Trainer stellt dazu offene Fragen, wie: „Was hat das Training gebracht? Was hat Ihnen am Training gefallen? Was wird Ihnen in Erinnerung bleiben?" (Abbildung 7). Das Feedback beginnt der Trainer, um den Teilnehmern die Feedbackmethode zu verdeutlichen.

<u>Beispiel für die Erläuterung des Trainers:</u>
Der Anfang unseres Trainings war etwas holprig, aber dann hat es mir viel Spaß gemacht. Das Teammodul 2 gefiel mir sehr gut. Schön, dass Sie dabei so offen waren.

Beim Feedback ist es wichtig, darauf zu achten, dass das Feedback kommentarlos angenommen wird und keine neue Diskussionsrunde eröffnet wird. Die Antworten der Teilnehmer notiert der Trainer auf einem Flipchart.

Zum Abschluss wird den Teilnehmern gedankt, z.B. für ihr Engagement, ihre Mitarbeit oder Offenheit im Training. Falls die Möglichkeit besteht, sollte eine Follow-up Veranstaltung in drei Monaten stattfinden, auf die der Trainer hinweist. Dort werden die Inhalte des Trainings aufgefrischt. Es wird dann der Bewegungspreis verliehen. Zudem kann der Trainer zu diesem Termin den Teilnehmern zur Erinnerung an das Training ein Fotobuch überreichen. Das Fotobuch kann aus Fotos der Teilnehmer, des Betriebes und des Trainings zusammengestellt sein und den Verlauf des Trainings dokumentieren.

„ Zum Schluss ...”

Was hat Ihnen das Training gebracht?

Was hat Ihnen am Training gefallen?

An was werden Sie sich auch später noch erinnern ?

Abbildung 7: Feedbackfragen „Zum Schluss...“ (F 6)

4 Literatur

Abu-Omar, A. & Rütten, A. (2006). Sport oder körperliche Aktivität im Alltag? Zur Evidenzbasierung von Bewegung in der Gesundheitsförderung. *Bundesgesundheitsblatt – Gesundheitsforschung – Gesundheitsschutz, 49*, 1162-1168.

Agocs, C. (2002). *International Perspectives on Legislation, Policy and Practice.* Den Haag: Kluwer Law International.

Aldana, S.G. (2001). Financial impact of health promotion programs: A comprehensive review of the Literatur. *American Journal of Health Promotion, 15* (5), 296-320.

Alexy, B. (1990). Workplace health promotion and the blue collar worker. *Official journal of the American association of occupational health nurses, 38*, 12-16.

Allen, T.D., Herst, D.E.L., Bruck, C.S. & Sutton, M. (2000). Consequences associated with work-to-family conflict: A review and agenda for future research. *Journal of Occupational Health Psychology, 5* (2), 278-308.

Antoni, C. H. (1999). Konzepte der Mitarbeiterbeteiligung: Delegation und Partizipation. In C. Graf Hoyos & D. Frey (Hrsg.), *Arbeits- und Organisationspsychologie* (S. 569-583). Weinheim: Psychologie Verlags Union.

Antoni, C.H. & Bungard, W. (2004). Arbeitsgruppen. In H. Schuler (Hrsg.) *Organisationspsychologie – Gruppe und Organisation. Enzyklopädie der Psychologie* (Band IV, S. 129-191). Göttingen: Hogrefe.

Antonovsky, A. (1979). *Health, stress and coping: New perspectives on mental and physical well-being.* San Francisco: Jossey Bass.

Antonovsky, A. (1987). *Unrevealing the mystery of health. How people manage stress and stay well.* San Francisco: Jossey Bass.

Aranda, M.P., Castaneda, I., Lee, P.J., Sobel, E. (2001). Stress, social support, and coping as predictors of depressive symptoms among Mexican Americans. *Social work Reasearch, 25* (1), 37-48.

Arthur, R. (2000). Employee assistance programs: the emperor's new clothes of stress management? *British Journal of Guidance & Counseling, 28* (4), 549-559.

Ashton, W.A. & Fuehrer, A. (1993). Effects of gender and gender-role identification of participant and type of social support resource on support seeking. *Sex roles, 28*, 461-476.

Auszra, S. (1996). Von mehr oder minder freiwilligen Selbstbeschränkungen. Lernbehinderungen in der geschlechtsspezifischen Aufgabenteilung in selbständigen Arbeitsgruppen. *Jahrbuch Arbeit, Bildung, Kultur, 14*, 41-53.

Babitsch, B. (2005). *Soziale Ungleichheit, Geschlecht und Gesundheit.* Bern: Huber.

Babitsch, B., Ducki, A. & Maschewsky-Schneider, U. (2006). Geschlecht und Gesundheit. In K. Hurrelmann & U. Laaser (Hrsg.), *Handbuch Gesundheitswissenschaften* (S. 511-527). Weinheim: Juventa.

Bachmann, A.S. (2006). Melting pot or tossed salad? Implications for designing effective multicultural workgroups. *Management International Review, 46* (6), 721-747.

Badura, B., Schellschmidt, H. & Vetter, C. (Hrsg.) (2004). *Fehlzeiten-Report 2003.* Heidelberg: Springer.

Bässler, R. (1995). Stressbewältigung durch Sporttreiben – Eine Analyse der Effekte von Fitnessaktivitäten zur Stressbewältigung bei Führungskräften. In J.R. Nitsch & H. Allmer (Hrsg.), *Emotionen im Sport. Zwischen Körperkult und Gewalt. Bericht über die Tagung der asp vom 8. bis 10. September 1994 in Köln anlässlich ihres 25jährigen Bestehens* (S. 275-281). Köln: bsp-Verlag.

Bagwell, M.M., Bush, H.A. (2000). Improving health promotion for blue-collar workers. *Journal of Nursing Care Quality, 14* (4), 65-71.

Baitsch, C. (1985). *Kompetenzentwicklung und partizipative Arbeitsgestaltung.* Frankfurt/Main: Lang.

Baitsch, C., Katz, C., Spinas, P. & Ulich, E. (1989). *Computerunterstützte Büroarbeit – Ein Leitfaden für Organisation und Gestaltung.* Zürich: Verlag der Fachvereine.

Bamberg, E. & Busch, C. (1996). Betriebliche Gesundheitsförderung durch Stressmanagementtraining: Eine Metaanalyse (quasi-) experimenteller Studien. *Zeitschrift für Arbeits- und Organisationspsychologie, 40* (3), 127-137.

Bamberg, E. & Busch, C. (2006). Stressbezogene Interventionen in der Arbeitswelt. *Zeitschrift für Arbeits- & Organisationspsychologie, 50* (4), 215-226.

Bamberg, E., Busch, C. & Mohr, G. (1999). Gesundheitsförderung in der Arbeitswelt durch Stressmanagement: Möglichkeiten und Grenzen eines populären Konzepts. In B. Röhrle & G. Sommer (Hrsg.), *Prävention und Gesundheitsförderung. Fortschritte der Gemeindepsychologie und Gesundheitsförderung, Band 4* (S. 251-272). Tübingen: dgvt.

Bamberg, E., Busch, C. & Ducki, A. (2003). *Betriebliches Stress- und Ressourcenmanagement. Strategien und Methoden für die neue Arbeitswelt.* Göttingen: Huber.

Bammann, K. & Helmert, U. (2000). Arbeitslosigkeit, soziale Ungleichheit und Gesundheit. In U. Helmert, K. Bammann, W. Voges & R. Müller (Hrsg.), *Müssen Arme früher sterben? Soziale Ungleichheit und Gesundheit in Deutschland* (S. 159-185). Weinheim: Juventa.

Bandura, A. (1977). Self-efficacy: Toward a unifying theory of behavioural change. *Psychology Review, 84,* 191-215.

Barmer Ersatzkasse Wuppertal. Gesundheits- und Versorgungsmanagement (Hrsg.) (2007). *Barmer Gesundheitsreport 2007.* Wuppertal.

Bastians, F. (2004). *Die Bedeutung sozialer Netzwerke für die Integration russlanddeutscher Spätaussiedler in der Bundesrepublik Deutschland.* Bissendorf: Methodos.

Beblo, M. & Ortlieb, R. (2005). Der Einfluss von Arbeitsbedingungen und Haushaltskontext auf krankheitsbedingte Fehlzeiten – Eine geschlechterbezogene Analyse auf Basis des Sozio-ökonomischen Panels. *Zeitschrift für Arbeits- und Organisationspsychologie, 49* (4), 187-195.

Beermann, B., Brenscheidt, F. & Siefer, A. (2008). Unterschiede in den Arbeitsbedingungen und -belastungen von Frauen und Männern. In B. Badura, H. Schröder & C. Vetter (Hrsg.), *Fehlzeitenreport 2007* (S. 69-82). Heidelberg: Springer.

Bekker, M.H., Nijssen, A., Hens, G. (2001). Stress prevention training: sex differences in types of stressors, coping, and training effects. *Stress and Health, 17,* 207-218.

Bellmann, L. & Stegmaier, J. (2006). Betriebliche Weiterbildung für ältere Arbeitnehmer/innen: Der Einfluss betrieblicher Sichtweisen und struktureller Bedingungen. *Report. Zeitschrift für Weiterbildungsforschung, 29* (3), 29-40.

Bengel, J., Strittmatter, R. & Willmann, H. (1998). *Was erhält Menschen gesund? Antonovsky's Modell der Salutogenese – Diskussionsstand und Stellenwert, 6.* Köln: BzgA.

Bericht zur Berufs- und Einkommenssituation von Frauen und Männern (2001). *WSI in der HBS, INIFES, Forschungsgruppe Tondorf:* http://entgeltgleichheit.verdi.de/material/-data/Bericht_Bundesregierung_Berufs-_u_Einkommenssituation_v_Frauen_u_Maennern_Kurz.pdf

Berkling, M., Holtforth, M.G. & Jacobi, C. (2003). Veränderung klinisch relevanter Ziele und Therapieerfolg: Eine Studie an Patienten während einer stationären Verhaltenstherapie. *Psychother Psych Med, 53,* 171-177.

Bjorksten, M. & Talback, M. (2001). A follow-up study of psychosocial factors and musculoskeletal problems among unskilled female workers with monotonous work. *European Journal of Public Health, 11* (1), 102-108.

BKK Bundesverband (2005). *Krankheitsentwicklungen – Blickpunkt: Psychische Gesundheit.* Essen.

Blue, C.L., Wilbur, J. & Marston-Scott, M.V. (2001). Exercise among blue-collar workers: Application of the theory of planned behavior. *Research in Nursing & Health, 24* (6), 481- 493.

Blue, C.L., Black, D.R., Conrad, K. & Gretebeck, K.A. (2003). Beliefs of blue-collar workers: stage of readiness for exercise. *American Journal of Health Behavior, 27(4),* 408-420.

BMSFJ – Bundesministerium für Familie, Senioren, Frauen und Jugend (2001). Bericht zur gesundheitlichen Situation von Frauen in Deutschland. *Schriftenreihe des Bundesministeriums für Familie, Senioren, Frauen, Frauen und Jugend, Bd. 209.* Stuttgart: Kohlhammer.

Bödeker, W. & Kreis, J. (2006). *Evidenzbasierung in Gesundheitsförderung und Prävention.* Bremerhaven: Wirtschaftsverlag NW.

Bond, F.W. & Bunce, D. (2000). Mediators of change in emotion-focused and problem-focused worksite stress management interventions. *Journal of Occupational Health Psychology, 5* (1), 156-163.

Bosch, G. & Kalina, T. (2005). Entwicklung und Struktur der Niedriglohnbeschäftigung. In Institut Arbeit und Technik (Hrsg.), *Jahrbuch 2005* (S. 29-46). Gelsenkirchen.

Brinkmann, U., Dörre, K. & Röbenack; S. (2006). *Prekäre Arbeit: Ursachen, Ausmaß, soziale Folgen und subjektive Verarbeitungsformen unsicherer Beschäftigungsverhältnisse.* Bonn: Friedrich-Ebert-Stiftung.

Broocks, A., Meyer, T.F., George, A., Pekrun, G., Hillmer-Vogel,U., Hajak,G., Bandelow, B. & Rüther, E. (1997). Zum Stellenwert von Sport in der Behandlung psychischer Erkrankungen. *Psychotherapie, Psychosomatik, Medizinische Psychologie, 47* (11), S. 379 – 393.

Buchwald, P. & Hobfoll, S.E. (2004). Burnout aus ressourcentheoretischer Perspektive. *Psychologie in Erziehung und Unterricht, 5,* 247-257.

Bundesagentur für Arbeit (2008). Pressemitteilung Nr. 21. *Geringqualifizierte Beschäftigte bei Weiterbildung benachteiligt.* www.arbeitsagentur.de.

Busch, C. (2004). *Stressmanagement für Teams. Entwicklung und Evaluation eines Trainings im Call Center.* Hamburg: Kovac.

Busch, C. (2008). Kooperation und Gesundheitsförderung für die Zielgruppe der Un- und Angelernten. *Wirtschaftspsychologie, 1,* 13-19.

Busch, C. (i.V.). *Betriebliche Entscheidungsprozesse für gesundheitsförderliche Angebote bei der Zielgruppe der Geringqualifizierten.*

Busch, C. & Bamberg, E. (1997). Stressreduktion durch Trainingsprogramme? In H. Mandl (Hrsg.), *Kongressband des 40. Kongress der Deutschen Gesellschaft für Psychologie, 1996 in München.* Göttingen: Hogrefe.

Busch, C., Duresso, R., Roscher, S. Ducki, A. & Kalytta, T. (i.V.). *Stressmanagement für Geringqualifizierte: das ReSuM-Konzept in der Erprobung.*

Busch, C. & Suhr-Ludewig, K. (i.V.). *Lebensgestaltung und Stressmanagement in der Biografie gering qualifizierter Frauen.*

Campbell, M., Tessaro, I., De Vellis, B., Benedict, S., Kelsey, K., Belton, L. & Henriquez-Roldan, C. (2000). Tailoring and targeting a worksite health promotion program to address multiple health behaviors among blue-collar women. *American Journal of Health Promotion, 14* (5), 306-313.

Campbell, M., Tessaro, I., De Vellis, B., Benedict, S., Kelsey, K., Belton, L. & Sanhueza, A. (2002). Effects of a tailored health promotion program for female blue-collar workers: Health Works for Women. *Preventive Medicine, 34,* 313-323.

Carayon, P. & Haims, M. (1998). Theory and practice for the implementation of 'in-house' continuous improvement participatory ergonomic programs. *Applied Ergonomics, 29* (6), 461-472.

Carayon, P., Haims, M., Hoonakker, P. & Swanson, N. (2006). Teamwork and musculoskeletal health in the context of work organization interventions in office and computer work? *Theoretical Issues in Ergonomics Science, 7* (1), 39-69.

Carter, A.J. & West, M.A. (1998). Reflexivity, effectiveness and mental health in BBC-TV production teams. *Small Group Research, 29* (5), 583-601.

Carter, A.J. & West, M.A. (1999). Sharing the Burden: Teamwork in health care settings. In J. Firth-Cozens & R.L. Payne (Eds.), *Stress in Health Professionals: Psychological and Organizational Causes and Interventions (*pp. 191-202). Chichester: Wiley.

Chapman, L.S. (2005). Meta-evaluation of worksite health promotion economic return studies: 2005 Update. *The Art of Health Promotion,* 1-11.

Cheng, Y., Kawachi, I., Coakley, E.H., Schwartz, J., Graham, C. (2000). Association between psychosocial work characteristics and health functioning in American women: *Prospective study,* BMJ, 320-1432.

Crews, D.J. & Landers, D.M. (1987). A meta-analytic review of aerobic fitness and reactivity to psychosocial stressors. *Medicine and science in sports and exercise, 19* (5), S. 114-120.

Day, A.L., Livingstone, H.A. (2003). Gender differences in perceptions of stressors and utilization of social support among university students. *Canadian Journal Behavioural Science, 35*, 73-83.

De Lange, A.H., Taris, T.W., Kompier, M.A.J. & Houtman, I.L.D. (2003). "The very best of the millennium": Longitudinal research and the demand-control-(support) model. *Journal of Occupational Health Psychology, 8* (4), 282-305.

Deci, E.L. & Ryan, R.M. (2000). The "What" and "Why" of goal pursuits: Human needs and the self determination of behavior, *Psychological inquiry, 11*, 227-268.

Delarue, A., Van Hootegem, G., Procter, S. & Burridge, M. (2007). Teamworking and organizational performance: A review of survey-based research. *International Journal of Management Reviews, 10* (2), 127-148.

Derichs-Kunstmann, K. (1996). Von der alltäglichen Inszenierung des Geschlechterverhältnisses in der Erwachsenenbildung. Anlage, Verlauf und Ergebnisse eines Forschungsprojektes zur Koedukation in der Bildungsarbeit mit Erwachsenen. In *Jahrbuch Arbeit, Bildung, Kultur, Nr. 14* (S. 9-26).

Derichs-Kunstmann, K., Auszra, S., Müthing, B. (1999). *Von der Inszenierung des Geschlechterverhältnisses zur geschlechtsgerechten Didaktik.* Konstitution und Reproduktion des Geschlechterverhältnisses in der Erwachsenenbildung. Bielefeld.

Devine, C.M., Stoddard, A.M., Barbeau, E.M., Naishadham, D. & Sorensen, G. (2007). Work to family spillover and fruit and vegetable consumption among Construction Laborers. *Journal of Health Promotion, 21* (3), 175-182.

Dobischat, R., Seifert, H. & Ahlene, E. (2002). Betrieblich-berufliche Weiterbildung von Geringqualifizierten - Ein Politikfeld mit wachsendem Handlungsbedarf. *WSI-Mitteilungen, 2*, (S. 25-31). Frankfurt am Main: Hans Böckler Stiftung.

Dressel, C. (2008). Die Erwerbsbeteiligung von Frauen und Männern – Deutschland im europäischen Vergleich. In B. Badura, H. Schröder, C. Vetter (Hrsg.), *Fehlzeitenreport 2007* (S. 49-68). Heidelberg: Springer.

Ducki, A. (2003). Betriebliche Gesundheitsförderung und Neue Arbeitsformen – Aktuelle Tendenzen in Forschung und Praxis. *Zeitschrift für Gruppendynamik, 4,* 420-436.

Ducki, A. & Greiner, B. (1992). Gesundheit als Entwicklung von Handlungsfähigkeit – Ein „arbeitspsychologischer Baustein" zu einem allgemeinen Gesundheitsmodell. *Zeitschrift für Arbeits- und Organisationspsychologie, 36*, 184-189.

Ducki, A. & Kalytta, T. (2006). Gibt es einen Ressourcenkern? Überlegungen zur Funktionalität von Ressourcen. *Wirtschaftspsychologie, 8 (*2/3*),* 30-39.

Dörre, K., Neubert, J. & Wolf, H. (1993). "New Deal" im Betrieb? Unternehmerische Beteiligungskonzepte und ihre Wirkung auf die Austauschbeziehungen zwischen Management, Belegschaft und Interessenvertretung. *SOFI-Mitteilungen, Nr. 20*, 15-36.

Edmondson, A.C., Bohmer, R.M. & Pisano, G.P. (2001). Disrupted routines: Team learning and new technology implementation in hospitals. *Administrative Science Quarterly, 46,* 685-716.

Elkeles, T. (2006). Evaluation von Gesundheitsförderung und Evidenzbasierung? In W. Bödeker & J. Kreis (Hrsg.), *Evidenzbasierung in Gesundheitsförderung und Prävention,* (S. 111-154). Bremerhaven: Wirtschaftsverlag NW.

Ellinger, S.K., Kaupen-Haas, W., Schäfer, K.H., Schienstock, G., Sonn, E. (1985). *Büroarbeit und Rheuma. Wie Frauen mit Gesundheitsrisiken umgehen.* Schriftenreihe „HdA", Band 59, Frankfurt/Main; New York: Campus-Verlag.

Emery, F.E. & Trist, E.L. (1960). Socio-technical systems. In C.W. Churchman & M. Verhulst (Eds.), *Management, Science, Models and Techniques, 2,* (pp. 83-97). Oxford: Pergamon Press

European Foundation for the Improvement of Living and Working Conditions (2007). *Fourth European Working Conditions Survey.* http://www.eurofound.europa.eu/pubdocs/-2006/98/en/2/ef0698en.pdf

Fava, M., Littman, A., Halperin, P., Pratt, E., Drews, F.R., Oleshansky, M., Knapik, J., Thompson, C. & Bielenda, C. (1991). Psychological and behavioural benefits of a stress / type A behavior reduction program for healthy middle-aged army officers. *Psychosomatics, 32,* 337-342.

Felfe, J. (2006). Validierung einer deutschen Version des „Multifaktor Leadership Questionnaire" (MLQ Form 5x Short) von Bass und Avolio (1995). *Zeitschrift für Arbeits- und Organisationspsychologie, 50* (2), 61-78.

Felfe, J. (2009). *Mitarbeiterführung.* Göttingen: Hogrefe.

Fenzl, C. & Resch, M. (2005). Zur Analyse der Koordination von Tätigkeitssystemen. *Zeitschrift für Arbeits- und Organisationspsychologie, 49* (4), 220-231.

Ferrie, J. (2001). Is job insecurity harmful to health? *Journal of the Royal Society of Medicine, 94,* 71-76.

Ferrie, J., Shipley, M. J., Marmot, M. G., Stansfeld, S. A., & Smith, G. D. (1998a). Anuncertain future: The health effects of threats to employment security in white-collar men and women. *American Journal of Public Health, 88,* 1030-1036.

Ferrie, J.E., Shipley, M.J., Marmot, M.G., Stansfeld, S.A. & Smith, G.D. (1998b). The health effects of major organisational change and job insecurity. *Social Science & Medicine, 46(2),* 243-254.

Folkman, S., Moskowitz, J.T. (2004). Coping: Pitfalls and promise. *Annual review of psychology, 55,* 745-774.

Forjanic, L. (2002). *Bildungsmotivation und Berufsplanung bei FacharbeiterInnen gegenüber ungelernten Berufstätigen in Beziehung zur Persönlichkeit (intellektuelle Voraussetzungen, Zeitperspektiven und Belohnungsaufschub).* Unveröffentlichte Dissertation. Universität Graz, Naturwissenschaftliche Fakultät.

Frese, M. (1994). Psychische Folgen von Arbeitslosigkeit in den fünf neuen Bundesländern: Ergebnisse einer Längsschnittstudie. In L. Montada (Hrsg.), *Arbeitslosigkeit und soziale Gerechtigkeit.* (Band 2, S. 193-213). Frankfurt a.M.: Campus.

Fuchs, R. (2001). Physical aktivity and health. In N.J. Schmelser & P.B. Baltes (Eds.), *International encyclopedia of the social and behavioral sciences,* (Vol. 17, pp. 11411-11415). New York: Elsevier.

Fuchs, R. (2002). Körperliche Aktivität. In R. Schwarzer, M. Jerusalem & H. Weber (Hrsg.), *Gesundheitspsychologie von A bis Z: ein Handwörterbuch* (S. 296-299). Göttingen: Hogrefe.

Geissler, H., Bökenheide, T., Schlünkes, H. & Geissler-Gruber, B. (2003). *Faktor Anerkennung: Betriebliche Erfahrungen mit wertschätzenden Dialogen.* Frankfurt, New York: Campus.

Geyer, S. & Peter, R. (1999). Schul- und Berufsausbildung, Berufstatus und Herzinfarkt: Eine Studie mit Daten einer gesetzlichen Krankenversicherung. *Das Gesundheitswesen, 61* (1), 20-26.

Gianakos, I. (2002). Predictors of coping with work stress: The influences of sex, gender role, social desirability, and locus of control. *Sex roles, 46,* 149-158.

Gieseke, W. (2007). *Lebenslanges Lernen und Emotionen. Wirkungen von Emotionen auf Bildungsprozesse aus beziehungstheoretischer Perspektive.* Bielefeld: Bertelsmann Verlag.

Gonzalez, M., Peiro, R., Greenglass, E.R. (2006). Coping and distress in organisations: the role of gender in work stress. *International Journal of Stress Management, 13,* 228-248.

Grandey, A.A. & Cropanzano, R. (1999). The Conservation of resources model applied to work–family conflict and strain. *Journal of Vocational Behaviour, 54,* 350–370.

Greenglas, E.R. (1995). Gender, work stress and coping: Theoretical implications. *Journal Social Behaviour Personality, 10,* 121-134.

Griffin, B.C.S., Tucker, P.J. & Liburd J. (2006). Mind over matter: Exploring ob stress among female blue-collar workers. *Journal of Women's Health, 15* (10), 1105-1110.

Grobe, T., Dörning, H. & Schwartz, F. (1999). GEK-Gesundheitsreport 1999. *Schriftenreihe zur Gesundheitsanalyse, 12,* Sankt Augustin: Asgard.

Grönningsaeter, H., Hytten, K., Skauli, G., Christensen, C.C. & Ursin, H. (1992). Improved health and coping by physical exercise or cognitive behavioral stress management training in a work environment. *Psychology and Health, 7* (2), 147-163.

Gunnarsdóttir, S. & Björnsdóttir, K. (2003). Health promotion in the workplace: The perspective of unskilled workers in a hospital setting. *Scandinavian Journal of Caring Sciences, 17* (1), 66-73.

Hacker, W. (1978). *Allgemeine Arbeits- und Ingenieurspsychologie. Psychische Struktur und Regulation von Arbeitstätigkeiten.* Bern: Huber.

Hackman, J.R. & Oldham, J.R. (1975). Development of the job diagnostic survey. *Journal of Applied Psychology, 60,* 159-170.

Hagemann-White, C. & Lenz, H.J. (2002). Gewalterfahrungen von Männern und Frauen. In K. Hurrelmann & P. Kolip (Hrsg.), *Geschlecht, Gesundheit und Krankheit. Männer und Frauen im Vergleich* (S. 460-490). Göttingen: Huber.

Heckhausen, H. (1989). *Motivation und Handeln.* Heidelberg: Springer.

Hewitt Associates Managementberatung (2008). *Motivationsbremse Nummer eins: Mitarbeiter erhalten zu wenig Wertschätzung,* http://www.hewittassociates.com/Intl/EU/de-DE/AboutHewitt/Newsroom/PressReleaseDetail.aspx?cid=5538, Stand: 18.08.2008.

Hoff, E.-H. (2006). *Alte und neue Formen der Lebensgestaltung. Segmentation, Integration und Entgrenzung von Berufs- und Privatleben.* www.ewi-psy.fu-berlin.de/einrichtungen/arbeitsbereiche/arbpsych/media/

Hoff, E.-H., Grote, S., Dettmer, S., Hohner, H.-U. & Olos, L. (2005). Work-Life-Balance: Berufliche und private Lebensgestaltung von Frauen und Männern in hoch qualifizierten Berufen. In *Zeitschrift für Arbeits- und Organisationspsychologie 49* (4), Göttingen: Hogrefe, 186-207.

Hoppe, A. (under review). Psychosocial working conditions and well-being among immigrant and German low wage workers. *European Journal of Work and Organizational Psychology.*

Hunzinger, A. & Kersting, M. (2004). „Work-Life-Balance" von Führungskräften – Ergebnisse einer internationalen Befragung von Top Managern 2002/2003. In B. Badura, H. Schellschmidt & C.Vetter (Hrsg.), *Fehlzeiten-Report 2003* (S. 75-89). Heidelberg: Springer.

Hurrelmann, K., Linssen, R., Albert, M., Quellenberg, H. (2002). Eine Generation von Ego-taktikern? Ergebnisse der bisherigen Jugendforschung. In Deutsche Shell (Hrsg.), *Jugend 2002 – Zwischen pragmatischem Idealismus und robustem Materialismus* (S. 31-51). Frankfurt/M.: Fischer.

Hölling, H., Erhart, M., Ravens-Sieberer, U., Schlack, R. (2007). Verhaltensauffälligkeiten bei Kindern und Jugendlichen. Erste Ergebnisse aus dem Kinder- und Jugendgesundheitssurvey (KiGGS). *Bundesgesundheitsblatt – Gesundheitsforschung – Gesundheitsschutz, 50,* 784-793.

IGA-Report 3 (2003). Gesundheitlicher und ökonomischer Nutzen betrieblicher Gesundheitsförderung und Prävention: Zusammenstellung der wissenschaftlichen Evidenz. Initiative Gesundheit & Arbeit.

Iwasaki, Y., MacKay, K. & Mactavish, J. (2005). Gender-based analyses of coping with stress among professional managers. Leisure coping and non-leisure coping. *Journal of Leisure Research, 37* (1), 1-28.

Jacobshagen, N., Amstad, F.T., Semmer, N. K. & Kuster, M. (2005). Work-Life-Balance im Topmanagement – Konflikt zwischen Arbeit und Familie als Mediator der Beziehung zwischen Stressoren und Befinden. *Zeitschrift für Arbeits- und Organisationspsychologie,* Themenheft Work-Life-Balance. *49* (4), 208-219.

Joksimovic, L., Starke, D., Knesenbeck, O.v.d. & Siegrist, J. (2002). Perceived workstress, overcommitment and self-reported musculoskeletal Pain: A Cross Sectional Investigation. *International Fournal of Behavioural Medicine, 9,* 122-138.

Johnson, D.W. & Johnson, R.T. (1989). *Cooperation and competition: Theory and research.* Interaction Book Company.

Johnson, D.W. & Johnson, R.T. (2005). Kooperatives Lernen, Kooperative Schule: Tipps, Praxishilfen und Konzepte. Mühlheim: Verlag an der Ruhr.

Johnson, J. & Hall, E. (1988). Job strain, work place social support and cardiovascular disease: A cross-sectional study of a random sample of Swedish working population. *American Journal of Public Health, 78,* 1336-1342.

Jung, F. (2005). Prävention und Gesundheitsförderung für Arbeiter – Notwendigkeit und Zugangsmöglichkeiten. *Impulse – Newsletter zur Gesundheitsförderung, 49* (4).

Jung, F. (2006). Prävention und Gesundheitsförderung für Männer – Zugangsmöglichkeiten zu Arbeitern. Eine qualitative Studie. *Gesundheitswesen, 68,* 231-239.

Kaluza, G. (1999). Mehr desselben oder neues gelernt? – Differentielle Veränderungen von Coping-Profilen nach einem primärpräventiven Stressbewältigungstraining. *Zeitschrift für Medizinische Psychologie, 8* (2), 73-84.

Kaluza, G. (2007). *Gelassen und sicher im Stress*. Heidelberg: Springer.

Kaluza, G., Basler, H.D., Simon, G., Schmidt-Trucksäß, A. & Büchler, G. (1998). Wohlbefinden und kardiovaskuläre Fitness bei Teilnehmern eines laktatgesteigerten Ausdauertrainings. *Zeitschrift für Gesundheitspsychologie, 6,* 33-36.

Kaluza, G., Keller, S. & Basler, H.-D. (2001). Beanspruchungsregulation durch Sport? Zusammenhänge zwischen wahrgenommener Arbeitsbelastung, sportlicher Aktivität und psychophysischem (Wohl-)Befinden. *Zeitschrift für Gesundheitspsychologie, 9* (1), 26-31.

Kanfer, F.H., Reinecker, H. & Schmelzer, D. (2005). *Selbstmanagement-Therapie. Ein Lehrbuch für die klinische Praxis*. Heidelberg: Springer.

Karasek, R.A., Brisson, C., Kawakami, N., Houtman, I., Bongers, P. & Amick, B. (1998). The Job Content Questionnaire (JCQ): An instrument for internationally comparative assessments of psychosocial job characteristics. *Journal of Occupational Health Psychology, 3* (4), 322-355.

Karasek, R.A. (1979). Job demands, job decision latitude and mental strain: Implications for job redesign. *Administrative Science Quarterly, 24,* 285-308.

Karasek, R.A. & Theorell, T. (1990). *Healthy work. Stress, productivity, and the reconstruction of working life*. New York: Basic Books.

Kastner, M. (2004). *Die Zukunft der Work Life Balance: Wie lassen sich Beruf und Familie, Arbeit und Freizeit miteinander vereinbaren*. Kröning: Asanger.

Keller, S. (1999). *Motivierung zur Verhaltensänderung: Das transtheoretische Modell in Forschung und Praxis*. Freiburg: Lambertus.

Kleinbeck, U. & Schmidt, K.H. (1996). Die Wirkungen von Zielsetzungen auf das Handeln. In J. Kuhl & H. Heckhausen (Hrsg.) *Enzyklopädie der Psychologie Teilband C/IV/4, Kognition, Motivation und Handlung* (S. 875-907). Göttingen: Hogrefe.

Klemens, S., Wieland, R. & Krajewski, J. (2004). Fähigkeits- und führungsbezogene Risikofaktoren in der IT-Branche. *In Dokumentation des 50. Arbeitswissenschaftlichen Kongresses vom 24. bis 26. März 2004 in Zürich*. Dortmund: GfA-Press.

Klesse, R., Sonntag, U., Brinkmann, M. & Maschewsky-Schneider, U. (1992). *Gesundheitshandeln von Frauen. Leben zwischen Selbst-Losigkeit und Selbst-Bewusstsein*. Frankfurt am Main; New York: Campus.

Kobasa, S.C. (1982). The hardy personality: Toward a social psychology of stress and health. In G. S. Sanders & J. Suls (Eds.), *Social psychology of health and illness (pp. 3-32)*. Hillsdale, NJ: Erlbaum.

Korabik, K. & Van Kampen, J. (1995). Gender, social support, and coping with work stressors among managers. *Journal of Social Behaviour and Personality, 10,* 135-148.

Krajewski, H.T. & Goffin, R.D. (2005). Predicting occupational coping responses. The interactive effect of gender and work stressor context. *Journal of Occupational Health Psychology, 10* (1), 44-53.

Kristenson, M. (2006). Socio-economic position and health: the role of coping. In J. Siegrist, M. Marmot (Eds.), *Social inequalities in health. New evidence and policy implications* (pp. 127-153). Oxford: University Press.

Kruglanski, A.W. (1996). Motivated social cognition: Principles of the interface. In E. Tory Higgins & Arie W. Kruglanski (Eds.), *Social psychology Handbook of Basic Principles* (pp. 493-520). New York: Guilford Press.

Kuipers, B.S (2006). *Team development and team performance. Responsibilities, responsiveness and results: A longitudinal study of teamwork at Volvo Trucks Umeå* http://irs.ub.rug.nl/ppn/297297953

Kupersmith, J. (1992). Technostress and the reference librarian. *References Services Review. 20* (50), 7-14.

Küsgens, I., Macco, K., Vetter, C. (2008). Krankheitsbedingte Fehlzeiten in der deutschen Wirtschaft im Jahr 2006. In B. Badura, H. Schröder & C. Vetter (Hrsg.), *Fehlzeiten-Report 2007 – Arbeit, Geschlecht, Gesundheit – Zahlen, Daten, Analysen aus allen Branchen der Wirtschaft* (S. 261-466). Heidelberg: Springer.

Lademann, J. & Kolip, P. (2008). Geschlechtergerechte Gesundheitsförderung und Prävention. In B. Badura, H. Schröder & C. Vetter (Hrsg.), *Fehlzeitenreport 2007* (S. 5-20). Heidelberg: Springer.

Lademann, J., Mertesacker, H. & Gebhardt, B. (2006). Psychische Erkrankungen im Fokus der Gesundheitsreporte der Krankenkassen. *Psychotherapeutenjournal, 2,* 123-129.

Lazarus, R.S. (1993). From psychological stress to the emotions: A History of changing outlooks. *Annual reviews psychology, 44,* 1-21.

Lazarus, R.S., Folkmann, S. (1987). Transactional theory and research on emotions and coping. *European Journal of Personality, 1,* 141-169.

Lazarus, R.S. & Launier, R. (1981). Streßbezogene Transaktionen zwischen Person und Umwelt. In J. Nitsch (Hrsg.), *Stress – Theorien, Untersuchungen, Maßnahmen* (S. 213-259). Bern: Huber.

Le Blanc, P.M., Hox, J.J., Schaufeli, W.B, Taris, T.W. & Peeters, M.C.W. (2007). Take care! The evaluation of a team-based burnout intervention program for oncology care providers. *Journal of Applied Psychology, 92,* 213-127.

Leitner, K. (1993). Auswirkungen von Arbeitsbedingungen auf die psychosoziale Gesundheit. *Zeitschrift für Arbeitswissenschaft, 47:* 98-108.

Leitner, K., Lüders, E., Greiner, B., Ducki, A., Niedermeier, R. & Volpert, W. (1993). *Analyse psychischer Anforderungen und Belastungen in der Büroarbeit – Das RHIA/VERA-Büroverfahren.* [Handbuch und Manual]. Göttingen: Hogrefe.

Lemke, S. & Knauth, P. (1997). Arbeitspsychologische und betriebswirtschaftliche Effekte der Einführung teilautonomer Gruppenarbeit in einem Automobilwerk. *Zeitschrift für Arbeits- und Organisationspsychologie, 41* (4), 191-197.

Lenqua, L.J. & Stormshak, E.A. (2000). Gender, gender roles, and personality: Gender differences in the prediction of coping and psychological symptoms. *Sex roles, 43,* 787-820.

Leontjew, A. (1982). *Tätigkeit Bewusstsein Persönlichkeit. Studien zur Kritischen Psychologie 7.* Köln: Pahl-Rugenstein Verlag.

Lim, H., Chee, H.L., Kandiah, M., Yahaya, S.Z.S. & Shuib, R. (2002). Work and lifestyle factors associated with morbidity of electronic women workers in Selangor, Malaysia. *Asia-Pacific Journal of Public Health, 14* (2), 75-84.

Locke, E.A. & Latham G.P. (1990). *A theory of goal setting and task performance.* Englewood Cliffs, NJ: Prentice Hall.

Lüders, E. & Resch, M. (1995). Betriebliche Frauenförderung durch Arbeitsgestaltung. *Zeitschrift für Arbeitswissenschaft, 49* (21), 197-204.

Lutz, R.S., Lochbaum, M.R., Lanning, B., Stinson, L.G. & Brewer, R. (2007). Cross-lagged relationships among leisure-time exercise and perceived stress in blue-collar workers. *Journal of Sport & Exercise Psychology, 29* (6), 687-705.

Mark, G., Gonzalez, V.M. & Harris, J. (2005). No task left behind? Examining the nature of fragmented work. In CHI (Eds.), *Proceedings of the SIGCHI conference on Human factors in computing systems* (pp. 321-330). New York: ACM Press.

Maslach, C., Schaufeli, W.B. & Leiter, M.P. (2001). Job Burnout. *Annual Review of Psychology, 52,* 397-422.

Maslow, A.H. (1954). *Motivation and personality.* New York: Harper.

Matheny, K.B., Ashby, J.S., Cupp, P. (2005). Gender differences in stress, coping, and illness among college students. *Journal of Individual Psychology, 61* (4), 365-379.

Matud, P. (2004). Gender differences in stress and coping styles. *Personal and individual differences, 37,* 1401-1405.

May, R.M., Reed, K., Schwoerer, C.E. & Potter, P. (2004). Ergonomic office design and aging: a quasi-experimental field study of employee reactions to an ergonomic intervention program. *Journal of Occupational Health Psychology, 9* (2), S. 123-135.

McClelland, D.C. (1987). *Human motivation.* Cambridge: Cambridge University Press.

Meckel, M. (2009). *Vom Glück der Unerreichbarkeit.* Wege aus der Kommunikationsfalle. München: Goldmann.

Mees, U. (1991). *Die Struktur der Emotionen.* Göttingen: Hogrefe.

Mein, G., Higgs, P., Ferrie, J. & Stansfeld, E. (1998). Paradigms of retirement: the importance of health and ageing in the Whitehall II Study. *Social Science Medicine, 47* (4), 535-545.

Mein, G., Martikainen, P., Hemingway, H., Stansfeld, E. & Marmot, M. (2003). Is retirement good or bad for mental and physical health functioning? Whitehall II longitudinal study of civil servants. *Journal Epidemiology Community Health, 57,* 46-49.

Meller, S. & Ducki, A. (2002). Tätigkeitsbezogene Begeisterung in der Erwerbsarbeit: Theoretische Überlegungen und empirische Exploration. *Arbeit – Zeitschrift für Arbeitsforschung, Arbeitsgestaltung und Arbeitspolitik,* 101-116.

Mensink, G.B.M. (2002). Körperliches Aktivitätsverhalten in Deutschland. In: G. Samitz & G.B.M. Mensink (Hrsg.), *Körperliche Aktivität in Prävention und Therapie* (S. 35-40). München: Hans Marseille Verlag GmbH.

Mentzel W., Grotzfeld S. & Haub, C. (2007). *Mitarbeitergespräche,* 7. Auflage. Berlin: Haufe.

Messing, K. (1997). Women´s occupational health: A critical review and discussion of current issues. *Women Health, 25,* 39-68.

Mielck, A. & Bloomfield, K. (2001). Verringerung der Einkommens-Ungleichheit und Verstärkung des sozialen Kapitals: Neue Aufgaben der sozial-epidemiologischen Forschung. *Gesundheitswesen-Bundesverband-der-Arzte-des-Offentlichen-Gesundheitsdienstes-Germany, 63* (1), 18-23.

Miller, K.I. & Monge, P.R. (1986). Participation, satisfaction and productivity: A meta-analytic review. *Academy of Management Journal, 29* (4), 727-753.

Minssen, H. (2000). Gruppenarbeit und die Zumutungen der Selbstregulation. In U. Widmaier (Hrsg.), *Der deutsche Maschinenbau in den neunziger Jahren – Kontinuität und Wandel einer Branche* (S. 237-259). Frankfurt/New York.

Moldaschl, M. (1994). „Die werden zur Hyäne". Erfahrungen und Belastungen in Gruppenarbeit. In M. Moldaschl & R. Schultz-Wild (Hrsg.), *Arbeitsorientierte Rationalisierung* (S. 53-101). Frankfurt/New York: Campus.

Moser, K. (2004). *Beschäftigungschancen für Geringqualifizierte in einfachen Dienstleistungstätigkeiten.* Frankfurt am Main: Peter Lang

Münch, E., Walter, U. & Badura, B. (2004). *Führungsaufgabe Gesundheitsmanagement.* Berlin: edition sigma.

Muhonen, T. & Torkelson, E. (2003). The demand-control-support model and health among women and men in similar occupations. *Journal of Behavioral Medicine, 26* (6), 601-613.

Murphy, L.R. (1996). Stress management in work settings: A critical review of the health effects. *American Journal of Health Promotion, 11* (2), 112-135.

Murphy, L.R. (2007). Stress Management at Work: Secondary Prevention of Stress. In M.C. Schabracq, J.A.M. Winnubst & C.L. Cooper (Eds.), *The handbook of Work & Health Psychology, Second Edition* (pp. 533-549). Chichester: Wiley.

Muster, M. & Zielinski, R. (2006). Bewegung und Gesundheit – Gesicherte Effekte von körperlicher Aktivität und Ausdauertraining. Darmstadt: Steinkopff.

Mutrie, N. (2000). The relationship between physical activity and clinically defined depression. In: S. Biddle, K. Fox & S. Boutcher (Eds.), *Physical activity and psychological wellbeing* (pp. 46-62). London: Routledge.

Neubauer, G. & Winter, R. (2006). Jungen und Männer in Balance. In P. Kolip & T. Altgeld (Hrsg.), *Geschlechtergerechte Gesundheitsförderung und Prävention* (S. 181-192). Weinheim: Juventa.

Neubert, M.J. (1998). The value of feedback and goal setting over goal setting alone and potential moderators of this effect: A meta-analysis. *Humane Performance, 11*(4), 321-335.

Nordstrom, C.K., Dwyer, K.M., Bairey Merz C.N., Shircore, A. & Dwyer, J.H. (2001). Work-related stress and early atheroscetosis. *Epidemiology, 12,* 180-185.

Norem-Hebeisen, A. & Johnson, D. W.(1981). Relationship between cooperative, competitive, and individualistic attitudes and differentiated aspects of self-esteem. *Journal of Personality*, *49*, 415-425.

OECD (2006). *International Migration Outlook*. SOPEMI 2006. Paris: OECD.

Oesterreich, R. (1981). *Handlungsregulation und Kontrolle*. München: Urban & Schwarzenberg.

Otto, S. (2007). Gender und Gesundheit – Geschlechtsdifferentes Gesundheitsverhalten und Gesundheitswissen – differente Partizipation. In Gesundheit Berlin (Hrsg.), Dokumentation 12. bundesweiter Kongress Armut und Gesundheit, Berlin, 1-9 (http://www.gesundheitberlin.de/download/Otto.pdf Stand:10.12.2008).

Parker, S. (2003). Longitudinal effects of lean production on employee outcomes and the mediating role of work characteristics. *The Journal of Applied Psychology*, *88* (4), 620-634.

Paulus, P. (1994). *Selbstverwirklichung und psychische Gesundheit*. Konzeptionelle Analysen und ein Neuentwurf. Göttingen: Hogrefe.

Pelletier, K.R. (2001). A review and analysis of the clinical and costeffectiveness studies of comprehencive health promotion and disease management programs at the worksite: 1998 – 2000 Update. *American Journal of Health Promotion, 16* (2), 107 – 116.

Pfaffenbarger, R., Hyde, R., Wing, A., Lee, I., Jung, D. & Kampert, J. (1993). The association of changes in physical activity level and other lifestyle characteristics with mortality among men. *New England Journal of Medicine*, *328*, 538-545.

Randall, R., Griffiths, A. & Cox. T. (2005). Evaluating organizational stress-management interventions using adapted study designs. *European Journal of Work and Organizational Psychology, 14* (1), 23-41.

Reinberg, A. (2004). Geringqualifizierte – Modernisierungsverlierer oder Bildungsreserve? In B. Zeller, R. Richter & D. Dauser (Hrsg.), *Zukunft der einfachen Arbeit: Von der Hilfstätigkeit zur Prozessdienstleistung*. Bielefeld: Bertelsmann.

Reinberg, A. & Hummel, M. (2003). *Geringqualifizierte- in der Krise verdrängt, sogar im Boom vergessen. Entwicklung der qualifikationsspezifischen Arbeitslosenquoten im Konjunkturverlauf. IAB Kurzbericht Nr. 19*. Nürnberg: Institut für Arbeitsmarkt- und Berufsforschung.

Reinberg, A. & Hummel, M. (2005). *Höhere Bildung schützt auch in der Krise vor Arbeitslosigkeit. IAB-Kurzbericht Nr. 9*. Nürnberg: Institut für Arbeitsmarkt- und Berufsforschung.

Resch, M. (1999). *Arbeitsanalyse im Haushalt*. Erhebung und Bewertung von Tätigkeiten außerhalb der Erwerbsarbeit mit dem AVAH-Verfahren. Zürich: Verlag der Fachvereine.

Resch, M. (2003). Work-Life-Balance – neue Wege der Vereinbarkeit von Berufs- und Privatleben? In. H. Luczak (Hrsg.), *Kooperation und Arbeit in vernetzten Welten* (S. 125-132). Stuttgart: Ergonomia Verlag.

Resch. M. & Bamberg, E. (2005). Work-Life-Balance – Ein neuer Blick auf die Vereinbarkeit von Berufs- und Privatleben? *Zeitschrift für Arbeits- und Organisationspsychologie*, *49* (4), 171-175.

Richardson, K.M. & Rothstein, H.R. (2008). Effects of occupational stress management intervention programs: A meta-analysis. *Journal of Occupational Health Psychology, 13* (1), 69-93.

Rigotti, T. (2005). Zwischen Unsicherheit und Flexibilität. *Impulse- Newsletter zur Gesundheitsförderung, 4* (49), 8-9.

Rimmele, U., Zellweger, B.C., Marti, B., Seiler, R., Mohiyeddini, C., Ehlert, U. & Heinrichs, M. (2007). Trained men show lower cortisol, heart rate psychological responses to psychosocial stress compared with untrained men. *Psychoneuroendocrinology, 32,* 627-635.

Rixgens, P., Badura, B. & Behr, M. (2008). Sozialkapital und gesundheitliches Wohlbefinden aus der Sicht von Frauen und Männern – Erste Ergebnisse einer Mitarbeiterbefragung in Produktionsbetrieben. In B. Badura, H. Schröder & C. Vetter (Hrsg.) (2004). *Fehlzeiten-Report 2007* (S. 159-171). Heidelberg: Springer.

Robert-Koch-Institut (1998). *Bundes-Gesundheitssurvey: Körperliche Aktivität – Aktive Freizeitgestaltung in Deutschland. Beiträge zur Gesundheitsberichterstattung des Bundes.* Berlin: Robert-Koch-Institut.

Robert-Koch-Institut (2005). *Gesundheit von Frauen und Männern im mittleren Lebensalter. Schwerpunktbericht der Gesundheitsberichterstattung des Bundes.* Berlin: Robert-Koch-Institut.

Robert-Koch-Institut (2006). *Gesundheitsberichterstattung des Bundes.* Berlin: Robert-Koch-Institut.

Robert-Koch-Institut (2008). *Schwerpunktbericht der Gesundheitsberichtserstattung des Bundes. Migration und Gesundheit.* Berlin: Robert-Koch-Institut.

Röttger, C., Friedel, H. & Bödeker, W. (2003). Arbeitsbelastungen und gesellschaftliche Kosten – Fokus und Perspektiven der Prävention. *WSI Mittteilungen, 56 (10),* 591-596.

Roscher, S. (2002). *Die Effektivität von Stressmanagement-Trainings im betrieblichen Kontext – eine Metaanalyse (quasi-)experimenteller Studien der Jahre 1991 – 2001.* Unveröffentlichte Diplomarbeit am Fachbereich Psychologie der Universität Hamburg.

Roth, D.L. & Holmes, D.S. (1985). Influence of physical fitness in determining the impact of stressfull life events on physical and psychological health. *Psychosomatic Medicine, 47,* 164-173.

Roth, D.L. & Holmes, D.S. (1987). Influence of aerobic exercise training and relaxation training on physical and psychological health following stressfull life events. *Psychosomatic Medicine, 49,* 355-365.

Rotter, B. (1975). Some Problems and Misconceptions Related to the Construct of Internal versus External Control of Reinforcement. *Journal of Consulting and Clinical Psychology, 43,* 56-57.

Rowold, J. & Heinitz, K. (2008). Führungsstile als Stressbarrieren. Zum Zusammenhang zwischen transformationaler, mitarbeiter- und aufgabenorientierter Führung und Indikatoren von Stress bei Mitarbeitern. *Zeitschrift für Personalpsychologie, 7* (3), 129-140.

Rugulies, R. & Krause, N. (2000). The Impact of job stress on musculoskeletal disorders, psychosomatic symptoms and general health in hotel room cleaners. *International Journal of Behavioural Medicine, 7* (1), 16.

Rutte, C.G. & Messick, D.M. (1995). An integrated model of perceived unfairness in organizations. *Social Justice Research, 8,* 239- 261.

Röttger, C., Friedel, H. & Bödeker, W. (2003). Arbeitsbelastungen und gesellschaftliche Kosten – Fokus und Perspektiven der Prävention. *WSI Mitteilungen, 56* (10), 591-596.

Sackett, D.L., Rosenberg, W.M.C., Gray, A.M., Haynes, R.B. & Richardson, W.S. (1996). Evidence based medicine: what it is and what it isn´t. *British Medical Journal, 312,* 71-72.

Salas, E., Bower, S.A. & Edens, E. (2001). *Improving teamwork in organizations: Applications of resource management training.* Mahwah: Lawrence Erlbaum.

Sallis, J.F. (1998). *Physical activity and behavioral medicine.* Sage: Thousend Oaks.

Schauer, G. & Pirolt, E. (2001). *Projekt Spagat – innovative Gesundheitsförderung berufstätiger Frauen: Erfahrungen, Ergebnisse und Reflexionen eines Gesundheitsförderungsprojektes.* Linz: ppm forschung + beratung.

Schaufeli, W. & Buunk, B. (2002). Burnout: An overview of 25 years of research and theorizing. In M.J. Schabracq, J.A.M. Winnbust & C.L. Cooper (Eds.), *Handbook of work and health psychology* (pp. 383-425). Chichester: Wiley.

Scherrer, K. (2007). Versöhnung von Struktur und Kultur – die Aktivierung von Führungskräften als notwendige Voraussetzung für betriebliche Gesundheitsförderung. In K. Rausch (Hrsg.), *Organisation gestalten* (Band 13, S. 508-514). Wissenschaftliche Fachtagung für Angewandte Wirtschaftspsychologie. Pabst.

Schlicht, W. (1993). Psychische Gesundheit durch Sport? Realität oder Wunsch: Eine Meta-Analyse. *Zeitschrift für Gesundheitspsychologie, 1,* 65-81.

Scholl, W. (2004). Grundkonzepte der Organisation. In H. Schuler (Hrsg.), *Organisationspsychologie* (S. 515-557). Göttingen: Hogrefe.

Schreyögg, A. (2005). Coaching und Work-Life-Balance. *Organisationsberatung Supervision Coaching, 4,* 309-321.

Schulz von Thun, Friedemann (2004). *Miteinander reden 2: Stile, Werte und Persönlichkeitsentwicklung,* 24. Auflage. Reinbek bei Hamburg: Rowohlt Taschenbuch Verlag.

Schwarzer, R. (2002). Proaktive Bewältigung. In R. Schwarzer, M. Jerusalem, H. Weber (Hrsg.), *Gesundheitspsychologie von A bis Z. Ein Handwörterbuch.* Göttingen: Hogrefe.

Scrithongchai, S. & Intaranont, K. (1996). A study of impact of shift work on fatigue level of workers in a sanitary-ware factory using a fuzzy set model. *Journal of Human Ergology, 25* (1), 93-99.

Sczesny, S. (2004). Sexuelle Belästigung. In G. Steffgen (Hrsg.), Betriebliche Gesundheitsförderung. *Problemzentrierte psychologische Interventionen*(S. 131-148). Schriftenreihe: Psychologie für das Personalmanagement, Göttingen: Hogrefe.

Seligman, M.E.P. (1974). Depression and learned helplessness. In R.J. Friedman & M.M. Katz (Eds.), *The psychology of depression: Contemporary theory and research.* New York: Wiley.

Semmer, N. (2003). Job stress interventions and organization of work. In J.C. Quick & L.E.

Tetrick (Eds.), *Handbook of occupational health psychology* (pp. 325-353). Washington, D.C.: American Psychological Association.

Semmer, N. (2006). Job stress interventions and the organization of work. *Scandinavian Journal of Work and Environmental Health, 32* (6, Special Issue), 515-527.

Semmer, N. & Udris, U. (2004). Bedeutung und Wirkung von Arbeit. In H. Schuler (Hrsg.), *Organisationspsychologie* (S. 157-196). Göttingen: Hogrefe.

Semmer, N. & Mohr, G. (2001). Arbeit und Gesundheit: Konzepte und Ergebnisse der arbeitspsychologischen Stressforschung. *Psychologische Rundschau, 52,* 150-158.

Serfaty, D., Entin, E.E. & Johnston, J. (1998). Team adaptation and coordination training. In J.A. Cannon-Bowers & E. Salas (Eds.), *Making decisions under Stress: Implications for training and simulation* (pp. 221-245). Washington, D.C.: American Psychological Association.

Siebert, H. (1996). Didaktisches Handeln in der Erwachsenenbildung. Didaktik aus konstruktivistischer Sicht. Neuwied, Kriftel, Berlin: Luchterhand.

Siegrist, J. (1996). *Soziale Krisen und Gesundheit: eine Theorie der Gesundheitsförderung am Beispiel von Herz-Kreislauf-Risiken im Erwerbsleben*. Göttingen: Hogrefe.

Siegrist, J. (2002). Effort-reward imbalance at work and health. In P.L. Perrewe & D.C. Ganster (Eds.), *Research in Occupational Stress and Well Being. Vol. 2: Historical and Current Perspectives on Stress and Health* (pp. 261-291). Amsterdam: JAI-Elsevier.

Simich, L., Beiser, M. & Mawani, F.N. (2003). Social support and the significance of shared experience in refugee migration and resettlement. *Western Journal of Nursing Research, 27,* 872-891.

Smith-Jentsch, K., Zeisig, R., Acton, B. & McPherson, J. (1998). Team dimensional training. In J.A. Cannon-Bowers & E. Salas (Eds.), *Making decisions under stress: Implications for individual training and team training* (pp. 271-297). Washington, DC: American Psychological Association.

Sonnentag, S. (1996). Arbeitsbedingungen und psychisches Befinden bei Frauen und Männern. Eine Metaanalyse. *Zeitschrift für Arbeits- und Organisationspsychologie, 40* (3), 118-126.

Sorensen, G. & Verbrugge, L.M. (1987). Women, work and health. *Annual Review of Public Health, 8,* 235-251.

Staar, H., Busch, C. & Aborg, C. (i.V). *Work and Family – Benefit or Burden? A cross-cultural comparison of German and Swedish workers.*

Stadler, P. & Spieß, E. (2002). *Mitarbeiterorientiertes Führen und soziale Unterstützung am Arbeitsplatz*. Schriftenreihe der Bundesanstalt für Arbeitsschutz und Arbeitsmedizin (Forschung). Dortmund/Berlin/Dresden.

Stansfeld, S.A., Fuhrer, R., Head, J., Ferrie, J. & Shipley, M. (1997). Work and psychiatric disorder in the Whitehall II study. *Journal of Psychosomatic Research, 43* (1), 73-81.

Statistisches Bundesamt Deutschland (2006). *Datenreport 2006: Zahlen und Fakten über die Bundesrepublik Deutschland.* www.destatis.de.

Steinmetz, B. (2006). *Stressmanagement für Führungskräfte – Entwicklung und Evaluation einer Intervention*. Hamburg: Korvac.

Steptoe, A. (2001). Psychophysiological bases of disease. In D.W. Johnston & M. Johnston (Eds.), *Health psychology* (pp.39-78). Amsterdam: Elsevier.

Stock-Homburg, R. (2008). *Personalmanagement.* Wiesbaden: Gabler.

Stonecipher L. & Hyner, G.C. (1993). Health practices before and after a work-site health screening. *Journal of Occupational Medicine, 35,* 297-306.

Sundquist, J., Östergren, P.O., Sundquist, K. & Johansson, S.E. (2003). Psychological working conditions and self-reported long-term illness: A population-based study of swedish-born and foreign-born employed persons. *Ethnicity and Health, 8* (4), 307-317.

Tannen, D. (1999). *Andere Worte andere Welten.* Kommunikation zwischen Frauen und Männern. Reinbek: Rororo.

Tessaro, I., Campbell, M., Benedict, S., Kelsey, K., Heisler-MacKinnon, J., Belton, L. & De Vellis, B. (1998). Developing a worksite health promotion intervention: Health works for women. *American Journal of Health Behavior, 22* (6), 434-442.

Torkelson, E. & Muhonen, T. (2003). Coping strategies and health symptoms among women and men in a downsizing organisation. *Psychological Reports, 92,* 899-907.

Torkelson, E. & Muhonen, T. (2004). The Role of Gender and Job Level in Coping with Occupational Stress. *Work and Stress 18* (3), 267-274.

Troltsch, K. (1999). *Jugendliche ohne Berufsausbildung: eine BIBB/EMNID-Untersuchung.* Stuttgart: Bundesministerium für Bildung und Forschung.

Trömel-Plötz, S. (1984). *Gewalt durch Sprache.* Frankfurt am Main: Athenäum-Verlag.

Tummers, F., Van Merode, A., Landeweerd, A. & Candel, M. (2003). Individual-level and group-level relationships between organizational characteristics, work characteristics, and psychological work reactions in nursing work: A multilevel study. *International Journal of Stress Management, 10* (2), 11-136.

Udris, I. & Rimann, M. (2006). Das Kohärenzgefühl: Gesundheitsressource oder Gesundheit selbst? Strukturelle und funktionale Aspekte von SOC und ein Validierungsversuch. In H. Wydler, P. Kolip & T. Abel (Hrsg.). *Salutogenese und Kohärenzgefühl. Grundlagen, Empirie und Praxis eines gesundheitswissenschaftlichen Konzepts* (S. 129-147). Weinheim: Juventa.

Ulich, D. (1994). Emotionen. In *Handwörterbuch Psychologie, 5. Auflage,* (S. 127-132). Weinheim: Psychologie Verlags Union.

Ulich, E. (2005). *Arbeitspsychologie.* 6. Auflage. Stuttgart: Schäffer-Poeschel.

U.S. Department of Health and Human Services (1996). *Physical aktivity and health: a report of the Surgeon General.* Atlanta, GA: U.S. Department of Health and Human Services, Centers for Disease Control and Prevention, National Center for Chronic Disease Prevention and Health Promotion.

Uzunsoy, N. (2009). *Genderspezifische Aspekte wertschätzender Führung.* Unveröffentlichte Diplomarbeit. TFH Berlin.

Van der Hek, H. & Plomp, H.N. (1997). Occupational stress management programmes: A practical overview of published effect studies. *Journal of Occupational Medicine, 47* (3), 133-141.

Van der Klink, J.J.L., Blonk, R.W.B., Schene, A.H. & Van Dijk, F.J.H. (2001). The benefits of interventions for work-related stress. *American Journal of Public Health, 91*(2), 270-276.

Van Dick, R. & West, M.A. (2005). *Teamwork, Teamdiagnose und Teamentwicklung.* Göttingen: Hogrefe.

Van Riesen, K. (2006). Gender als didaktisches Prinzip. In A. Dudeck & B. Jansen-Schulz (Hrsg.), *Hochschuldidaktik und Fachkulturen* (S.21-33). Bielefeld: UVW Verlag.

Vegchel, N., De Jonge, J., Bakker, A.B. & Schaufeli, W.B. (2002). Testing global and specific indicators of rewards in the Effort-Reward Imbalance Model: Does it make any difference? *European Journal of Work and Organizational Psychology, 11,* 403-421.

Volpert, W. (1987). Psychische Regulation von Arbeitstätigkeiten. In U. Kleinbeck & J. Rutenfranz (Hrsg.), *Arbeitspsychologie. Enzyklopädie der Psychologie, D/III (142)* (S. 2-42). (Sonderdruck) Göttingen: Hogrefe.

Von Rohr, K. (2009). [WLB-]Instrumente in der Praxis. *Personalführung, 2,* 34-40.

Wadsworth, E., Dhillon, K., Shaw, C., Bhui, K., Stanfeld, S. & Smith, A. (2007). Racial discrimination, ethnicity and work stress. *Occupational Medicine, 57,* 18-24.

Wagner, J.A., Leana, C.R., Locke, E.A. & Schweiger, D.M. (1997). Cognitive and motivational frameworks in U.S. research on participation: a meta-analysis of primary effects. *Journal of Organizational Behavior, 18,* 49-65.

Wall, T.D. & Clegg, C.W. (1981). A longitudinal field study of group work redesign. *Journal of Occupational Behaviour, 2,* 31-49.

Wall, T. Kemp, N., Jackson, P. & Clegg, C. (1986). An outcome evaluation of autonomous workgroups: A long term field-experiment. *Academy of Management Journal, 29* (2), 280-304.

Weber, W. (1997). *Analyse von Gruppenarbeit – kollektive Handlungsregulation in soziotechnischen Sytemen.* Göttingen: Huber.

Weber, W. (1999). Organisationale Demokratie – Anregungen für innovative Arbeitsformen jenseits bloßer Partizipation. *Zeitschrift für Arbeitswissenschaft, 53,* 270-280.

Wegge, J. (2004). Führung. In H. Schuler, *Organisationspsychologie* (S. 475-513). Göttingen: Hogrefe.

West, M.A. (Ed.) (1996). *Handbook of work group psychology.* New York: Wiley.

Westermayer, G. (1998). Organisationsentwicklung und betriebliche Gesundheitsförderung. In E. Bamberg, A. Ducki & A.-M. Metz (Hrsg.), *Handbuch Betriebliche Gesundheitsförderung* (S. 119-132). Göttingen: Verlag für Angewandte Psychologie.

Wydler, H., Kolip, P. & Abel, T. (Hrsg) (2006). Salutogenese und Kohärenzgefühl. *Grundlagen, Empirie und Praxis eines gesundheitswissenschaftlichen Konzepts.* Weinheim und München: Juventa.

Zapf, D. (1999). Mobbing in Organisationen – Überblick zum Stand der Forschung. *Zeitschrift für Arbeits- und Organisationspsychologie, 43,* 1-25.

Zapf, D. (2008). Bitte recht freundlich. *Gehirn & Geist, 6,* 30- 35.

Zapf, D., Bechtholdt, M. & Dormann, C. (2000). *Instrument zur stressbezogenen Arbeitsana-*

lyse (ISTA): Fragebogenversion 6.0. Bericht aus dem Institut für Psychologie der Universität Frankfurt am Main.

Zapf, D. & Kuhl, M. (1999). Mobbing am Arbeitsplatz: Ursachen und Auswirkungen. In B. Badura, M. Litsch & C. Vetter (Hrsg.) *Fehlzeiten-Report 1999. Zahlen, Daten, Analysen aus allen Branchen der Wirtschaft. Gesundheitsmanagement im öffentlichen Sektor* (S. 89-97). Heidelberg: Springer.

Zapf, D. & Semmer, N.K. (2004). Stress und Gesundheit in Organisationen. In Schuler H. (Hrsg.), *Organisationspsychologie – Grundlagen und Personalpsychologie Enzyklopädie der Psychologie, D /III (3)* (S. 1007-1112). Göttingen: Hogrefe.

Zimber, A. (2001). Personalressourcen erkennen und nutzen. Ergebnisse der Potentialanalyse stationäre Altenpflege (PASTA). *Altenheim, 2,* 22-25.

Zimolong, B., Elke, G. & Bierhoff, H.W. (2008). *Den Rücken stärken. Grundlagen und Programme der betrieblichen Gesundheitsförderung.* Göttingen: Hogrefe.

5 Stichwortverzeichnis

angewandte Lernforschung...51
Angst....................................9f., 15f., 22f., 32, 35ff., 53, 55ff., 66, 82, 86
Annäherungsziele...67, 72f.
Arbeits- und Lebensbedingungen und Gender..............................28
Arbeitsengagement..9
Arbeitstätigkeit..7, 14, 27, 31, 42
Arbeitsunfähigkeit...15, 35, 87
Armutsrisiko..30
Aufgabenorientierung...14, 53
Aufgabenrotation.................................44ff., 52, 146, 172f., 175, 205
automatisierte Fließbandarbeit...52
Autonomie..7, 9, 21, 48, 52, 85
bedingungs- oder organisationsbezogene Maßnahme......................24
bedingungsbezogene Interventionen......................................42f.
bedingungsbezogene Stress- und Ressourcenmanagementinterventionen............84
Bedrohung des Arbeitsplatzes..10
beteiligungsorientierte Verfahren..45
Betriebliche Weiterbildungs- und Gesundheitsförderungsangebote............10
betriebs- und tätigkeitsspezifische Kenntnisse.........................11
Bewältigungsformen...................22, 24, 27, 34, 133, 148, 152, 183
Bewegung...5, 54, 57f., 62, 86, 155f., 180, 266
Bewegungsmangel...6, 14, 27, 55
Beziehungen zu Mitarbeitern außerhalb des eigenen Teams..............53
Bildungsmotivation..7f., 11
Burnout...23, 42, 53f., 68ff., 77
Chance auf Weiterbildungsteilnahme...9
Coping..21f., 34ff., 58
Depression..10, 15, 35f., 55ff., 77
dysfunktionale Bewältigungsformen..22
Effizienzbewertung...87
Einfacharbeitsplätze..9
Einstellung zu gesundheitsförderlichen Verhalten.........................12
Emotionen...34, 66, 77
emotionsbezogene Belastungen..32
emotionsbezogenes Coping..22
emotionsorientierte Copingstrategie..58
Entspannung.........................5, 22, 25f., 41, 61f., 69, 85f., 151f.
Entspannungsmethoden...25, 85
Entwicklungschancen..7
Erkrankungswahrscheinlichkeit...6

Erprobung. 1, 6, 8, 13, 15, 37, 45f., 61, 84, 88ff., 145f., 149f., 173f., 213, 215, 218, 222, 226f.
Erprobungsphase des ReSuM-Projekts,..61
Evidenzbasierung..6, 83f.
Family-to-Work Conflict...71
Führungskräftetraining zu Stress- und Ressourcenmanagement.......................52
funktionale Bewältigungsformen..22, 34
gelernte Hilflosigkeit...19, 66, 72
gemeinsame Verantwortungsübernahme.........................50, 52, 54, 94, 177
gemeinsamer Problemlöseprozess...43
Gender und Gesundheit 35
Gender und Ressourcen...33
Gender und Stressverarbeitung 34
gendersensible Copingforschung..35
geringe Teilnahmemotivation...11
Gesundheit...19, 56, 58
Gesundheitsbeeinträchtigungen..8, 58
Gesundheitsförderliche körperliche Aktivität 56
gleichberechtigte Diskussion bei Entscheidungen..53
Gratifikationskrisen 20f., 77
Gruppenautonomie...52
Gruppenkohäsion...53
Handlungsregulation...17, 21, 63f., 68, 70
Handlungsregulationstheorie...21, 63
Haus- und Familienarbeit...31
Health Work for Women..9
Herz-Kreislauf-Erkrankungen...7, 23, 58, 76
Identität...12, 242
Job-Demand-Control-Modell...7
Job-Demand-Control-Support-Modell...19
Kognitiv-behaviorale Methoden...25
kognitive Anforderungen...8
Kohärenzgefühl...66
kollektive Problemlöseprozesse...43
kollektive Selbstwirksamkeitserwartung..50
Konflikte zwischen Arbeit und Familie..............................8, 38, 72
Konfliktmanagement...52
kontinuierliche Verbesserungsprozesse..53
Konzept der teilautonomen Teamarbeit..48
Koordination von Beruf und Familie...32
körperliche Aktivität...5, 54ff., 86
Lebensgestaltung..5, 11f., 38, 272
lebenskritische Ereignisse...12, 38
Lernprozesse..5, 51, 54, 93

Mehrebenenanalysen zu Teamarbeit und individuellem Wohlbefinden und Stress 52

Mehrfachbelastungen..32f., 38

Metaanalyse...25, 57, 84ff.

Migrationshintergrund...7, 13f., 89

Mobbing 32

Modell beruflicher Gratifikation...20

Modell der Handlungsregulation...21

Motivation zur individuellen Verhaltensänderung....................51

Motivationshürden...11

Motive..16, 64f., 71

Multiplikatorenkonzept..88

Multitasking..69f.

Muskel-Skelett-Erkrankungen...7

Organisationsentwicklung..43

Partizipation..9, 18, 33, 42f., 80ff.

partizipativ bedingungsbezogene Maßnahmen.........................50

partizipativ entwickelte bedingungsbezogene Maßnahmen........43

passive Tätigkeiten...8

personenbezogene Maßnahmen..25, 42

personenbezogene Stress- und Ressourcenmanagementinterventionen................85

Persönlichkeit...65, 255

primärpräventiv...41f., 54

problembezogenes Coping...21

Progressive Muskelentspannung.........................5, 22, 25, 61

Prozessevaluation...87, 89f.

psychische Erkrankungen..................................15, 35f., 71

psychische Gesundheit 54, 57f., 65

psychosoziale Belastungen..7

qualifizierende Arbeitsgestaltung..45

Qualität der Erwerbsarbeit..33

Regulationsmöglichkeiten...49f., 52, 54

Resource management training...53

Ressource. 1ff., 5ff., 12ff., 21, 24, 26ff., 31, 33ff., 38f., 41ff., 45, 48ff., 52ff., 57ff., 65f., 68, 71, 73f., 76, 81ff., 91, 93f., 96, 104, 107ff., 114, 117ff., 124, 126f., 134, 138, 142f., 147, 154, 159, 163, 168f., 175ff., 179ff., 192, 194, 196, 203f., 206f., 216, 229, 232f., 255, 261f., 264, 266

Ressourcen.........1ff., 5ff., 12ff., 21, 24, 26ff., 31, 33ff., 38f., 41ff., 45, 48ff., 52ff., 57ff., 68, 71, 73f., 81ff., 91, 93f., 96, 104, 108f., 114, 118ff., 124, 126f., 134, 138, 142f., 163, 168f., 175ff., 179ff., 194, 203f., 206f., 229, 233, 255, 261f., 264, 266

Ressourcen in der Erwerbsarbeit...13

Ressourcen und Stressoren der Teamarbeit.........................48, 54

Ressourcenknappheit:...38

ReSuM. 1f., 6ff., 10ff., 37f., 44f., 48, 61, 88, 93, 103, 145f., 149f., 173f., 213, 215, 218, 222, 226f.

Reviews...84
Risikofaktoren..7, 51, 56, 77
Schlüsselkompetenzen...11
sekundärpräventiv...41f.
Selbstwirksamkeit................................12, 15, 18, 43, 50, 59, 63, 66ff., 91
Selbstwirksamkeitserwartung........................12, 15, 43, 50, 59, 91
sexuelle Belästigung..32
Situativ-erfahrungsbezogene Ansätze...51
Sozial ungleich verteilte Gesundheitschancen..................................6f., 14
soziale Eingebundenheit..12, 15, 38
soziale System..48
Soziale Unterstützung...6ff., 11f., 14, 17f., 27, 33, 38f., 50, 52, 54, 59, 78, 84, 147, 162f., 169, 177, 180f., 183ff., 192, 194, 204f., 261
soziale Beziehungen am Arbeitsplatz..50
soziales System...48
sozio-technischer Systemansatz...48
Sport....................6f., 24, 27, 40, 55ff., 62, 141, 151, 155, 157f., 266, 272
Stress und Gender...31
Stress– und Ressourcenmanagement 15
Stressbewältigung..5, 18f., 21f., 28, 31, 34, 36, 53, 57, 62, 72, 90, 93f., 96f., 126f., 133, 138, 147f., 150ff., 159, 163, 176, 183, 196, 206, 255, 262
Stressdefinition 16
Stressfolgen............................15f., 19, 21ff., 34, 41, 48, 59, 255, 262
Stressmanagement..1f., 5, 12, 16, 19, 22, 24ff., 41ff., 45, 48ff., 62, 85ff., 89, 94ff., 126, 138, 141, 143
Stressmanagement in der Biografie...12
Stressmanagementinterventionen 16, 19, 24f., 41ff., 48ff., 52, 62, 85, 87
Stressor....13, 16ff., 21, 24, 27, 31, 38, 41ff., 45, 48f., 53f., 58, 69, 74, 81, 84, 120, 147, 205, 218
Stressprozess 16
Stressreaktion................................20, 24, 37, 41, 58f., 62, 85, 122, 148ff., 159
Stresstraining und Gender..36, 86
Stresswahrnehmung...28
Subjektiven Tätigkeitsanalyse (STA)...45
Team adaptation and coordination training...53
Team dimensional training..53
Teamarbeit 5, 27, 41, 43ff., 96, 103, 147, 163, 168, 172f., 175, 177, 179f., 196, 203f., 209, 229, 255
teambasierte Intervention zur Reduzierung von Burnout für Pflegekräfte............53
teambasierte Stressmanagementintervention...............................43, 48, 50, 52
teambasiertes Stress- und Ressourcenmanagement 41, 54
teambasiertes Stress- und Ressourcenmanagementtraining.......................41

Teamreflexivität..50, 53
Teams 1, 3, 5f., 24, 27, 42ff., 50ff., 62, 74, 88, 93, 96, 98, 104f., 108f., 114, 117ff.,
     121, 136, 142, 156, 158, 171ff., 179, 184, 186, 188f., 206, 208f., 211f., 215,
     218, 222f., 225ff., 233, 245, 250ff., 261, 269
Teamtraining zu Stress- und Ressourcenmanagement.....................................52ff.
technisches System...48
Teilnahmemotivation..2, 5, 11, 15, 50f., 54, 93, 126, 169
Teilzeitarbeit...30
tertiärpräventiv 41
Trainingsdidaktik und Gender..37
Transfer des Gelernten in den Arbeitsalltag..51, 54
Transtheoretisches Modell der Verhaltensänderung..51
unsichere Beschäftigungsverhältnisse...9
Verantwortungsübernahme.............................35, 50, 52, 54, 82, 94, 177
Vereinbarkeit von Arbeit und Familie...7
Vereinbarkeitsprobleme von Arbeit und Familie..7
vermeidendes Coping...22, 34
Vermeidungsziele...67, 72, 271
vertikale Segregation..8
Wahrnehmung des Gesundheitszustandes..12
Weiterbildungsangebote...8, 10f.
Work-Life-Balance..13, 32f., 70, 74, 97, 255, 264
Work-to-Family Conflict...71
Zielbindung..67
Ziele.......14, 16ff., 21ff., 43f., 50, 57f., 61, 63ff., 81, 83, 98, 108, 110ff., 114, 116,
     126, 128ff., 137f., 147, 151, 156f., 163ff., 196ff., 202, 204, 216, 233ff., 254ff.,
     261f., 264f., 268ff., 275f., 279
zielgruppengerechtes Weiterbildungsangebot...10
Zielhierarchien..64
Zielkonflikte...68ff.
Zigarettenrauchen...7